科学出版社"十四五"普通高等教育本科规划教材

新能源科学与工程教学丛书

燃料电池科学与技术
Science and Technology of Fuel Cells

牛志强　编著

科学出版社

北京

内 容 简 介

本书首先对燃料电池的发展历程、基本原理、种类及应用等进行了概括性的介绍，使读者对燃料电池有一个大致的了解。随后从热力学基础、电化学基础等方面详细介绍了燃料电池的基本原理，并且对燃料电池的基本结构与测试表征方法等进行了简单介绍；对主要的燃料电池进行了分类；系统阐述了氢气的生产、存储及运输；总结并展望了燃料电池在各领域的应用及回收情况。

本书可作为高等学校新能源科学与工程及相关专业的教材，也可供其他专业师生及从事燃料电池研究的科研人员和企业技术人员参考。

图书在版编目（CIP）数据

燃料电池科学与技术/牛志强编著. —北京：科学出版社，2021.12
（新能源科学与工程教学丛书）
科学出版社"十四五"普通高等教育本科规划教材
ISBN 978-7-03-070202-9

Ⅰ. ①燃…　Ⅱ. ①牛…　Ⅲ. ①燃料电池–高等学校–教材
Ⅳ. ①TM911.4

中国版本图书馆 CIP 数据核字（2021）第 214990 号

责任编辑：丁　里　李丽娇 / 责任校对：杨　赛
责任印制：赵　博 / 封面设计：迷底书装

科 学 出 版 社 出版
北京东黄城根北街 16 号
邮政编码：100717
http://www.sciencep.com
三河市春园印刷有限公司印刷
科学出版社发行　各地新华书店经销

*

2021 年 12 月第　一　版　开本：787×1092　1/16
2024 年 10 月第四次印刷　印张：16 1/4
字数：385 000

定价：79.00 元
（如有印装质量问题，我社负责调换）

丛 书 序

能源是人类活动的物质基础,是世界发展和经济增长最基本的驱动力。关于能源的定义,目前有 20 多种,我国《能源百科全书》将其定义为"能源是可以直接或经转换给人类提供所需的光、热、动力等任一形式能量的载能体资源"。可见,能源是一种呈多种形式的,且可以相互转换的能量的源泉。

根据不同的划分方式可将能源分为不同的类型。人们通常按能源的基本形态将能源划分为一次能源和二次能源。一次能源即天然能源,是指在自然界自然存在的能源,如化石燃料(煤炭、石油、天然气)、核能、可再生能源(风能、太阳能、水能、地热能、生物质能)等。二次能源是指由一次能源加工转换而成的能源,如电力、煤气、蒸汽、各种石油制品和氢能等。也有人将能源分为常规(传统)能源和新能源。常规(传统)能源主要指一次能源中的化石能源(煤炭、石油、天然气)。新能源是相对于常规(传统)能源而言的,指一次能源中的非化石能源(太阳能、风能、地热能、海洋能、生物能、水能)以及二次能源中的氢能等。

目前,化石燃料占全球一次能源结构的 80%,化石能源使用过程中易造成环境污染,而且产生大量的二氧化碳等温室气体,对全球变暖形成重要影响。我国"富煤、少油、缺气"的资源结构使得能源生产和消费长期以煤为主,碳减排压力巨大;原油进口量已超过 70%,随着经济的发展,石油对外依存度也会越来越高。大力开发新能源技术,形成煤、油、气、核、可再生能源多轮驱动的多元供应体系,对于维护我国的能源安全,保护生态环境,确保国民经济的健康持续发展有着深远的意义。

开发清洁绿色可再生的新能源,不仅是我国,同时也是世界各国共同面临的巨大挑战和重大需求。2014 年,习近平总书记提出"四个革命、一个合作"的能源安全新战略,以应对能源安全和气候变化的双重挑战。2020 年 9 月,习近平主席在第 75 届联合国大会上发表重要讲话,宣布中国将提高国家自主贡献力度,采取更加有力的政策和措施,力争 2030 年前二氧化碳排放达到峰值,努力争取 2060 年前实现碳中和。我国多部委制定了绿色低碳发展战略规划,提出优化能源结构、提高能源效率、大力发展新能源,构建安全、清洁、高效、可持续的现代能源战略体系,太阳能、风能、生物质能等可再生能源、新型高效能量转换与储存技术、节能与新能源汽车、"互联网+"智慧能源(能源互联网)等成为国家重点支持的高新技术领域和战略发展产业。而培养大批从事新能源开发领域的基础研究与工程技术人才成为我国发展新能源产业的关键。因此,能源相关的基础科学发展受到格外重视,新能源科学与工程(技术)专业应运而生。

新能源科学与工程专业立足于国家新能源战略规划,面向新能源产业,根据能源领域发展趋势和国民经济发展需要,旨在培养太阳能、风能、地热能、生物质能等新能源领域相关工程技术的开发研究、工程设计及生产管理工作的跨学科复合型高级技术人才，以满足国家战略性新兴产业发展对新能源领域教学育人、科学研究、技术开发、工程应用、经营管理等方面的专业人才需求。新能源科学与工程是国家战略性新兴专业，涉及化学、材料科学与工程、电气工程、计算机科学与技术等学科，是典型的多学科交叉专业。

从 2010 年起，我国教育部加强对战略性新兴产业相关本科专业的布局和建设，新能源科学与工程专业位列其中。之后在教育部大力倡导新工科的背景下，目前全国已有 100 余所高等学校陆续设立了新能源科学与工程专业。不同高等学校根据各自的优势学科基础，分别在新能源材料、能源材料化学、能源动力、化学工程、动力工程及工程热物理、水利、电化学等专业领域拓展衍生建设。涉及的专业领域复杂多样，每个学校的课程设计也是各有特色和侧重方向。目前新能源科学与工程专业尚缺少可参考的教材，不利于本专业学生的教学与培养，新能源科学与工程专业教材体系建设亟待加强。

为适应新时代新能源专业以理科强化工科、理工融合的"新工科"建设需求，促进我国新能源科学与工程专业课程和教学体系的发展，南开大学新能源方向的教学科研人员在陈军院士的组织下，以国家重大需求为导向，根据当今世界新能源领域"产学研"的发展基础科学与应用前沿，编写了"新能源科学与工程教学丛书"。丛书编写队伍均是南开大学新能源科学与工程相关领域的教师，具有丰富的科研积累和一线教学经验。

这套"新能源科学与工程教学丛书"根据本专业本科生的学习需要和任课教师的专业特长设置分册，各分册特色鲜明，各有侧重点，涵盖新能源科学与工程专业的基础知识、专业知识、专业英语、实验科学、工程技术应用和管理科学等内容。目前包括《新能源科学与工程导论》《太阳能电池科学与技术》《二次电池科学与技术》《燃料电池科学与技术》《新能源管理科学与工程》《新能源实验科学与技术》《储能科学与工程》《氢能科学与技术》《新能源专业英语》共九本，将来可根据学科发展需求进一步扩充更新其他相关内容。

我们坚信，"新能源科学与工程教学丛书"的出版将为教学、科研工作者和企业相关人员提供有益的参考，并促进更多青年学生了解和加入新能源科学与工程的建设工作。在广大新能源工作者的参与和支持下，通过大家的共同努力，将加快我国新能源科学与工程事业的发展，快速推进我国"双碳"战略的实施。

中国工程院院士、中国矿业大学(北京)教授

2021 年 8 月

前　言

为了缓解当前日益严重的能源危机和环境问题，开发和利用清洁可再生能源是目前研究的关键。燃料电池是能够将燃料的化学能转变为电能的装置，具有清洁、高效等优势，并且其应用领域比较广泛，小到各种便携式电子产品如手机、笔记本电脑等，大到发电站、集中供电系统及电动汽车等。因此，燃料电池被认为是 21 世纪最有前景的能源技术之一，其发展有望在缓解能源危机、改善生态环境等方面起到重要作用。

本书共 5 章：第 1 章对燃料电池进行了简单介绍；第 2 章阐述了燃料电池的基本原理与基本结构；第 3 章介绍了燃料电池的分类与技术；第 4 章介绍了氢源；第 5 章对燃料电池的应用及回收问题进行了详细讨论。

本书由南开大学牛志强研究员编著，在撰写过程中有研究生参与了部分章节的资料收集和整理工作。特别感谢王帅、王晓君、万放、张琳琳、岳芳、杜玲玉、赵子芳、黄朔、邓深圳、曹洪美、铁志伟、姚敏杰、戴熹、李建伟、毕嵩山、张燕、朱家才、蒋世芳、胡阳、王瑞、张楠楠、杨敏、王慧敏和黄俊杰等在本书撰写、修改、校稿过程中给予的大力支持与帮助。

衷心感谢科学技术部、国家自然科学基金委员会和南开大学对相关研究的长期资助和对本书出版的大力支持。特别感谢科学出版社领导和丁里编辑在本书出版过程中给予的大力帮助。

由于燃料电池不断发展，新概念、新知识、新理论不断涌现，加之编著者经验不足，水平有限，书中难免有不妥之处，敬请广大读者批评指正。

编著者
2021 年 8 月

目　录

丛书序
前言
第1章　引言 ·· 1
  1.1　燃料电池的历史 ····································· 2
    1.1.1　早期探索 ······································ 2
    1.1.2　现代商业化 ·································· 4
    1.1.3　国内发展状况 ······························ 6
    1.1.4　国际发展状况 ······························ 7
    1.1.5　里程碑事件 ·································· 8
  1.2　燃料电池简介 ····································· 9
    1.2.1　组成结构 ······································ 9
    1.2.2　工作原理 ······································ 10
    1.2.3　特点 ·· 10
    1.2.4　分类 ·· 13
    1.2.5　应用 ·· 17
  思考题 ·· 18
第2章　燃料电池的基本原理与基本结构 ··············· 19
  2.1　化学反应与热力学基础 ···························· 19
    2.1.1　燃料电池的基本反应 ···················· 19
    2.1.2　热力学基础 ·································· 21
    2.1.3　燃料的热值 ·································· 28
    2.1.4　燃料电池的效率 ···························· 37
  2.2　电化学基础 ·· 40
    2.2.1　吉布斯自由能 ······························ 40
    2.2.2　能斯特方程 ·································· 43
    2.2.3　燃料电池电动势的计算 ···················· 44
    2.2.4　燃料电池的动力学 ························ 46
    2.2.5　燃料电池的极化 ···························· 51
  2.3　燃料电池的器件组成与材料特性 ················ 58
    2.3.1　电极 ·· 59
    2.3.2　电催化与电催化剂 ························ 62

　　　2.3.3　电解质与隔膜 ··· 67

　　　2.3.4　双极板与流场 ··· 69

　　　2.3.5　系统设计 ··· 70

　　2.4　燃料电池的测试与表征 ·· 82

　　　2.4.1　电化学测试技术 ·· 82

　　　2.4.2　材料表征技术 ··· 95

　　思考题 ·· 97

第3章　燃料电池的分类与技术 ·· 98

　　3.1　质子交换膜燃料电池 ·· 98

　　　3.1.1　概述 ··· 98

　　　3.1.2　结构与工作原理 ·· 99

　　　3.1.3　膜电极 ··· 100

　　　3.1.4　电池特性 ··· 106

　　　3.1.5　膜电极的主要科学问题 ·· 109

　　3.2　熔融碳酸盐燃料电池 ·· 110

　　　3.2.1　概述 ··· 110

　　　3.2.2　结构与工作原理 ·· 111

　　　3.2.3　关键材料及制备技术 ··· 114

　　　3.2.4　影响熔融碳酸盐燃料电池性能的因素 ······························ 116

　　　3.2.5　未来发展 ··· 120

　　3.3　固体氧化物燃料电池 ·· 120

　　　3.3.1　概述 ··· 120

　　　3.3.2　结构与工作原理 ·· 122

　　　3.3.3　关键材料及制备技术 ··· 123

　　　3.3.4　系统设计 ··· 132

　　　3.3.5　发展方向 ··· 134

　　3.4　碱性燃料电池 ·· 135

　　　3.4.1　概述 ··· 135

　　　3.4.2　结构与工作原理 ·· 136

　　　3.4.3　工作条件 ··· 138

　　　3.4.4　研发与应用概况 ·· 139

　　3.5　磷酸燃料电池 ·· 140

　　　3.5.1　概述 ··· 140

　　　3.5.2　结构与工作原理 ·· 141

　　　3.5.3　工作条件对磷酸燃料电池的影响 ······································ 144

　　　3.5.4　商业化前景 ··· 147

　　3.6　直接甲醇燃料电池 ·· 147

　　　3.6.1　概述 ··· 147

　　3.6.2　结构与工作原理 148
　　3.6.3　关键材料 150
　　3.6.4　甲醇的制备、储存和安全 155
　　3.6.5　商业化前景 157
　思考题 157
第4章　氢源 159
4.1　氢的基本性质 159
　　4.1.1　氢的发现过程 159
　　4.1.2　氢的原子和分子结构 159
　　4.1.3　氢的物理性质 159
　　4.1.4　氢的化学性质 161
4.2　氢气的生产 162
　　4.2.1　水制氢 162
　　4.2.2　化石能源制氢 164
　　4.2.3　生物质制氢 170
　　4.2.4　含氢载体制氢 173
4.3　氢气的存储 177
　　4.3.1　高压气态储氢 178
　　4.3.2　低温液态储氢 178
　　4.3.3　金属氢化物储氢 179
　　4.3.4　有机液体氢化物 183
　　4.3.5　配位氢化物 184
　　4.3.6　碳质材料 187
　　4.3.7　金属有机骨架 189
　　4.3.8　水合物法储氢 189
4.4　氢气的运输 190
　　4.4.1　高压气态氢气运输 191
　　4.4.2　液态氢气运输 192
　　4.4.3　固态氢气运输 194
　　4.4.4　三种氢气运输方式的比较 194
　　4.4.5　主要氢气运输方式的成本分析 194
　　4.4.6　氢气运输的安全问题 195
　思考题 196
第5章　燃料电池的应用及回收 197
5.1　固定电源 197
　　5.1.1　燃料电池电站 197
　　5.1.2　紧急备用电源 199
　　5.1.3　与建筑物集成的燃料电池冷热电联供系统 200

5.1.4 偏僻区独立电站 ·· 206
5.2 便携式电源 ··· 206
5.2.1 便携式电子设备对电源的要求 ····························· 207
5.2.2 手机、数码摄像机、个人数字设备电源 ················· 207
5.2.3 笔记本电脑电源 ··· 209
5.2.4 便携式燃料电池发展前景 ···································· 210
5.3 在交通运输领域的应用 ··· 210
5.3.1 燃料电池汽车 ··· 210
5.3.2 燃料电池公共汽车 ·· 221
5.3.3 燃料电池多功能车 ·· 221
5.3.4 燃料电池摩托车和自行车 ···································· 222
5.3.5 燃料电池列车 ··· 222
5.3.6 燃料电池船舶 ··· 223
5.4 在军事领域的应用 ··· 223
5.4.1 军用燃料电池的特点 ·· 224
5.4.2 燃料电池在军事装备中的应用 ······························ 224
5.4.3 未来军事装备与燃料电池 ···································· 229
5.5 在航空航天领域的应用 ··· 229
5.6 燃料电池的回收 ··· 231
5.6.1 Pt 的回收 ·· 231
5.6.2 全氟磺酸离子交换膜的回收 ································· 232
思考题 ··· 233
参考文献 ·· 234
附录 ··· 246
附录Ⅰ 部分物质的热力学数据(298 K) ·························· 246
附录Ⅱ 标准电极电势及其温度系数(298 K) ···················· 246

第 1 章 引 言

随着社会的发展，石油、煤炭等化石燃料被人们大量开发和使用，为人类社会提供了重要的能量来源。但是传统化石燃料在利用过程中会排放大量有害气体，造成严重的环境污染并加剧温室效应，按照目前的资源消耗速度，未来地球上的化石燃料等资源将被消耗殆尽。面对经济发展与环境保护的双重挑战，包括中国在内的世界各国都在积极寻找可持续发展的新能源技术来替代传统能源利用模式，以满足日益增长的能源需求，同时达到减少污染、保护生态环境的目的。

氢能作为一种二次能源，在整个新能源体系中占有重要地位。由于氢气与氧气燃烧后的产物只有水，与传统化石燃料相比无污染物排放，因此氢能是一种清洁能源。关于氢能最早的文字记载源自法国科幻小说家凡尔纳(Verne)于 1874 年所著的《神秘岛》："我相信总有一天水会变成燃料，未来轮船和火车里装的不再是煤，而是氢气和氧气这两种压缩气体，它们燃烧后会产生极大的热能……未来的某一天，化石燃料将完全从地球上消失，燃料只有一望无际的水。"氢是宇宙中最丰富的元素，氢气来源非常广泛，除了从常规的电解水制氢、生物质制氢、太阳能光解制氢、水煤气法制氢等方法获得氢气外，氢气还是石化、钢铁等多个行业的副产品。2019 年，我国氢气年产量已达 2000 万 t，位居世界第一。那么未来是不是直接用氢气取代化石燃料就可以了呢？答案是否定的。我们目前使用的蒸汽机、内燃机、涡轮机等热机，都是通过热能推动来做功，都需要以燃烧的方式将石油、煤炭、天然气等化石燃料内部的化学能转变为热能。如果将氢气直接燃烧，那么与传统的热机在本质上是一样的，尽管氢气的排放物只有水，无污染，但是热机自身效率存在上限——卡诺循环效率，这个效率无法达到 100%，因此需要寻找一种能够更高效利用氢能的方式。

燃料电池(fuel cell)作为一种高效利用燃料发电的装置，是继水力发电、热能发电和原子能发电之后的第四代发电技术。由于它可以直接把燃料中的化学能转变成电能，不经过热能的转变，因此不受卡诺循环效率的限制，理论上装置的转化效率可达 100%，在发电站、航天飞机、交通运输工具、便携式电子设备等领域具有巨大的应用潜力。燃料电池在原理和结构上与传统化学电池(battery)完全不同，前者是一种将燃料和氧化剂中的化学能直接转化成电能的发电装置，由于其通过外界不断供给燃料和氧化剂，活性物质并不储存在装置中，因此理论上燃料电池的容量是无限的；而化学电池的活性物质仅储存在电池内部，其容量有限，当活性物质消耗完毕后，电池将无法工作，或者必须充电后才能使用。除此之外，燃料电池由燃料供应系统、水管理系统、热管理系统及控制系统等几部分组成，是一个复杂的发电系统；而化学电池则是一种将储能物质中的化学能转变成电能的能量储存与转换装置，结构相对简单。初学者容易将燃料电池归属于化学电池，这是由于翻译时将 cell 和 battery 都译成了电池，因此产生了误解。其实两者的意义完全不同，并无包含关系。

　　燃料电池由于具有能量转换效率高、污染小等优势，在能源领域受到了世界各国的重视，被美国《时代》周刊评为 21 世纪十大新技术之首。2012 年 6 月，美国经济学家里夫金(Rifkin)在著作《第三次工业革命》中提出，将运输工具转向插电式以及燃料电池动力车是第三次工业革命的五大支柱产业之一。2012 年 8 月，美国能源部部长朱棣文和先进能源研究项目署署长阿伦·马宗达博士发表的《可持续性能源未来所面临的挑战和机遇》一文指出，燃料电池具有效率高、零排放等优点，是电动汽车领域中一个颇具潜力的发展方向。2019 年 7 月，中国科学技术协会主席万钢在世界新能源汽车大会上提出，燃料电池汽车续航里程长、无污染物排放，是适应市场需求的最佳选择。

1.1　燃料电池的历史

　　燃料电池技术并不是一门新兴技术，早在 19 世纪 30 年代就诞生了世界上第一个燃料电池。但是由于受到当时技术手段的限制以及其他能源动力系统的冲击等影响，燃料电池的发展多次出现停滞。直至 20 世纪 60 年代，航空航天系统对高性能动力源的需求及石油危机等事件的发生，人们才将目光重新转向它，燃料电池因此得到了飞速发展，成为当今最具应用前景的能源装置之一。燃料电池的发展对电能发展史、能源科技史乃至人类科技史产生了深远影响。

1.1.1　早期探索

　　目前人们普遍认为尚班[Schönbein，图 1.1(a)]于 1838 年在实验中首先发现了燃料电池的电化学效应，次年格罗夫[Grove，图 1.1(b)]发明了第一个燃料电池。尚班在 1838 年写给英国学者法拉第(Faraday)的信中曾经提到，他在家中洗衣间建立了基于铂丝的新型发电装置，与化学电池不同，其能够在不进行化学充电的情况下产生电流，而且他发现金丝和银丝也能产生相同的效果。他在信中写道："我们认为电流是溶解在水中的氢和氧

(a)　　　　　　　　　　　　　　(b)

图 1.1　燃料电池原理发现者尚班(a)和燃料电池装置发明者格罗夫(b)

的化合引起的，而不是接触产生的。"1839 年 1 月，尚班在药物学期刊上再次提到该实验结果，并将其解释为极化效应，他认为氢气与铂电极上的氧气或氯气化合后会产生电流。值得一提的是，尚班曾经从英国科学促进协会获得 40 英镑的经费进行燃料电池的研究，这被认为是全世界第一个官方资助的燃料电池研究。

1839 年，来自英国的法官兼科学家格罗夫发明了第一个燃料电池装置。他的构想来源于电解水实验，他认为水电解的逆过程有可能产生电。为了验证这一想法，他将氢气和氧气分别通入两支试管中，试管中各有一根镀有铂黑的铂电极，然后将试管开口朝下放置在稀硫酸溶液中，使得铂丝、气体、溶液三者互相接触，得到了 0.5～0.6 V 的输出电压。之后他类比伏打电池，将数组装置串联起来以提高电压，最终装置的电压可以将另一个铂-硫酸体系中的水分解成氢气和氧气。格罗夫将这一装置命名为"气体伏打电池"，这是世界上第一个燃料电池装置，见图 1.2。但是由于装置产生的电能很小，并且铂较为昂贵，很难获取，因此格罗夫的气体伏打电池仅停留在实验室阶段，并没有得到实际应用。在同一时期，伏打电池体系已相对成熟，因此燃料电池的研究逐渐减少，在此后的近 40 年里发展缓慢，甚至停滞不前。

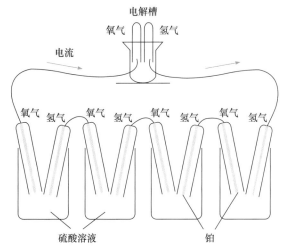

图 1.2　格罗夫的气体伏打电池

1882 年，瑞利(Rayleigh)为了提高铂电极的反应效率，对格罗夫的气体伏打电池进行了改进。他使用铂网代替铂丝，将两片铂网分别平放在空气电极一侧和氢气电极一侧的液面上，使得电极、溶液和气体三者的接触面积进一步增加。改进后的气体伏打电池可以产生"不大但还是可观的电流"。1889 年，蒙德(Mond)和兰格(Langer)首次提出了"燃料电池"这一术语。他们在调研了格罗夫等的文章后发现，平衡电极、电解液和气体的接触面积比例对提高燃料电池反应效率十分重要，因此采用了对电解质具有吸附作用的多孔绝缘材料作为隔膜。在此基础上，他们发明了第一个可以满足实际应用需求的燃料电池，该燃料电池能够在输出电压为 0.73 V 时获得 6.5 mA·cm^{-2} 的电流密度，值得一提的是，其结构与现代的磷酸燃料电池非常相似。后来为了降低成本，他们尝试利用空气与廉价的工业煤气分别取代氧气和氢气作为燃料电池的燃料，但由于一氧化碳使铂催化

剂中毒，他们的实验并没有成功。直到今天，人们仍致力于解决一氧化碳致使铂催化剂
中毒的问题。

由于早期氢气产量较低，为了寻找储量丰富的新能源替代氢气，人们想到了煤。当
时使用煤作为动力的蒸汽机效率非常低，只有 10% 左右。相比之下，碳的燃烧反应熵变
为零，理论上电转化效率可达 100%，并且碳原料来源广泛，因此使用煤作为燃料电池的
燃料发电引起了人们的关注。1854 年，格罗夫首先设想了用煤作为燃料电池的燃料，这
代表燃料电池已经不仅仅是气体电池了。1855 年，贝可勒尔(Becquerel)首先使用煤作为
燃料，将一根焦煤棒插入盛有熔融碳酸钾的铂坩埚中，焦煤棒同时作为燃料电池的阳极。
1877 年，雅布洛科夫(Jablockhoff)开展了一个类似的实验，但当时没有提及贝可勒尔的工
作。直到 1896 年，雅克(Jacques)首先研究出煤燃料电池的原型机，他将熔融氢氧化钠装
入高为 1.2 m、直径为 0.3 m 的铁桶中作为电解质，使用鼓风机将空气吹入熔融盐。在
450 ℃时，该燃料电池能够在输出电压为 1.0 V 时获得 100 mA·cm^{-2} 的电流密度，电池
功率约为 300 W。但是由于当时氢氧化钠的成本较高，因此雅克的煤燃料电池并没有获
得实际应用。

在 19 世纪实现燃料电池的商业化存在许多障碍，以当时的科技能力而言，铂和氢气
的生产等技术难题难以攻克，因此燃料电池的研究始终处于实验室阶段。之后由于内燃
机技术在 19 世纪末的崛起与快速发展，燃料电池的研究逐渐减少以致停滞，人们甚至认
为这只不过是科学史上的一次奇特事件。在这段时期，1909 年诺贝尔化学奖获得者及物
理化学领域的奠基人奥斯特瓦尔德(Ostwald)提出了大量燃料电池的工作原理。他认为内
燃机自身存在缺陷，其能量转换效率受到卡诺循环效率的限制，并且会造成严重的大气
污染，而燃料电池可直接产生电能，与内燃机相比效率高、无污染。他预测燃料电池的
发展将会引起一场巨大的技术变革，但他同时也意识到距离这一技术变革的真正实现还
需要很长时间。

在 20 世纪初的几十年里，燃料电池的大部分工作都是由英国剑桥大学的培根(Bacon)
完成的。1932 年，培根对蒙德和兰格发明的燃料电池装置进行了改进，开发出培根型燃
料电池，见图 1.3。他在传统多孔结构的气体扩散电极基础上开发出了双层多孔电极，并
用镍网和氢氧化钾电解质分别取代昂贵的铂电极和易腐蚀电极的硫酸电解质。现在看来，
培根型燃料电池就是第一个碱性燃料电池(alkaline fuel cell, AFC)。1959 年，培根制造出
能够进行实际应用的燃料电池，它的功率可达 5 kW，能够满足一部焊接机的动力需求。
除了培根之外，美国农用机械制造商阿利斯-查默斯公司也在 1959 年实现了燃料电池的
实际应用，第一部燃料电池型农用拖拉机成功问世，其中燃料电池堆由 1008 个燃料电池
单元串联而成，电池堆总输出功率可达 15 kW。上述发展为燃料电池的现代商业化铺平
了道路。

1.1.2 现代商业化

燃料电池再一次受到人们的广泛关注是在 20 世纪 60 年代初期。当时美国国家航空
航天局为了寻找适合作为载人飞船的动力源，对常规化学电源、燃料电池、氢氧内燃机、
太阳能及核能等各种动力源的输出功率和使用寿命进行了分析和比较，见图 1.4。载人飞

图 1.3 培根和他的培根型燃料电池

船的动力源必须兼具高功率密度与高能量密度的特性,其功率要求为 1～10 kW,使用寿命为 1～30 d。常规化学电源使用寿命和输出功率都较低,氢氧内燃机虽然输出功率高但使用寿命短,太阳能电池成本高且输出功率低,核能危险性高,因此相比较而言燃料电池是载人飞船动力源的最佳选择。除此之外,燃料电池还有其他几大优势:其反应产物纯水可以作为航天员的饮用水;电池中的液态氧系统可同时作为载人飞船的备份生命系统。因此,美国国家航空航天局决定以燃料电池作为载人飞船的动力源,并资助了一系列燃料电池的研究计划。在这一系列研究中,首先取得成果的是聚合物电解质膜(polymer electrolyte membrane,PEM)的成功开发。1955 年,美国通用电气公司的格拉布(Grubb)开发了磺化的聚苯乙烯离子交换膜并将其作为燃料电池的电解质。1958 年,美国通用电气公司的尼德拉克(Niedrach)在此基础上将铂成功地分散在该膜的表面。之后,美国通用电气公司继续发展这一技术,与美国国家航空航天局合作在 1962 年将其应用于"双子星座"计划中。

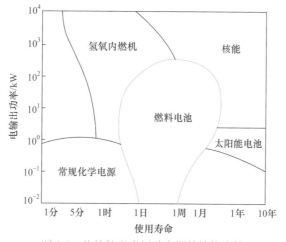

图 1.4 几种航天飞行动力源的性能比较

20 世纪初期，美国惠普公司在培根碱性燃料电池的基础上进行了质量减轻等改进，研制出比美国通用电气公司的 PEM 燃料电池寿命更长的碱性燃料电池。此后，美国国家航空航天局的几项太空飞行计划中的供电系统都是与美国惠普公司进行合作，其中最著名的一项就是使用培根型中温氢氧碱性燃料电池作为阿波罗计划的载人飞船动力源。在此之前，美国国家航空航天局计划开发工作时间更长的 PEM 燃料电池作为阿波罗计划的载人飞船动力源，但多次遇到电池内部污染和交换膜氧气泄漏等问题。尽管美国通用电气公司对 PEM 燃料电池做了重新设计，新电池在双子星飞船飞行期间运行可靠，但阿波罗计划最终还是选择了惠普公司的碱性燃料电池。此后，美国国家航空航天局在大部分太空飞行任务中都采用惠普公司的碱性燃料电池作为载人飞船的动力源。尽管碱性燃料电池在航天领域得到了广泛应用，但因具有对二氧化碳耐受度低的缺点，其仍难以应用于民用领域。

1973 年的石油危机令全世界意识到新能源开发的紧迫性，世界各国纷纷采取措施以减少对传统化石燃料的依赖。燃料电池的商业化再次引起人们的关注，多国政府部门和企业不断加大人力和物力投入，积极克服燃料电池在实际应用中遇到的瓶颈与障碍，加速了燃料电池的发展。首先实现应用的是磷酸燃料电池发电站系统，其具有运行稳定、使用寿命长的优势，可以作为不间断电源和应急备用电源使用，目前全世界已建立了数百台 PC25(200 kW)磷酸燃料电池发电站，功率为 2000 kW 的实验电站也已投入运行。燃料电池在发电站中得到实际应用后，人们又致力于将其应用于交通运输、便携式电子设备等领域，研究重点集中在电极设计、隔膜材料、燃料来源、催化剂用量等方面，而且取得了巨大进步。美国通用电气公司利用 PEM 燃料电池实现电解水，该技术被应用于美国海军。1972 年，美国杜邦公司开发出了燃料电池的专用聚合物电解质膜 Nafion。1989年，英国佩里科技公司与加拿大巴拉德动力系统公司合作，研制出以 PEM 燃料电池为动力的潜艇，并将其应用于英国皇家海军。1993 年，加拿大巴拉德动力系统公司展示了以燃料电池为动力的公共汽车，这是全世界第一辆以 PEM 燃料电池为动力的车辆。之后，英国特利丹公司展示了首台以 PEM 燃料电池为动力的客车。除此之外，美国的汽车企业在国家的支持下，也纷纷参与燃料电池动力汽车的研发，在 20 世纪末几乎每家汽车企业都推出了自己的燃料电池动力汽车。全世界燃料电池相关的专利也急剧增多，这表明燃料电池的开发已经得到工程界和科学界的广泛关注和参与。

进入 21 世纪后，全球汽车企业已经研发出多种燃料电池动力汽车，在许多城市，以燃料电池为动力的公共汽车已经投入运行。除了作为交通工具的动力源以外，燃料电池还作为不间断电源或应急电源在商场、医院、体育馆、学校等公共场所运行。此外，便携式燃料电池的开发也在进行，有望应用于手机、移动电源等电子产品中。在 19 世纪还被认为是科学史上奇特事件的燃料电池即将成为 21 世纪及以后的重要能源使用方式。

1.1.3 国内发展状况

1960 年年初，我国便开始进行燃料电池的研究。自 1969 年起，中国科学院大连化学物理研究所承担了航天氢氧燃料电池的研制任务。此后，中国科学院长春应用化学研究所和中国科学院上海硅酸盐研究所等陆续承担国防军工上的燃料电池研究任务。在国家

"973"氢能相关项目和"863"电动汽车重大专项的支持下，国内燃料电池上、中、下游研究均取得很大进展。

我国的燃料电池膜电极技术已经达到国际先进水平。武汉理工大学研制的第二代基于催化剂涂层技术的膜电极得到了国际燃料电池界的广泛认可，并且已经出口到美国、德国、加拿大、南非等国家。2009 年，武汉理工大学的膜电极产业化基地——武汉理工新能源有限公司成为国际六大膜电极供应商之一。另外，我国在燃料电池低成本催化剂研发方面也取得了突破性进展：武汉大学制备的铂-钨合金催化剂与商业化的铂-碳催化剂具有相似的催化活性；华南理工大学研发的金属钌作为催化剂主要成分，大大降低了催化剂的成本，仅为传统铂催化剂的 5%。2013 年 7 月，中国科学院大连化学物理研究所研发出静电喷涂制备催化剂涂层膜电极的制备工艺，其中铂用量仅为 0.6 mg·cm^{-2}，在改善催化层效率的同时有效减少了铂的含量，降低了生产成本；燃料电池性能为常压 1 A·cm^{-2}@0.67 V，加压 1 A·cm^{-2}@0.7 V；在峰值功率输出为 1.5 A·cm^{-2} 时，铂金属用量仅为 0.65 g·kW^{-1}。

2017 年，中车唐山机车车辆有限公司实现了燃料电池/超级电容器混合动力牵引和控制等技术的突破，制造出世界上首列氢燃料电池有轨电车。该有轨电车完全取消了传统电车的电弓和接触网，结构更加简单，加氢 15 min 后可持续行驶 40 km，最高车速可达 70 km·h^{-1}，填补了燃料电池应用领域的空白，真正实现了无污染物排放和全程"无网"运行。如今国内从事燃料电池研究的科研院所、高等院校和企业超过百家；其中在军工和汽车领域燃料电池研究取得较大进展，部分产品已经实现商业化。

1.1.4　国际发展状况

目前世界上燃料电池的生产成本约为 130 美元·kW^{-1}，其中铂催化剂的成本占 21%。因此，世界各国都在探索降低生产成本的方法，降低铂的用量或者寻找廉价金属取代铂。2010 年 3 月，美国通用汽车公司研制出第五代燃料电池动力系统，其功率为 93 kW，体积与相同功率的传统内燃机相当，但质量减轻了 100 kg，铂的用量从 80 g 降至 30 g。2010 年 6 月，美国联合技术公司将其研发的燃料电池安装在汽车上，以车载工况正常运行了 7000 h，延长了车用燃料电池的使用寿命。2012 年 9 月，日本丰田汽车公司公布了能够用于量产车的燃料电池组生产计划，该燃料电池组的输出功率密度可达 3 kW·L^{-1}。其中，丰田汽车公司开发了微米级铂催化剂生产技术，改善了电极形成技术，同时实现了铂催化剂的均匀涂覆，提高了燃料电池的输出功率，最终使铂的使用量降低到原来的 1/3 以下，大幅度降低了生产成本。2013 年，丹麦哥本哈根大学阿伦茨(Arenz)与德国慕尼黑工业大学和杜塞尔多夫马克斯-普朗克研究所合作，使用高比表面积和高强度的纳米线代替传统铂颗粒，在相同的输出功率下使得铂金属的用量降低为原始的 1/5，大大降低了对铂催化剂的依赖，在减少燃料电池成本方面跨出了一大步。2013 年 2 月，英国阿卡能源公司研制的燃料电池在车载工况下运行时间超过了 10 000 h，并且其性能与初始相比变化不大。该燃料电池汽车燃料加注仅需 5 min，单次加注后车辆续航里程可达 800 km。

2014 年 12 月，日本丰田汽车公司宣布制造出世界上第一辆真正零排放的燃料电池汽车 Mirai，这一车型从上市以来一直是燃料电池汽车行业中的标杆。Mirai 在日语中有"未来"的含义,因此这款车也被丰田汽车公司视为"未来之车"。Mirai 使用压缩氢气作为动力能源,其充满仅需 3~5 min,整车在 JC08 工况下,续航里程可达 700 km。整车动力系统可提供 113 kW 的功率,最高车速可达 200 km·h^{-1},百千米加速约 10 s,足以满足日常应用。截至 2019 年 8 月,丰田 Mirai 销量达 11 877 辆,占据市场比例超过 70.4%,在 2020 年年底,日本、北美及欧洲等地也出现了第二代 Mirai 的身影。

2017 年,韩国斗山集团建设了韩国史上最大的氢能燃料电池发电站。该发电站的设备每年可生产 144 台 440 kW 的燃料电池系统,并且能够进行不间断发电。2019 年,韩国东熙株式会社宣布建设世界上最大的 50 MW 级二次氢燃料电池发电站,并计划到 2030 年扩建一座达到 1 GW 的氢燃料电池发电站。

1.1.5　里程碑事件

以下是燃料电池发展历史上的里程碑事件。

1838 年,尚班发现了燃料电池的电化学效应。

1839 年,格罗夫发明了第一个燃料电池——气体伏打电池。

1889 年,蒙德和兰格改进气体伏打电池,并首次提出"燃料电池"这一术语。

1896 年,雅克研制出第一个高温煤燃料电池。

1899 年,施密德(Schmid)发明空气扩散电极。

1932 年,培根开发出碱性燃料电池。

1955 年,格拉布首次开发出磺化的聚苯乙烯离子交换膜作为电解质。

1959 年,阿利斯-查默斯公司研制出第一部碱性燃料电池农用拖拉机。

1960 年,美国通用电气公司开发出质子交换膜燃料电池。

1965 年,美国惠普公司研制出碱性燃料电池并应用于阿波罗飞船。

1967 年,美国通用汽车公司开发出第一辆碱性燃料电池电动汽车。

1970 年,科尔迪什(Kordesh)组装了第一辆燃料电池-铅酸电池混合动力汽车。

1972 年,美国杜邦公司开发了全氟磺酸质子交换膜 Nafion。

1979 年,美国纽约建造了 4.5 MW 磷酸燃料电池发电厂。

1986 年,美国洛斯阿拉莫斯国家实验室开发了第一辆磷酸燃料电池公共汽车。

1988 年,德国开发出第一艘燃料电池潜艇。

1993 年,加拿大巴拉德动力系统公司研制出第一辆质子交换膜燃料电池公共汽车。

1996 年,美国加利福尼亚州建造了 2 MW 燃料电池发电厂。

2002 年,美国博信电池公司和浙江大学共同研制出第一辆锌空气燃料电池轿车。

2008 年,德国航空航天中心研制出第一架有人驾驶的燃料电池动力飞机。

2014 年,日本丰田汽车公司制造出真正零排放的燃料电池汽车 Mirai。

2017 年,中车唐山机车车辆有限公司制造出世界上首列氢燃料电池有轨电车。

……

1.2 燃料电池简介

燃料电池可以将存储在燃料和氧化剂中的化学能直接转化为电能，具有诸多优点，如能量转换效率高、环境污染小等，传统的化石燃料和氢气等可再生能源都可以作为其燃料。燃料电池作为一种高效洁净的发电技术具有非常广阔的发展前景，对改善人类生活具有重要意义。经国际能源界评估，21 世纪最具发展前景的发电方式之一便是燃料电池。

1.2.1 组成结构

燃料电池的主要组成分为电极(electrode)、电解质隔膜(electrolyte membrane)、集流体(current collector)三部分。

1. 电极

在燃料电池中，电极上主要发生氧化和还原反应。研究发现，燃料电池电极性能受诸多因素影响，如电极材料种类、电解质性能等。电极主要可分为阳极(anode)和阴极(cathode)两部分，厚度一般为 200~500 mm。此外，由于气体(如氧气、氢气等)是燃料电池燃料和氧化剂的主要成分，因此电极多为高比表面积的多孔结构。这种结构一方面提高了燃料电池的实际工作电流密度；另一方面降低了极化，使燃料电池从理论研究阶段步入实用化阶段。目前，燃料电池按照工作温度的不同主要分为高温燃料电池和低温燃料电池。其中，高温燃料电池以电解质为关键组分，包括固体氧化物燃料电池(solid oxide fuel cell，SOFC)、熔融碳酸盐燃料电池(molten carbonate fuel cell，MCFC)等；而低温燃料电池则是以气体扩散层支撑薄层催化剂为关键组分，包括质子交换膜燃料电池(proton exchange membrane fuel cell，PEMFC)、磷酸燃料电池(phosphoric acid fuel cell，PAFC)等。

2. 电解质隔膜

电解质隔膜主要用于分隔阳极与阴极，并实现离子传导，轻薄的电解质隔膜更有利于提高电化学性能。电解质隔膜构成材料主要分为两类：一类是多孔隔膜，它通过将熔融锂-钾碳酸盐、氢氧化钾与磷酸等附着在碳化硅(SiC)膜、石棉(asbestos)膜及铝酸锂($LiAlO_2$)膜等绝缘材料上制备；另一类则是常规隔膜，其主要组成为全氟磺酸树脂(如PEMFC)及钇稳定氧化锆[Y_2O_3-stabilized-ZrO_2(YSZ)，如 SOFC]。

3. 集流体

集流体又称为双极板(bipolar plate)，主要用于收集电流、疏导反应气体。研究表明，集流体的性能对于燃料电池至关重要，其主要受材料特性、流场设计及加工技术影响。

1.2.2　工作原理

燃料电池与化学电池都可以将化学能转变为电能。不同的是，燃料电池主要是转换能量，而化学电池是储存能量。燃料电池种类繁多，图 1.5 详细地介绍了不同种类燃料电池的工作原理。

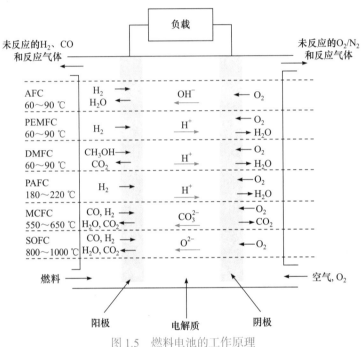

图 1.5　燃料电池的工作原理
DMFC：direct methanol fuel cell，直接甲醇燃料电池

氢气分子在阳极催化剂的作用下，进一步分解成氢离子进入电解液，而电子随后通过外电路转化为电流，最终传至阴极。在阴极上，氢离子、氧气分子和电子在阴极催化剂的作用下反应生成水分子。因此，该过程是可逆的。更重要的是，燃料电池工作过程中只有水一种产物，是一种绿色、无污染、环境友好的发电装置。

1.2.3　特点

与传统的火力发电、水力发电和原子能发电等技术相比，燃料电池技术展现出众多优势，如能量转换效率高、组装和操作方便灵活、安全性高、环境友好、噪声低、适用性强等。此外，理论上只要给予燃料电池持续且足够的燃料，它便能够不间断发电，因此被誉为是继火力发电、水力发电、原子能发电之后的第四代发电技术。

1. 能量转换效率高

燃料电池是一种可直接将燃料的化学能转化为电能的装置，在工作过程中不会发生如传统火力发电机那样的能量形态变化，因此极大地降低了中间转换损失，具有很高的能量转换效率。就目前发展现状而言，火力发电和原子能发电具有 30%~40%的效率，温差电池具有 10%的效率, 太阳能电池具有 20%的效率, 而燃料电池系统的燃料-电能转换效率高达 45%~60%, 比其他大部分系统都高。从理论上看, 燃料电池无燃烧过程, 不受卡诺循环的约束, 燃料化学能转化为电能和热能的效率高达 90%。

2. 组装和操作方便灵活

燃料电池可以通过串并联组成燃料电池堆, 满足不同的功率需求, 具有运行部件少、占地面积小和建设周期短等诸多优势。因此, 燃料电池更适合集中电站和分布式电站的建立, 在电力工业领域受到广泛关注与应用。

3. 安全性高

(1) 能源安全性: 世界各国在经历了 20 世纪 70 年代的石油危机之后, 为了降低对石油等化石燃料的依赖性, 迫切需要开发新能源技术, 以降低能源使用成本。例如, 在美国, 载客车辆日需石油量(约 600 万桶)达油料总进口量的 85%。如果依靠燃料电池为其中 20%的车辆来提供能量, 则每天可以节约约 120 万桶石油。

(2) 性能安全性: 在使用内燃机、燃烧涡轮机的传统发电站中, 转动部件失灵、核电厂燃料泄漏事故近几年时有发生。与这些发电装置相比, 燃料电池采用模块堆叠结构, 运行部件较少且易于使用和维修。此外, 当燃料电池负载变动较大时, 其展示出高的响应灵敏度, 当过载运行或低于额定功率运行时, 燃料电池效率基本不变。基于这种优异的性能, 燃料电池在用电高峰期仍能满足人们的生产生活需求。

4. 环境友好

利用化石燃料的传统火力发电装置在工作过程中会释放出大量的氮氧化物、硫化物、二氧化碳和粉尘等, 从而引发酸雨和温室效应等严重的环境问题, 不仅如此, 空气污染还是造成心血管疾病、哮喘及癌症的罪魁祸首之一。而燃料电池是一种环境友好的发电装置, 其排放物大部分是水, 有些燃料电池排放的二氧化碳量比使用汽油的内燃机小得多(约为其 1/6), 因此使用燃料电池可以在很大程度上减少污染物的排放(表 1.1)。另外, 燃料电池的组成中不包括机械转动部分(如热机活塞引擎等), 运转时较为安静, 不会产生噪声污染等问题。

表 1.1　不同燃料发电的大气污染比较(燃料电池与火力发电)

污染组分	排放量/$[10^{-6} \text{ kg} \cdot (\text{kW} \cdot \text{h})^{-1}]$			
	天然气	重油	煤炭	燃料电池
SO_2	2.5~230	4550	8200	0~0.12
NO_x	1800	3200	3200	63~107
烃类	20~1270	135~5000	30~10^4	14~102
粉尘	0~90	45~320	365~680	0~0.14

5. 可弹性设置/用途广

燃料电池可以通过合理设计实现缩放或集中/分散配置。一般情况下, 燃料电池通过黄光微影技术实现微型化，其供电量的放大通过模块式堆栈配置来实现。除此之外，对燃料电池进行串并联设计可以实现集中/分散配置。例如，单一燃料电池单元所产生的 0.7 V 的电压便足够点亮一盏灯。但若将电池单元串联起来，可实现电压的倍增，进而可以组装成燃料电池组。

6. 供电可靠性强

燃料电池既可以以输电网络为载体，又可以单独存在。若在较为特殊的场合下采用模块化的设置，可在很大程度上提高燃料电池的供电稳定性。

7. 燃料多样性

燃料电池所需的燃料种类繁多，一类是初级燃料(如天然气、醇类、煤气、汽油)，另一类是需经二次处理的低质燃料(如褐煤、废弃物，或者城市垃圾)。目前，以氢气为燃料气的燃料电池系统通常采用燃料转化器(fuel reformer，又称重组器)，将烃类或醇类等燃料中的氢元素提取出来投入使用。此外，燃料电池的燃料也可来源于经厌氧微生物分解、发酵产生的沼气。如果将可再生能源(如太阳能和风能)电解水产生的氢气作为燃料电池的燃料气，便可实现污染物完全零排放，源源不断的燃料供给使燃料电池可以不间断地产生电力。

8. 发展瓶颈

在交通运输、便携式电源、办公楼、加工厂、日常用品等领域，燃料电池随处可见。目前，磷酸燃料电池和质子交换膜燃料电池已经广泛应用于人们的日常生活中，熔融碳酸盐燃料电池和固体氧化物燃料电池也在飞速发展。虽然燃料电池具有非常广阔的应用前景，但也存在较多瓶颈，尤其是在价格和技术上。

(1) 制造成本高：例如，在车用 PEMFC 中，质子交换膜的成本约为 300 美元·m^{-2}，其比例是燃料电池总成本的 35%，而且铂金属催化剂的成本所占比例为 40%，这使得整车制造成本大大提升。

(2) 反应/启动速度慢：与传统的内燃机引擎启动速度相比，燃料电池的启动速度慢。若要加快启动速度，可通过提高电极活性和电池内部温度、控制电池反应参数等实现。此外，为了维持燃料电池反应的稳定性，需要在很大程度上减少副反应。然而，燃料电池的反应性高和稳定性好通常是不可共存的。

(3) 不能直接利用碳氢燃料：一般情况下，燃料电池不能直接利用碳氢燃料作为燃料气，必须经过燃料转化器、一氧化碳氧化器处理，才能将燃料转化为可供利用的氢气，因此燃料电池的使用成本大大增加。

(4) 氢气基础建设不足：虽然氢气已经在世界范围内被广泛使用，但其制备、灌装、储存、运输和重整的过程仍十分复杂。目前全世界仅有 70 个加氢站，依然处于示范推广阶段，因此需要建立更多标准且实用的氢气供给系统。

(5) 密封要求高：燃料电池组由多个单体电池串并联组装而成，若密封未达到要求，燃料电池中的氢气会发生泄漏，使得燃料电池中的氢燃料供给不足，最终降低燃料电池的输出功率和利用率，甚至会引起氢气燃烧事故。因此，燃料电池组的设计极其复杂，在使用和维护过程中会带来很多困难。

1.2.4 分类

作为近年来发展最快的产业之一，燃料电池逐渐成为科研及工业化的热点，各国政府都投入了大量研发资金，以加快燃料电池的商业化发展进程。目前来看，多种类型的燃料电池已经被科研工作者深入研究。燃料电池按照电解质的不同可以分为碱性燃料电池、磷酸燃料电池、熔融碳酸盐燃料电池和质子交换膜燃料电池；按照离子的传导类型可以分为质子传导型、氧离子传导型及离子-质子混合传导型燃料电池；此外，按照燃料类型可以分为间接型、直接型及再生型燃料电池。下面主要按电解质的不同介绍燃料电池，见表1.2。

表 1.2 燃料电池的主要类型

燃料电池类型	工作温度/℃	可用燃料
磷酸燃料电池	180～210	氢气、天然气、气化煤
固体电解质燃料电池	60～110	氢气、甲醇
碱性燃料电池	50～120	氢气
熔融碳酸盐燃料电池	650	天然气、气化煤
固体氧化物燃料电池	700～1000	氢气、天然气
直接甲醇燃料电池	40～80	甲醇

1. 碱性燃料电池

碱性燃料电池作为燃料电池的鼻祖，率先研制成功并最终投产，是目前发展最成熟的燃料电池。与其他类型的燃料电池相比，碱性燃料电池本身具有较高的氧电极活性和广泛的燃料适用性，这使其成为近代燃料电池中的佼佼者，广泛地应用于载人飞船或人造卫星等高科技领域。

碱性燃料电池主要以氢氧化钾水溶液为电解质，阴极和阳极分别为掺锂的氧化镍和双层多孔的烧结镍，工作温度为50～120 ℃。如此低的操作温度，决定了其无须使用昂贵的铂作为催化剂，只要使用一些廉价的非贵金属催化剂即可加快反应进度，其中镍是碱性燃料电池中最常用的催化剂。碱性燃料电池的工作原理如图1.6所示。

碱性燃料电池的主要缺点是二氧化碳耐受度低，经常会因二氧化碳毒化而在很大程度上降低反应效率和使用寿命，因此它并不适合作为动力汽车的动力来源。在最近的研究中，循环流动电解质及液态氢的使用、钠钙吸收和先进电极制备核心技术的开发等可以降低二氧化碳的毒化作用。因此，在未来的电池发展进程中，碱性燃料电池仍然具有巨大的应用潜力。

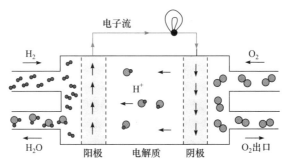

图 1.6　碱性燃料电池的工作原理示意图

2. 磷酸燃料电池

磷酸燃料电池是当前开发研究水平较高、商业化发展最快、最实用的一种燃料电池。其电解质采用磷酸，燃料则采用氢气或间接氢，电极材料多为具有多孔结构的铂等贵金属、石墨等碳材料。此外，还可将多个磷酸燃料电池单元堆集叠放构成电池堆，该电池堆具有成本低、寿命长、燃料来源广泛和可操作性强等诸多优点。

与质子交换膜燃料电池和碱性燃料电池相比，磷酸燃料电池的工作温度略高，为180～210 ℃，通常状况下，为了加速电极反应，需要在电极上添加铂金属催化剂。磷酸燃料电池的电极反应与质子交换膜燃料电池类似，然而磷酸燃料电池的阴极反应速率高于质子交换膜燃料电池，这是由其高的工作温度所致。磷酸燃料电池中采用的电解质是100%磷酸，当温度为 42 ℃时，固态的磷酸会发生相变转为液态。此时，由于催化剂的催化作用，阳极的氢气燃料发生氧化反应而转化为氢离子，随后氢离子与水结合形成水合氢离子，并产生两个可向阴极移动的自由电子，水合氢离子以磷酸电解质为媒介也移动至阴极，其工作原理如图 1.7 所示，具体的电极反应如下所示。

阳极反应：
$$H_2 \longrightarrow 2H^+ + 2e^- \tag{1.1}$$

阴极反应：
$$\frac{1}{2}O_2 + H_2O + 2e^- \longrightarrow 2OH^- \tag{1.2}$$

总反应：
$$\frac{1}{2}O_2 + H_2 \longrightarrow H_2O \tag{1.3}$$

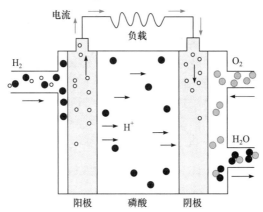

图 1.7　磷酸燃料电池的工作原理示意图

磷酸燃料电池使用的催化剂多为贵金属铂，具有高达 40%以上的转换效率。由于磷酸燃料电池不受二氧化碳限制，因此阴极反应气体和燃料可采用空气和重整气。基于以上特点，磷酸燃料电池可适用于固定电站的建立。

3. 熔融碳酸盐燃料电池

熔融碳酸盐燃料电池是继碱性燃料电池和磷酸燃料电池后的第二代燃料电池。它具有高达 650 ℃的工作温度，不仅能充分利用发电排出的余热，而且可与涡轮机联用形成热电联供，以此提高燃料的利用率。熔融碳酸盐燃料电池具有效率高(高于 40%)、噪声低、污染少和燃料多样(煤气、氢气和天然气等)等优点。此外，其电池组装材料价格低廉和余热利用率高等优势使其日益趋于商业化生产，有望成为下一代的绿色电站。

熔融碳酸盐燃料电池的主要组成部分包括多孔陶瓷阴极、隔膜、多孔金属阳极和金属极板，熔融态碳酸盐用作电解质，反应原理如下：

$$\text{阴极反应：} \qquad O_2 + 2CO_2 + 4e^- \longrightarrow 2CO_3^{2-} \qquad (1.4)$$

$$\text{阳极反应：} \qquad 2H_2 + 2CO_3^{2-} - 4e^- \longrightarrow 2CO_2 + 2H_2O \qquad (1.5)$$

$$\text{总反应：} \qquad O_2 + 2H_2 \longrightarrow 2H_2O \qquad (1.6)$$

氧化镍(NiO)通常可作为熔融碳酸盐燃料电池的多孔阴极材料，但在工作中 NiO 溶于熔融的碳酸盐，进而极易被 H_2、CO 还原为 Ni，最终导致电池短路。最近，研究人员已成功研制出 1000 cm^2 的 $LiAlO_2$ 隔膜，并将其组装成功率达数千瓦的电池组，在对该电池进行了电化学性能测试等一系列评估后，最终成功推广。但是，这类熔融碳酸盐燃料电池依然受到多种因素的影响，如气体工作压力和工作温度等。在此电池系统中，二者的影响各有利弊，一方面电池的工作性能会随着气体工作压力的提高而提升，但气体压力过高会造成 NiO 阴极的溶解，缩短电池使用时间，因此压力值通常维持在合适的范围内；另一方面，依据化学反应动力学理论，化学反应速率会随着温度的升高而增加，此时阴极极化减小，电池电压和性能也得到明显提升，然而过高的工作温度使电极材料副反应增多，加速了电极腐蚀。因此，电池的工作温度对电池循环寿命的影响至关重要，必须控制在 650 ℃左右。另外，电解质板结构和电解质的组成也会对电池的性能和寿命产生一定的影响，电解质越薄，阻抗越小，电池单元的性能越好，因此根据工艺要求应采用较薄的电解质板。

4. 固体氧化物燃料电池

在碱性燃料电池、磷酸燃料电池和熔融碳酸盐燃料电池发展的基础上，人们又研发出第三代燃料电池——固体氧化物燃料电池。该电池适用于工作温度为 700～1000 ℃的中、高温环境，实现了全固态电化学能量转换，展现出高的能量转换效率和广泛的燃料适用性等优点。其组成包含两个电极和介于电极间的固体电解质，此类电池与质子交换膜燃料电池一样，未来有望得到广泛普及应用。

在目前所有的燃料电池中，固体氧化物燃料电池所需的工作温度最高，属于高温燃料电池。固体氧化物燃料电池发电时可排放具有很高温度的气体，不仅可以为天然气重整提供所需热量，还可以用于蒸汽的生产，与发电系统组合，从而在分布式发电领域得到广泛的应用，因此相比其他类型的燃料电池利用价值更高。燃料以甲烷为例，固体氧化物燃料电池的工作原理示意图如图1.8所示。从图中可以看出，固体氧化物燃料电池主要是由阳极(燃料极，甲烷、氢气或一氧化碳等气体)、阴极(空气或氧气)和电解质组成。

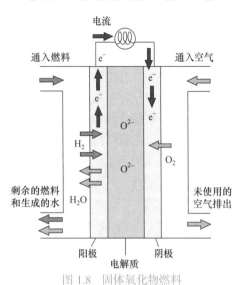

图1.8　固体氧化物燃料电池的工作原理示意图

与一般燃料电池相比，固体氧化物燃料电池具有以下优势：

(1) 电流和功率密度较高。

(2) 电极极化损失一般可忽略不计。

(3) 其结构为全固态，不会出现液态电解质所带来的腐蚀和密封问题。

(4) 在无铂等贵金属催化剂情况下，依然可直接以甲醇、氢或烃类作为燃料。

(5) 运行过程中电解质比较稳定。

(6) 可利用高温废热能源实现热电联产，提高燃料的综合利用率。

固体氧化物燃料电池的独特优势使得其在工业化领域有非常广泛的应用前景和巨大的商业价值。

5. 质子交换膜燃料电池

质子交换膜燃料电池又称为固化聚合物(有机膜)电解质燃料电池，与其他燃料电池相比，是一种新兴的燃料电池。质子交换膜燃料电池具有工作温度较低(60～110 ℃)、启动比较迅速的优点；此外，由于其含有稳定且抗震的电解质，实际应用效率可达80%以上，同时展现出高的能量密度和功率密度。质子交换膜燃料电池的工作原理如图1.9所示。然而，在其漫长的产业化进程中仍面临各种实际应用瓶颈，如生产成本过高和使用寿命较短等。因此，需要对其进行多方面的改进与优化，从而达到提升性能和降低成本的最终目的。例如，提高催化剂的反应活性，一般来说，贵金属铂催化剂可采用高活性的合金催化剂代替，以此提高催化剂的活性和稳定性；但是电子、质子、气体和水在三相界面的传质通道在较为复杂的电化学反应过程

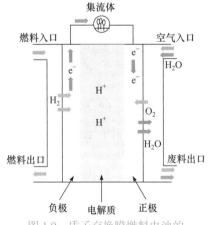

图1.9　质子交换膜燃料电池的工作原理示意图

中会发生改变，对质子交换膜燃料电池的性能产生副作用。因此，可以进一步优化膜电极和催化层的结构有效提升质子交换膜燃料电池的性能，如发展新的膜电极制备方法与工艺。

此外，质子交换膜燃料电池的核心组分为膜电极组件(membrane electrode assembly，MEA，简称膜电极)，其在电池系统中发挥了重要作用。一方面，其自身的微通道实现了多相物质的传递；另一方面，它还为物质转化提供了反应场所，因此可以通过评估 MEA 的性能进一步评判质子交换膜燃料电池的效能。2020 年，美国能源部指出：车用 MEA 的成本需小于 14 美元 · kW^{-1}；续航时间需达 5000 h；功率密度需达 1 W · cm^{-2}。MEA 的主要组成部分为：气体扩散层(gas diffusion layer，GDL)、催化剂层(catalyst layer，CL)和质子交换膜(proton exchange membrane，PEM)。当发生电化学反应时，MEA 需保证各功能层同时参与、相互协同。质子交换膜燃料电池的性能往往受到 MEA 性能的影响，如各功能层传质能力、催化能力及传导能力等，因此可通过改进功能层结构实现质子交换膜燃料电池性能的提升。目前，人们对功能层结构的改进研究很多，MEA 的制备方法和性能均得到了优化。

MEA 可通过催化剂制备在基体(catalyst-coated substrate，CCS)和催化剂制备到膜上(catalyst-coated membrance，CCM)两种方法制备。前者采用两步法，首先将催化剂活性成分涂在 GDL 上，得到阴、阳极 GDL，随后在 PEM 两侧采用热压法分别压制阴、阳极 GDL，最终获得 MEA[图 1.10(a)]；后者则相反，它是采用热压法将阴、阳极 GDL 分别贴在涂覆有催化剂活性成分的 PEM 两侧，最终获得 MEA[图 1.10(b)]。CCS 法具有简单且成熟的制备工艺，组装过程中膜电极易生成气孔，减小了膜电极吸水的可能性，从而抑制了形变的发生。不同于 CCS 法，CCM 法制备的 MEA 具有高的催化剂利用率和低的质子传递阻力，是近年来制备 MEA 的主要选择。

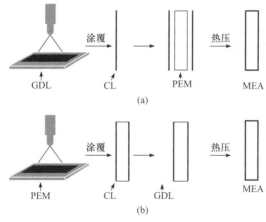

图 1.10 传统 MEA 的制备流程

(a) CCS 法；(b) CCM 法

1.2.5 应用

由于燃料电池具有常规电池所具有的串并联特性，因此在集中发电领域拥有非常广阔的发展潜力。除此之外，燃料电池也可为种类繁多的独立电源和便携式电子设备提供能量，图 1.11 为生物燃料电池的工业化应用示意图。其中，固体氧化物燃料电池与煤气形成连续闭合循环，其有利于大、中型发电站的建设，且具有高的燃料总发电效率(70%~80%，包括余热发电)。此外，以净化煤气、天然气为燃料气的熔融碳酸盐燃料电池适合于分散电站的建设，同时展现出高的燃料总热电效率(60%~70%，包括余热发电与利用)。因此，如果将电网供电的方式改为燃料电池组供电，将在很大程度上解决电网调峰问题。

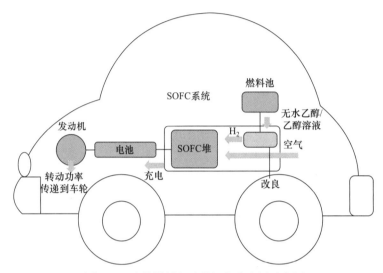

图 1.11　生物燃料电池的工业化应用示意图

燃料电池还可根据应用类型分为现场热电联供和分布式电源两种，前者经常用于发电站(所需容量 100~300 MW)；后者常用于多种便携式电源(所需容量 100 W~100 kW)，如航空电源、可移动电源、应急电源和计算机电源等。质子交换膜燃料电池在实际应用中展现出诸多优势，其在室温下启动迅速，灵活性强，对于不同的负载可实现输出功率的快速响应，因此在电力推动能源系统、无空气助力的潜艇动力源等多个领域受到青睐。除此之外，直接甲醇燃料电池可作为手机、笔记本电脑等的小型便携式电源的能量来源。

<h2 style="text-align:center">思　考　题</h2>

1. 燃料电池的能量转换效率能达到 100%吗？为什么？

2. 燃料电池装置的发明者是谁？试简述该装置的结构和原理。

3. 燃料电池在 19 世纪出现发展停滞，原因是什么？

4. 燃料电池主要有哪几个组成部分？分别起什么作用？

5. 以下哪些为燃料电池的特点？(　　)

　A. 安全性高　　　　　B. 能量转换效率高　　　　　C. 环境友好　　　　　D. 组装工艺烦琐

6. 碱性燃料电池、磷酸燃料电池、熔融碳酸盐燃料电池、固体氧化物燃料电池和直接甲醇燃料电池的适用工作温度分别是多少？

第 2 章   燃料电池的基本原理与基本结构

本章从基本化学反应和热力学基础入手，探索燃料电池及微观电化学反应，介绍燃料电池的反应历程。从宏观角度理解能量转换的关键以及反应的最大限度和效率问题，从而得到燃料电池各个参数的理论极限值。为评估燃料电池实际工作的性能，本章将利用反应动力学原理阐述电池反应的具体细节问题，并从微观层次理解燃料电池反应电荷传输及物质传输的历程。将热力学与动力学知识相结合，可对燃料电池实际的电化学性能做出合理的评判。

在介绍燃料电池的基本原理基础上，本章进一步讨论材料的特性及电池器件的组成，包括对单一燃料电池反应堆的结构剖析及燃料电池系统的结构互补等，以实现燃料电池在动力体系中的应用。

最后，为了定量地评估燃料电池的优劣、比较器件设计的好坏，本章还介绍了几种燃料电池的常规表征技术。通过有效地选取原位与非原位测试技术，揭示电极材料及器件性能损耗的根本原因。

2.1   化学反应与热力学基础

2.1.1   燃料电池的基本反应

燃料电池是一种电化学能量转换装置，其结构和常见的电池类似，包括阳极、阴极和电解质。燃料电池的基本工作原理是通过阴、阳两极的电化学反应将燃料和氧化剂中的化学能转化为电能。当燃料电池工作时，阳极的燃料被氧化，发生氧化反应；阴极的氧化剂被还原，发生还原反应。总反应为阳极燃料与阴极氧化剂的氧化还原反应。

下面以最基本的氢氧燃料电池为例，详细描述燃料电池的基本工作原理。酸性氢氧燃料电池的电解液通常为硫酸溶液，阳极燃料为 H_2，阴极氧化剂为 O_2。如图 2.1 所示，氢氧燃料电池可以分解为两个半电池反应。当燃料电池工作时，向阳极持续地通入 H_2，在催化剂的作用下，H_2 发生氧化反应失去电子变为 H^+，生成的 H^+ 进入电解液中，而电子则经外电路传输至阴极。在阴极一侧不断地通入 O_2，在催化剂作用下，O_2 得到阳极流出的电子发生还原反应，并与电解液中的 H^+ 结合生成水。因此，酸性氢氧燃料电池的基本反应表示为

阳极反应：
$$H_2 \longrightarrow 2H^+ + 2e^- \tag{2.1}$$

阴极反应：
$$\frac{1}{2}O_2 + 2H^+ + 2e^- \longrightarrow H_2O \tag{2.2}$$

总反应：
$$H_2 + \frac{1}{2}O_2 \longrightarrow H_2O \tag{2.3}$$

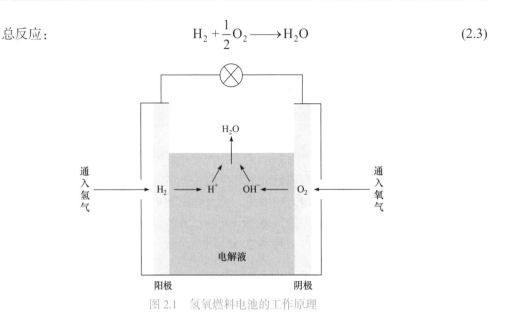

图 2.1   氢氧燃料电池的工作原理

碱性氢氧燃料电池的电解液通常为 KOH 溶液，电解液中传递的则为 OH^-。阴极通入的 O_2 得到电子被还原，然后与电解液中的水反应生成 OH^- 进入电解液。阳极 H_2 失去电子被氧化并与电解液中的 OH^- 反应生成水。具体反应方程式为

阳极反应：
$$H_2 + 2OH^- \longrightarrow 2H_2O + 2e^- \tag{2.4}$$

阴极反应：
$$\frac{1}{2}O_2 + H_2O + 2e^- \longrightarrow 2OH^- \tag{2.5}$$

总反应：
$$H_2 + \frac{1}{2}O_2 \longrightarrow H_2O \tag{2.6}$$

因此，无论电解液为酸性还是碱性，氢氧燃料电池的总反应均为 H_2 与 O_2 的氧化还原反应。同理，基于其他燃料和氧化剂的燃料电池的总反应均为燃料与氧化剂的氧化还原反应。

燃料电池的工作过程主要包括四个步骤：输入燃料和氧化剂、电化学反应、离子及电子的传输和反应产物的排出。为了持续不断地产生电流，就必须源源不断地输入燃料和氧化剂。此外，燃料和氧化剂输入速度越快，理论上反应越多，产生的电流越大。因此，必须根据实际输出电流的需求控制燃料和氧化剂的输入速度。当燃料和氧化剂分别输送到阳极和阴极后，会发生电化学反应。为了提高输出电流，燃料和氧化剂的氧化还原反应需要快速进行。因此，通常需要在阴、阳极上负载催化剂，从而提高燃料和氧化剂的氧化还原反应速率。阳极产生的电子经由外电路很快地传输到阴极，但是离子必须经过电解液从阳极传输到阴极或从阴极传输到阳极。在许多电解质中，离子是通过跳跃机理传输的，显然离子传输要慢于电子传输，从而影响燃料电池的性能。为了提高燃料电池的性能，电解质的厚度应尽可能薄，从而缩短离子传输距离。另外，与常规电池不同，燃料电池中燃料和氧化剂反应的生成物必须及时排出。否则，它们会在燃料电池内部不断累积，最终造成电池的"窒息"，阻止电化学反应进一步发生。

虽然燃料电池和常规电池都是将化学能转化为电能，但是燃料电池与常规电池存在明显的区别。常规电池是对能量进行储存，活性物质是其重要组成部分，其反应物存在于电池内部，电池能量的大小取决于电池中活性物质的数量。此外，在常规二次电池中，放电生成的物质可通过充电恢复至放电前的状态，是一种可逆的电化学储能装置。而燃料电池需要不断输入燃料和氧化剂，且燃料和氧化剂反应的生成物需要排出电池体系。因此，燃料电池可以理解为一种能量转换装置，其能量取决于输入的燃料和氧化剂的数量。理论上，燃料电池和电池本身没有太大关系，只要能不断地输入燃料和氧化剂，就可以不断地产生电能。

2.1.2 热力学基础

1. 热力学基本术语

1) 体系与环境

体系是指在一定范围内事物按照一定的原则和关系组成的整体。热力学体系是在一定宏观约束下由大量粒子组成的客体，这种体系不仅是宏观的，而且具有局限范围。宏观约束是为指定体系所施加的限制或条件。如果这些粒子被限制在一定的几何空间中，则可以用长度 l、面积 S、体积 V 等参量进行描述。对于同一粒子的集合，并且边界为不可隧穿的刚性壁，则可用粒子数 N 进行描述。此外，如果整个体系是处在一定的可变温度范围内，并且边界可以进行物质流或能量流的传递，则可以用温度 T、能量 U 进行描述。一般来说，当给定物体本身的线度不大时，重力场所引起的不均匀性相对较小，因此在对热力学性质进行研究时，除特别表明需要引入重力场外，不考虑重力场的影响。

与体系相对应的是环境，即体系之外的客体对象，如图 2.2 所示。环境又称为外界，是指除规定体系外全部元素的集合。体系与环境之间存在相互作用，根据作用关系的不同，可将热力学体系分为以下三种。

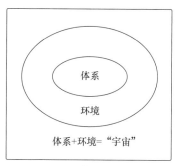

图 2.2 体系与环境

(1) 开放体系(open system)：体系与环境之间存在物质和能量的传递。

(2) 封闭体系(closed system)：体系与环境之间存在能量传递而不存在物质传递。

(3) 隔离体系(isolated system)：又称为孤立体系，体系与环境之间没有任何形式的相互作用。值得强调的是，"宇宙"可以说是一种隔离体系。

确定热力学体系是解决热力学问题的关键一步，合理地划分可使问题大大简化。

2) 状态参量

状态参量是用宏观可测得的性质对当前热力学状态进行描述，也称为热力学变量。根据宏观量 Q 与物质的量 n 之间的关系，其可分为广度性质和强度性质。

广度性质又称为容量性质，与体系内存在物质的量成正比，如体积(V)、质量(m)、熵(S)、焓(H)、热力学能(U)等。广度性质是关于 n_1、n_2、$\cdots$、n_s 的一次齐次函数，即

$$q(\gamma n_1, \gamma n_2, \cdots, \gamma n_s) = \gamma q(n_1, n_2, \cdots, n_s) \tag{2.7}$$

强度性质与体系的数量无关，不具有加和性，仅由体系的性质决定，如压力(p)、温度(T)、电动势(E)、摩尔热力学能(U_m)和物质 C 的化学势(μ_C)等。强度性质在数学上为零次齐次函数，即

$$Q(\gamma n_1, \gamma n_2, \cdots, \gamma n_s) = Q(n_1, n_2, \cdots, n_s) \tag{2.8}$$

此外，任意两个广度性质相除可以得到一个强度性质。例如

$$\rho = m/V \tag{2.9}$$

$$U_m = U/n \tag{2.10}$$

3) 平衡态

热力学体系的状态可以分为平衡态(equilibrium state)和非平衡态(nonequilibrium state)。当体系满足：①体系内各部分的宏观性质不再随时间的变化而变化；②体系与环境不再存在任何物质与能量传递且没有相关化学反应发生这两个条件时，则该体系处于热力学平衡态，如图 2.3 所示。包括以下几种平衡。

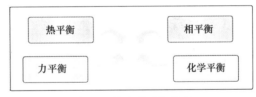

图 2.3　热力学平衡体系

(1) 热平衡(thermal equilibrium)：体系内各处的温度相等。

$$T_1 = T_2 = \cdots = T_s \tag{2.11}$$

(2) 力平衡(mechanical equilibrium)：体系压力处处相等，边界不再发生位移。

$$p_1 = p_2 = \cdots = p_s \tag{2.12}$$

(3) 相平衡(phase equilibrium)：对于多相共存体系,各相的组成和数量不再发生变化。

(4) 化学平衡(chemical equilibrium)：对于存在化学反应的体系,各物质不再随时间而发生变化。

值得注意的是，平衡态非静止态，热力学平衡是动态平衡，体系中的各种热力学性质彼此相互联系。

4) 状态函数

在一定条件下，体系的性质不再随时间发生改变，其状态是确定的，因此体系内相

应的宏观性质就是此状态下的单值函数，即状态函数。也就是说，当体系的状态确定后，相应的宏观性质存在一个确定值，这种物理量仅取决于体系所处的状态，状态发生变化，数值也随之而变，且变化值仅取决于始态和终态，与变化过程中采取的路径无关。

从数学上讲，状态函数 R 的改变量 $\Delta_{始}^{终}R = R_{终} - R_{始} = \int_{始}^{终} dR$。如果经历一个循环过程，则 $\oint dR = 0$。

此外，状态函数具有全微分的性质。例如，一个具有两个独立变量 p、q 的状态函数 R，有

$$R = R(p, q) \tag{2.13}$$
$$dR = M(p, q)dp + N(p, q)dq \tag{2.14}$$

式中，$M = \partial R / \partial p$；$N = \partial R / \partial q$。且存在如下的欧拉(Eular)关系(倒易关系)及欧拉连锁式(循环关系式)：

$$(\partial M / \partial q)_p = (\partial N / \partial p)_q \tag{2.15}$$
$$(\partial R / \partial p)_q \cdot (\partial p / \partial q)_R \cdot (\partial q / \partial R)_p = -1 \tag{2.16}$$

5) 过程和途径

过程(process)是指在一定的外界环境条件下体系从始态(n_1, V_1, T_1, p_1)到终态(n_1, V_2, T_2, p_2)的经过，如图 2.4 所示。

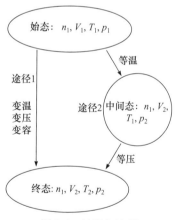

图 2.4　过程与途径

途径(path)是从始态到终态所实施的具体步骤。如图 2.4 所示，途径 1：始态可直接进行变温、变压、变容等操作到达终态；也可采用途径 2：先经过等温过程到达中间态(n_1, V_2, T_1, p_2)，再经过等压过程到达终态。途径虽然不同，但过程相同。

6) 热力学能

热力学能是组成物质分子的无序热运动动能和分子间相互作用势能的集合，用符号 U 表示，热力学能具有能量的量纲，国际单位是焦耳(J)。

广义上讲，一个物体的热力学能等于所有微观粒子能量的总和，即

$$U = \sum_{s=1}^{n} U_{k_s} + U_{p_s} + U_{c_s} + U_{i_s} + U_{n_s} \qquad (2.17)$$

式中，U_k 为动能；U_p 为势能；U_c 为化学能；U_i 为电离能；U_n 为原子核内部的核能。

燃料电池是将燃料储存的能量转化成其他可利用方式(如电能)的转化装置。燃料电池的能量核心就是燃料，燃料的总能量用热力学能 U 描述，它包含了燃料内部所有微观粒子的一切运动方式所具有的能量。

7) 热和功

热力学中所谈及的热(heat)也是一种能量传递方式，它是由体系与环境之间产生的温差所致，用符号 Q 表示，国际单位是焦耳(J)。热是一个过程量，因此只能说某种燃料在某一过程产生了多少热，而不能说"具有"多少热。热所刻画的是一种在微观层次上使体系无规则程度变化的能量传递。以体系为主体，规定环境对体系放热为正，即 $Q > 0$；一个微小过程热的变化可记为 δQ。热的种类较多，如蒸发热、溶解热、凝聚热和燃烧热等。

同样，功也是一个与过程密切联系的物理量(过程量)，没有过程就没有功。功是指体系与环境通过边界的压力差或其他相互作用所引起的能量传递方式，用符号 W 表示，国际单位是焦耳(J)。功不是描述体系性质的物理量，功所刻画的是一种机械有规律的能量转移，人们规定环境对体系做功为正，即 $W > 0$。功一般分为两种，膨胀功 W_e 和非膨胀功 W_f，膨胀功又称体积功，非膨胀功为其他形式的非体积功，如电功、表面功等。

Q 和 W 都不是状态函数，其数值大小与变化所采用的途径有关。此外，需要强调的是，理论上功可以 100%地转化成其他形式的能量，而热是所有能量的受体。也就是说，任何形式的能量最终都将以热的形式耗散到环境中，而热不会完全转化成功。

8) 标准态

由于绝大多数热力学量与温度 T 和压力 p 有关，为了简化计算，人们通常选取一系列标准的条件作为参考，称为标准态。

人们统一选取的热力学标准态为：室温(298.15 K)，用 $T^{\ominus}$ 表示；100 kPa 为标准压力，用 $p^{\ominus}$ 表示。复合气相体系的标准态为每一气体组分都处于标准压力时的状态；液体和固体的标准态分别为纯液体和最稳定的晶态。理想溶液的标准态为浓度 $c^{\ominus} = 1$ mol $\cdot$ L^{-1} 时的状态。

标准态的给出可以极大地简化计算方法，为深入了解宏观热力学过程提供指导。

9) 可逆性

当人们提及燃料电池的热力学过程时，通常会使用"可逆"的概念。简单地说，如果体系经历某一个过程后，体系和环境能够完全复原，则该过程具有可逆性。可逆过程是在无限小的变化 δR 下进行的，因此整个过程以非常接近平衡态的途径进行。对于燃料电池，可逆的电压就意味着该燃料电池处于热力学平衡态时的电压。如果有电的参与，由于电功的存在，该平衡被打破，则理想状态下燃料电池的电压方程就不再适用了。

2. 热力学第一定律

历史上人们试图制造不需要消耗任何能量而不断做功的永动机,结果都以失败告终。经过长期的实践证明,第一类永动机是不可能实现的,这是热力学第一定律的一种表述。实际上,热力学第一定律是能量守恒与转化定律,即一个封闭体系与环境进行能量转化的过程中,能量可以有多种存在形式,但是该封闭体系的总能量值永远不会发生变化。

任何一个不做整体运动的封闭体系在平衡态时存在一个状态函数,称为热力学能(U)。当从平衡态 A 经过一系列过程到平衡态 B 时,体系能量的变化为

$$\Delta U = U(B) - U(A) \tag{2.18}$$

在变化的过程中,表现为两种行为:体系从环境吸热(Q)和环境对体系做功(W)。根据热力学第一定律:

$$\Delta U = Q + W \tag{2.19}$$

若体系发生了微小的变化,热力学能的变化 dU 可表达为如下数学式:

$$\mathrm{d}U = \delta Q + \delta W \tag{2.20}$$

如果环境没有对体系做功,即 $W = 0$,则

$$\Delta U = Q \quad \text{或} \quad \mathrm{d}U = \delta Q \tag{2.21}$$

如果体系没有从环境吸热,即 $Q = 0$,则

$$\Delta U = W \quad \text{或} \quad \mathrm{d}U = \delta W \tag{2.22}$$

体系的能量包括热力学能和外能。外能主要为体系做整体运动的动能和在外力场中的势能。热力学计算考虑的是体系的热力学能,是体系内部储存能量的总和,包括组成体系中分子的动能(平动、转动及振动等形式)、分子内电子运动的能量及原子核内的分子间相互作用能等。热力学能的绝对值无法确定,它属于一种状态函数。如果假设热力学能不是状态函数,则其变化与途径有关。当体系经由两种不同的途径(途径 1 和途径 2)从状态 A 变为状态 B,两种途径的热力学能变化 ΔU_1 和 ΔU_2 则不相等。如果当体系从状态A 经由途径 1 变到状态 B,再经由途径 2 从状态 B 回到状态 A,则体系的能量变化可以表示为

$$\Delta U = \Delta U_1 - \Delta U_2 \neq 0 \tag{2.23}$$

这违背了热力学第一定律。因此,热力学能是体系的状态函数。

3. 热力学第二定律

上文提出的热力学第一定律是能量守恒定律,解决了体系与环境间能量传递与转化的问题,但是不能确定过程的方向、平衡点和限度。大量的实验数据表明,自然界中任何一个存在的过程,总是"自发地"趋向平衡状态,如水往低处流、热量由高温物体向低温物体传递等,要想实现其逆过程就必须以其他方式作为代价,或者可以说产生了不可消除的后果。

人们在实践和分析中总结出关于自发过程方向和限度的规律——热力学第二定律,

并引入了熵(entropy)的概念。熵是单值的状态函数，符号为 S，国际单位为 $J \cdot K^{-1}$，是一个广度量。假设始、终态的熵值为 S_A、S_B，有

$$\Delta S = S_B - S_A = \int_A^B (\delta Q/T) \tag{2.24}$$

$$\Delta S = \sum_{i=1}^n (\delta Q_R)_i / T_i \tag{2.25}$$

式中，$(\delta Q_R)_i$ 为体系从温度 T_i 热源经过可逆过程时吸收的热。对于微小的变化，有

$$dS = \delta Q_R / T \tag{2.26}$$

从微观统计热力学角度讲，熵由体系微观状态数 Ω 决定。体系的总微观状态数增加，熵也增加，因此熵也是用于描述体系混乱度的函数。

对于一个独立体系，有著名的玻尔兹曼(Boltzmann)公式：

$$S = k_B \ln \Omega \tag{2.27}$$

式中，k_B 为玻尔兹曼常量；Ω 取决于物质的全部运动形态，由于运动形态是无穷无尽的，因此无法确切得知 Ω 的数值，也说明熵 S 的绝对值是无法确定的，只能得到两种状态下的熵差。

根据不可消除原理，若封闭体系以绝热过程从一平衡态(A)到达另一平衡态(B)，该封闭体系的熵值不会降低，即熵增加原理。如果过程是可逆的，则体系的熵值不变；如果过程是不可逆的，则体系的熵值增加。由于孤立体系必然绝热封闭，因此熵增加原理又可以描述为："孤立体系的熵永远不会减少。"用数学式表达为

$$(\Delta S)_{孤立} \geqslant 0 \begin{pmatrix} >, 不可逆过程 \\ =, 可逆过程 \end{pmatrix} \tag{2.28}$$

根据前文所述，体系加环境就等于"宇宙"，可认为是一个孤立体系，因此也可用于判断过程的自发性，即

$$(\Delta S)_{孤立} = (\Delta S)_{体系} + (\Delta S)_{环境} \geqslant 0 \begin{pmatrix} >, 不可逆过程 \\ =, 可逆过程 \end{pmatrix} \tag{2.29}$$

熵是极其重要的概念，目前已经广泛地应用于各个领域。

4. 热力学第三定律

1906 年，能斯特(Nernst)在研究各种低温下化学反应的热力学性质后，总结出一个普适规律：在可逆等温过程中凝聚体系的熵变随热力学温度趋于零而趋于零。给出的数学表达式为

$$\lim_{T \to 0} (\Delta S)_T = 0 \tag{2.30}$$

这称为能斯特定理(Nernst's theorem)，也就是热力学第三定律。

1911 年，普朗克(Planck)提出了一个表述，在绝对零度时，一切纯物质的熵值为零。1920 年，路易斯(Lewis)和吉布森(Gibson)引入了完美晶体的概念，得到一种新的表述："在

热力学温度为零度时，一切完美晶体的量热熵等于零"，即

$$\lim_{T \to 0} S = 0 \tag{2.31}$$

实际上，式(2.31)给出了公共熵的零点。根据前面提到的标准态和状态函数的概念，人们可以得到某物质在特定 T、p 下的熵值。以上基础理论为计算燃料电池热值及反应历程提供了依据。

5. 热力学定律在燃料电池中的应用

1) 热力学效率

热力学第一定律实质上是能量守恒定律，将热力学第一定律应用于燃料电池体系且忽略动能与势能的影响，则存在如下关系：

$$\mathrm{d}H = \delta W + \delta Q \tag{2.32}$$

式中，$\mathrm{d}H$ 为体系的焓变；δW 为体系做的功；δQ 为热量。

燃料电池是将化学能转化为电能的装置，电子经过外电路所做的功称为 W_e，所以 δW 为 δW_e。假设反应过程可逆，则

$$\delta Q = T\mathrm{d}S \tag{2.33}$$

式中，T 为反应温度；S 为体系的熵。将式(2.33)代入式(2.32)中，得到

$$\delta W_e = \mathrm{d}H - T\mathrm{d}S = \mathrm{d}G \tag{2.34}$$

式中，$\mathrm{d}G$ 为吉布斯自由能变。因此，燃料电池实际上也是将燃料的吉布斯自由能转化为电功的装置。

燃料电池的效率表示为

$$\eta = W_e / Q_{in} \tag{2.35}$$

式中，Q_{in} 为输入的热量，Q_{in} 等于燃料的焓变 ΔH。

将式(2.34)代入式(2.35)中，得到燃料电池效率的数学表述式：

$$\eta = W_e / Q = 1 - T\Delta S / \Delta H \tag{2.36}$$

2) 熵判据

图 2.5 为氢氧燃料电池的反应历程，利用熵对燃料电池进行深入分析，取燃料电池与环境为体系，1 为始态，2 为终态，则体系的总熵变为

$$\Delta S_{总} = \Delta S_{电池} + \Delta S_{环境} = (S_2 - S_1)_{电池} + (S_2' - S_1')_{环境} \tag{2.37}$$

设外界环境对燃料电池体系给予的热量为 Q，则环境的熵变为

$$\Delta S_{环境} = (S_2' - S_1')_{环境} = -Q/T_0 \tag{2.38}$$

式中，T_0 为外界环境的温度，近似认为是一恒定值。假设整个热力学过程是可逆的，且体系与环境的温度相等，则 $\Delta S_{总} = 0$，即

$$0 = (S_2 - S_1)_{电池} + (S_2' - S_1')_{环境}$$

$$(S_2 - S_1)_{电池} = Q_R / T_0 \tag{2.39}$$

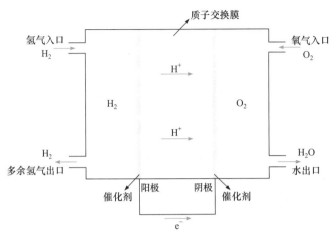

图 2.5 氢氧燃料电池的反应过程

假设闭合回路的电流较小，则与有用功相比，体系的反应热可以忽略不计，且整个过程不存在其他不可逆因素，因此可近似认为燃料电池的工作过程是可逆的。

燃料电池的最大有用功为 W_{max}，根据吉布斯自由能 G 的概念，W_{max} 即电功可以表示为

$$-W_{max} = -\rho_e E = G_2 - G_1 = (H_2 - TS_2) - (H_1 - TS_1) \tag{2.40}$$
$$= (H_2 - H_1) - T(S_2 - S_1)$$

式中，E 为电池的电动势；ρ_e 为通过电池的电量。将式(2.39)代入式(2.40)中，得

$$-W_{max} = G_2 - G_1 = (H_2 - H_1) - T(Q_R/T_0)$$

假定整个过程为等压反应，可以得到

$$-\rho_e(\partial E/\partial T)_p = \left[\partial(G_2 - G_1)/\partial T\right]_p = -(S_2 - S_1) \tag{2.41}$$

因此，可以得出结论：燃料电池和环境所进行的热量交换与 $(\partial E/\partial T)_p$ 有联系，人们定义 $(\partial E/\partial T)_p$ 为电池的温度系数。

(1) $(\partial E/\partial T)_p > 0$，即 $S_2 > S_1$，所以 $Q > 0$，表明电池工作时需要从外界环境吸收热量。此时，电池体系的熵值减少。

(2) $(\partial E/\partial T)_p < 0$，即 $S_2 < S_1$，所以 $Q < 0$，表明电池工作时向外界环境放出热量。此时，电池体系的熵值增加。

(3) $(\partial E/\partial T)_p = 0$，即 $S_2 = S_1$，所以 $Q = 0$，表明电池工作时没有热量的交换。此时，电池体系的熵值不变。

熵判据可以初步反映出燃料电池的反应过程，为深入分析原理提供了理论指导。

2.1.3 燃料的热值

1. 热潜能：反应焓值 H

一个只做体积功的封闭体系，在经过一等压过程后，体系做的功 W 可表示为

$$W = pV_1 - pV_2 \tag{2.42}$$

因此，热力学第一定律可表示为

$$\Delta U = U_2 - U_1 = Q_p - p(V_2 - V_1) \tag{2.43}$$

式中，Q_p 为体系吸收的热量。如果是等压过程，$p = p_1 = p_2$，式(2.43)也可改写为

$$(U_2 + p_2 V_2) - (U_1 + p_1 V_1) = Q_p \tag{2.44}$$

式中，1、2 表示平衡态均匀体相。式(2.44)中出现了一个新的状态函数 $U + pV$，定义为焓，符号为 H，即

$$H = U + pV \tag{2.45}$$

如果体系由 x 个体相组成，各平衡态体相的焓之和称为体系的焓，即

$$H = \sum_{k=1}^{x} H_k = \sum_{k=1}^{x} (U_k + p_k V_k) \tag{2.46}$$

当体系各体相压力相等时

$$H = U + pV \tag{2.47}$$

对于等压体系，焓变 ΔH 等于体系吸收的热量，即

$$\Delta H = Q_p \tag{2.48}$$

对于任何等压微变过程

$$dH = \delta Q_p \tag{2.49}$$

上述结果的文字表述为：只做体积功的封闭体系，其等压过程的焓变等于该过程中体系吸收的热量。焓是体系的宏观性质，无相应的微观量，也就是说单个粒子或少数粒子没有焓的概念。焓是状态函数，是广度量，没有绝对值，但可求出焓变 ΔH。

计算实例

某一化学反应的焓变通常采用体系内反应物与产物生成焓的差值来计算。其中，生成焓定义为：标准状态下，由参考物质生成 1 mol 化学物质所需的焓值。对于一个化学反应

$$aA + bB \longrightarrow cC + dD \tag{2.50}$$

式中，A 和 B 为反应物；C 和 D 为生成物；a、b、c、d 分别为 A、B、C、D 的化学计量数。因此，上述反应的 ΔH 可表示为

$$\Delta H = (c\Delta H_C + d\Delta H_D) - (a\Delta H_A + b\Delta H_B) \tag{2.51}$$

例如，计算氢氧燃料电池中氢燃烧反应的焓变 ΔH：

$$H_2 + \frac{1}{2}O_2 = H_2O(l) \tag{2.52}$$

已知：

物质	生成焓/(kJ · mol⁻¹)
$H_2(g)$	0
$O_2(g)$	0
$H_2O(l)$	−285.83

$$\Delta H = \Delta H_{H_2O} - (\Delta H_{H_2} + 1/2\Delta H_{O_2}) = -285.83\,\text{kJ} \cdot \text{mol}^{-1}$$

焓变也可以通过热容 C 来计算。某物质在压力 p 及温度 T_0 时的等压热容 C_p 定义如下：

$$C_p = \lim_{T \to T_0} Q_p/(T - T_0) = \delta Q_p/\mathrm{d}T \tag{2.53}$$

式中，Q_p 为物质在等压状态下从 T_0 升温至 T 时吸收的热量；δQ_p 为等压过程中温度由 T_0 升高无限小量 $\mathrm{d}T$ 时吸收的热量。

等压条件下，根据 $\delta Q_p = \mathrm{d}H$，可得

$$C_p = \delta Q_p/\mathrm{d}T = (\partial H/\partial T)_p \tag{2.54}$$

式中，C_p 为热响应函数，是物质的宏观性质，单位为 $\text{J} \cdot \text{K}^{-1}$。摩尔等压热容等于等压热容除以物质的量，即

$$C_{p,\mathrm{m}} = C_p/n \tag{2.55}$$

式中，$C_{p,\mathrm{m}}$ 的单位为 $\text{J} \cdot \text{K}^{-1} \cdot \text{mol}^{-1}$。

热容是热力学基本数据，可以通过实验测得。标准压力 $p^{\ominus}$ 下，不同温度下的 $C_{p,\mathrm{m}}^{\ominus}$ 与温度 T 有如下关系：

$$C_{p,\mathrm{m}}^{\ominus} = a + bT + cT^2 + \cdots \tag{2.56}$$

等压变温过程中，一个物体吸收的热为

$$\delta Q_p = C_p\mathrm{d}T \quad (T \to T + \mathrm{d}T) \tag{2.57}$$

当温度从 T_1 变为 T_2 时，有

$$Q_p = \int_{T_1}^{T_2} C_p\mathrm{d}T \quad (T_1 \to T_2) \tag{2.58}$$

对于等压过程

$$Q_p = \Delta H \tag{2.59}$$

因此，有

$$\Delta H = \int_{T_1}^{T_2} C_p\mathrm{d}T \tag{2.60}$$

对于理想混合气体或溶液，其 C_p 就等于各纯物质的热容之和。

例 2.1　求将 2 mol N_2 在 $p^{\ominus}$ 下从 298 K 加热至 398 K 的焓变。已知 N_2 的摩尔等压热容为

$$C_{p,\,\mathrm{m}} = 27.87 + 4.27 \times 10^{-3} \times T \ (\mathrm{J \cdot K^{-1} \cdot mol^{-1}})$$

解

$$\Delta H = \int_{T_1}^{T_2} C_p \mathrm{d}T = \int_{T_1}^{T_2} (nC_{p,\,\mathrm{m}}) \mathrm{d}T$$

$$= \int_{298\,\mathrm{K}}^{398\,\mathrm{K}} [2 \times (27.87 + 4.27 \times 10^{-3} \times T)] \mathrm{d}T$$

$$= 5.871(\mathrm{kJ})$$

2. 做功潜能：吉布斯自由能 G

回顾热力学第二定律和熵增加原理，有

$$(\Delta S)_{\text{孤立}} = (\Delta S)_{\text{体系}} + (\Delta S)_{\text{环境}} \geqslant 0 \begin{pmatrix} >, \text{不可逆过程} \\ =, \text{可逆过程} \end{pmatrix} \tag{2.61}$$

假设经历一个等温过程，则当体系从环境吸收的热量为 Q 时，有

$$\Delta S_{\text{环境}} = -Q/T \tag{2.62}$$

$$(\Delta S)_{\text{孤立}} = (\Delta S)_{\text{体系}} + (\Delta S)_{\text{环境}} \geqslant 0 \tag{2.63}$$

即

$$\Delta S_{\text{体系}} - Q/T \geqslant 0 \tag{2.64}$$

再根据热力学第一定律，$\Delta U = W + Q = W_{\text{体积功}} + W_{\text{非体积功}} + Q$，代入式(2.64)，可得

$$T\Delta S_{\text{体系}} - (\Delta U - W_{\text{体积功}} - W_{\text{非体积功}}) \geqslant 0 \tag{2.65}$$

对于一个等温等压过程，$W_{\text{体积功}} = -p\Delta V$，代入式(2.65)，可得

$$T\Delta S_{\text{体系}} - \Delta U - p\Delta V \geqslant -W_{\text{非体积功}} \tag{2.66}$$

由于等温等压的约束条件，可得

$$-(U - TS + pV)_{T,\,p} \geqslant -W_{\text{非体积功}} \begin{pmatrix} >, \text{不可逆过程} \\ =, \text{可逆过程} \end{pmatrix} \tag{2.67}$$

由于 $U - TS + pV$ 是热力学物理量的特定组合，故引入一个新的热力学量——吉布斯自由能，用符号 G 表示，国际单位是焦耳(J)，其数学表达式为

$$G = U - TS + pV \tag{2.68}$$

由于 G 也是状态函数，因此式(2.67)可以表述为

$$-\Delta G_{T,\,p} \geqslant -W_{\text{非体积功}} \begin{pmatrix} >, \text{不可逆过程} \\ =, \text{可逆过程} \end{pmatrix} \tag{2.69}$$

需要指出的是，该表述仅适用于在封闭体系且等温等压下的过程。此外，如果该体系不存在其他形式的功，则式(2.69)又可以表述为

$$-\Delta G_{T,\,p} \geqslant 0 \begin{pmatrix} >, \text{不可逆过程} \\ =, \text{可逆过程} \end{pmatrix} \tag{2.70}$$

式(2.69)和式(2.70)称为最小吉布斯自由能原理。此外，如前所述，由于 $H = U + pV$，

因此又得到

$$G = H - TS \qquad (2.71)$$

即在等温条件下，有

$$\Delta G = \Delta H - T\Delta S \qquad (2.72)$$

式(2.72)称为吉布斯-亥姆霍兹公式。

根据式(2.69)和式(2.70)，可对体系某过程的自发性做出判断：

$$\Delta G < 0 \text{ 时，过程自发} \qquad (2.73)$$

$$\Delta G = 0 \text{ 时，过程达到平衡状态} \qquad (2.74)$$

$$\Delta G > 0 \text{ 时，过程不能自发} \qquad (2.75)$$

用文字描述如下：

(1) 如果某反应是放热的，即 $\Delta H < 0$，且体系混乱度增加，即 $\Delta S > 0$ 时，则 $\Delta G < 0$，为负值，该反应是必然自发的。

(2) 如果某反应是吸热的，即 $\Delta H > 0$，且体系混乱度减少，即 $\Delta S < 0$ 时，则 $\Delta G > 0$，为正值，即该反应无论采取什么方式，无论升温还是降温，反应都不会发生(注：在热力学角度条件下)。

(3) 如果某反应没有热量的交换，既不吸热也不放热，即 $\Delta H = 0$，且体系的混乱度不变，即 $\Delta S = 0$ 时，则 $\Delta G = 0$，体系达到平衡态，即反应的最大限度的标准是 $\Delta G = 0$。

(4) 如果某反应是放热的，即 $\Delta H < 0$，且体系混乱度减少，即 $\Delta S < 0$ 时，根据 $\Delta G = \Delta H - T\Delta S$，只有在低温下，$T\Delta S$ 的绝对值降低，满足 $\Delta G < 0$，为负值，该反应才可实现自发。

(5) 如果某反应是吸热的，即 $\Delta H > 0$，且体系混乱度增加，即 $\Delta S > 0$ 时，根据 $\Delta G = \Delta H - T\Delta S$，只有在高温下，$T\Delta S$ 的绝对值增加，满足 $\Delta G < 0$，为负值，该反应才可实现自发。

最小吉布斯自由能原理是熵增加原理在封闭体系等温等压下过程的方向、限度的可视化，应用该原理，可以较方便地研究体系的最大反应限度问题。

1) 吉布斯自由能的性质

虽然 G 是通过特定过程推导后引入的新热力学量，但是与 H 一样也是状态函数。热力学体系只要处在一个平衡状态，无论以何种方式达到这种平衡状态，都会存在 G。

对于复合多相体系，如果每相都处于平衡态，则各相的吉布斯自由能 G_k 之和即为多相体系的 G，若体系存在 s 个相，则

$$G = \sum_{k=1}^{s} U_k = \sum_{k=1}^{s} (U_k - T_k S_k + p_k V_k) \qquad (2.76)$$

当各相的温度、压力相等时，则

$$\begin{aligned} G &= \sum_{k=1}^{s} U_k = \sum_{k=1}^{s} U_k - T\sum_{k=1}^{s} S_k - p\sum_{k=1}^{s} V_k \\ &= U - TS + pV \end{aligned} \qquad (2.77)$$

还需提及的是，自由能就是指在某个反应过程中，体系减少的热力学能中可以转化为功的部分。换言之，就是环境可以从体系中获取的最大能量。因此，吉布斯自由能 G 可描述为一个体系的做功潜能。

2) 吉布斯自由能的计算

大多数燃烧反应是在等温等压下的两态间变化，因此吉布斯自由能原理是判断燃烧反应方向和限度的最有效方法。下面介绍几种计算 ΔG 的方法。

a. 标准摩尔生成吉布斯自由能

在给定温度 T、标准压力 $p^{\ominus}$（ $p^{\ominus}$ = 100 kPa）下，由单质(稳定态)生成 1 mol 化合物或单质(不稳定态)及其他存在形式的物质，其中吉布斯自由能的改变量称为标准摩尔生成吉布斯自由能，用 $\Delta_{\mathrm{f}} G_{\mathrm{m}}^{\ominus}(T)$ 表示，单位是 $\mathrm{kJ \cdot mol^{-1}}$。根据定义，可得出如下推论：

(1) 由于稳定单质生成稳定单质，没有发生任何变化，因此稳定单质的标准摩尔生成吉布斯自由能是零。当然，如果单质存在同素异形体，如 C、P 等，则以最稳定的晶形作为参考，即 C(石墨)、P(白磷)等。

(2) $\Delta_{\mathrm{f}} G_{\mathrm{m}}^{\ominus}(T)$ 的数值没有表明温度，一般来说，物质在 298.15 K 下的标准摩尔生成吉布斯自由能可以通过查热力学数据表获得。

b. 标准摩尔反应吉布斯自由能

在给定温度 T、标准压力 $p^{\ominus}$（ $p^{\ominus}$ = 100 kPa）下，反应进度为 1 mol 的化学反应的吉布斯自由能的改变量称为标准摩尔反应吉布斯自由能，用 $\Delta_{\mathrm{r}} G_{\mathrm{m}}^{\ominus}(T)$ 表示，单位是 $\mathrm{kJ \cdot mol^{-1}}$。

此外，利用化学反应中各物质的 $\Delta_{\mathrm{f}} G_{\mathrm{m}}^{\ominus}(T)$ ，可计算出此化学反应的 $\Delta_{\mathrm{r}} G_{\mathrm{m}}^{\ominus}(T)$ ，即

$$\Delta_{\mathrm{r}} G_{\mathrm{m}}^{\ominus}(T) = \sum_{k=1}^{s} \Delta_{\mathrm{f}} G_{\mathrm{m}}^{\ominus}(产物, k) - \sum_{k=1}^{s} \Delta_{\mathrm{f}} G_{\mathrm{m}}^{\ominus}(反应物, k) \tag{2.78}$$

$$\Delta_{\mathrm{r}} G_{\mathrm{m}}^{\ominus}(T) = \sum_{\mathrm{B}} \nu(\mathrm{B}) \Delta_{\mathrm{f}} G_{\mathrm{m}}^{\ominus}(\mathrm{B}) \tag{2.79}$$

以上叙述再次说明，吉布斯自由能 G 是状态函数，与选取途径无关。

计算实例

(1) 等温过程 ΔG 的计算。

有两种方法可以计算等温过程的 ΔG，第一种是直接应用热力学关系表达式，即

$$G = H - TS = U + pV - TS \tag{2.80}$$

因为温度 T 不变，所以

$$\Delta G = \Delta H - T\Delta S \tag{2.81}$$

只要知道始、终态的焓变 ΔH 和熵变 ΔS，就可以求出 ΔG。

第二种是根据热力学基本方程，此处不再进行推导，直接给出关系式：

$$\mathrm{d}U = T\mathrm{d}S - p\mathrm{d}V \tag{2.82}$$

$$\mathrm{d}H = T\mathrm{d}S + V\mathrm{d}p \tag{2.83}$$

$$\mathrm{d}A = -S\mathrm{d}T - p\mathrm{d}V \tag{2.84}$$

$$\mathrm{d}G = -S\mathrm{d}T + V\mathrm{d}p \tag{2.85}$$

式(2.82)～式(2.85)统称为组成恒定的均相封闭体系的热力学基本方程。其中，A 是亥姆霍兹自由能，也是状态函数。

根据热力学基本方程，由于等温过程的 $\mathrm{d}T = 0$，因此可以得到

$$\mathrm{d}G = V\mathrm{d}p \tag{2.86}$$

则

$$\Delta G = G_2 - G_1 = \int_{p_1}^{p_2} V\mathrm{d}p \tag{2.87}$$

只要知道 V 的表达式 $V = V(p)$，就可以代入式(2.87)求出 ΔG。

例 2.2   分别计算 1 mol 水蒸气 $H_2O(g)$ 和 1 mol 液态水 $H_2O(l)$ 在 298.15 K 时，由标准压力($p^{\ominus} = 100$ kPa)增加到 $10\,p^{\ominus}$ 的吉布斯自由能变 ΔG。已知 $V_m(l) = 0.018\,09\ \mathrm{dm^3 \cdot mol^{-1}}$，且将水蒸气视为理想气体。

解   理想气体状态方程为 $pV = nRT$，$V = nRT/p$。根据题意，转化是可逆等温过程，因此

$$\Delta G^{g} = G_2 - G_1 = \int_{p_1}^{p_2} nRT/p\,\mathrm{d}p = nRT\ln(p_2/p_1) = nRT\ln 10 = 5707.7\ (\mathrm{J})$$

对于液体，近似认为 V_m 与 p 无关，即

$$\Delta G^{l} = nV_m(p_2 - p_1) = 1 \times 0.018\,09 \times 10^{-3} \times (10-1) \times 100 \times 10^3 = 16.28\ (\mathrm{J})$$

可以发现，$\Delta G^{g} \gg \Delta G^{l}$，也就是说压力对凝聚态的影响比对气体的影响小得多。

例 2.3   在 298.15 K 和标准压力下，求下列可逆电池反应的 $\Delta_r G_m^{\ominus}$ 和 $\Delta_r S_m^{\ominus}$。

$$\mathrm{Ag(s)} + \frac{1}{2}\mathrm{Cl_2(g)} =\!=\!= \mathrm{AgCl(s)}$$

已知该反应的标准摩尔反应焓为 $\Delta_r H_m^{\ominus} = -127.07\ \mathrm{kJ \cdot mol^{-1}}$，电池可逆电动势 $E = 1.1362$ V。

解   由题意及前面章节所述，等温等压可逆过程，吉布斯自由能的改变量等于最大输出电功，即

$$\Delta_r G = W_{e,\,max} = -nEF$$

当反应进度为 1 mol 时，则

$$\Delta_r G_m^{\ominus} = \Delta_r G/\xi = -1 \times 1.1362 \times 96\,485 = -109.63\,(\mathrm{kJ \cdot mol^{-1}})$$

可以发现 $\Delta_r G_m^{\ominus} < 0$，该电池是自发的。

根据定义式，等温条件下

$$\Delta G = \Delta H - T\Delta S$$

$$\Delta_r S_m^{\ominus} = (\Delta_r H_m^{\ominus} - \Delta_r G_m^{\ominus})/T = -58.494\,(\mathrm{J \cdot K^{-1} \cdot mol^{-1}})$$

(2) 化学反应 $\Delta_r G_m$ 的计算——化学反应等温式。

等温下，对于一个化学反应，设有下列反应方程式：

$$a\mathrm{A(g)} + b\mathrm{B(g)} =\!=\!= c\mathrm{C(g)} + d\mathrm{D(g)} \tag{2.88}$$

要求出该反应的 $\Delta_r G_m$，一般有以下两种方法。

第一种是直接根据摩尔生成吉布斯自由能的数值进行计算，即

$$\Delta_r G_m^\ominus (T) = \sum_{k=1}^{s} \Delta_f G_m^\ominus (\text{产物}, k) - \sum_{k=1}^{s} \Delta_f G_m^\ominus (\text{反应物}, k) \tag{2.89}$$

$$\Delta_r G_m^\ominus (T) = \sum_B \nu(B) \Delta_f G_m^\ominus (B) \tag{2.90}$$

通过查阅热力学数据表，就可以求出反应的 $\Delta_r G_m$。

例 2.4   以氢氧燃料电池为例，计算反应在 298.15 K、标准压力 $p^\ominus$ 下的 $\Delta_r G_m^\ominus$。

解   已知氢氧燃料电池的燃烧反应式，规定反应进度为 1 mol：

$$H_2(g) + \frac{1}{2} O_2(g) \longrightarrow H_2O(l)$$

物质	$\Delta_f G_m^\ominus /(\text{kJ} \cdot \text{mol}^{-1})$
$H_2(g)$	0
$O_2(g)$	0
$H_2O(l)$	-237.13

$$\begin{aligned}
\Delta_r G_m^\ominus &= \Delta_f G_{m,l}^\ominus (H_2O) - 1/2 \Delta_f G_{m,g}^\ominus (O_2) - \Delta_f G_{m,g}^\ominus (H_2) \\
&= (-237.13) - 1/2 \times 0 - 0 \\
&= -237.13 (\text{kJ} \cdot \text{mol}^{-1})
\end{aligned}$$

第二种是应用化学反应等温式。对于一个化学反应，每一种参与反应的物质都具有相应的实际浓度，即活度，用 a 表示。假设体系内参与反应的物质均为理想气体，则活度 a 可以表示为

$$a = p/p^\ominus \tag{2.91}$$

式中，p 为实际压力；$p^\ominus$ 为标准压力，即 100 kPa。

直接给出化学反应等温式，又称为范托夫(van't Hoff)等温式，即

$$\Delta_r G_m = \Delta_r G_m^\ominus + RT \ln Q_p \tag{2.92}$$

$$Q_p = (a_C^c \times a_D^d)/(a_A^a \times a_B^b) \tag{2.93}$$

式中，a_A、a_B、a_C、a_D 分别为各物质当前状态的活度。

定义化学平衡常数 $K_p^\ominus$ 为

$$K_p^\ominus = [(a_C^\ominus)^c \times (a_D^\ominus)^d]/[(a_A^\ominus)^a \times (a_B^\ominus)^b] \tag{2.94}$$

根据热力学理论，得

$$\Delta_r G_m^\ominus = -RT \ln K_p^\ominus \tag{2.95}$$

$$\Delta_r G_m = -RT \ln K_p^\ominus + RT \ln Q_p = RT \ln(Q_p/K_p^\ominus)$$

因此，可以得出如下结论：

(1) 当 $Q_p < K_p^\ominus$ 时，$\Delta_r G_m < 0$，该化学反应能够自发进行。

(2) 当 $Q_p > K_p^\ominus$ 时，$\Delta_r G_m > 0$，该化学反应正向不能自发进行。

(3) 当 $Q_p = K_p^\ominus$ 时，$\Delta_r G_m = 0$，该化学反应达到动态平衡，反应可逆地进行。

可通过给定当前反应状态的压力计算该反应的 $\Delta_r G_m$，同时对反应的方向及限度进行判断。

需要说明的是，对于一个特定的化学反应，$K_p^\ominus$ 仅与温度 T 有关，但是 $K_p^\ominus$ 与化学方程式的书写密切相关。举个简单的例子：

$$H_2(g) + \frac{1}{2}O_2(g) \longrightarrow H_2O(g)$$

$$2H_2(g) + O_2(g) \longrightarrow 2H_2O(g)$$

对于氢氧燃料电池中的这一化学反应，可得到如下关系：

$$K_{p,1}^\ominus = (a_{H_2O}^\ominus)^1 / [(a_{O_2}^\ominus)^{1/2} \times (a_{H_2}^\ominus)^1]$$

$$K_{p,2}^\ominus = (a_{H_2O}^\ominus)^2 / [(a_{O_2}^\ominus)^1 \times (a_{H_2}^\ominus)^2]$$

因此

$$K_{p,2}^\ominus = (K_{p,1}^\ominus)^2$$

$$\Delta_r G_{m,2}^\ominus = 2\Delta_r G_{m,1}^\ominus$$

例 2.5 无论是在催化行业还是在碳氢燃料电池的高温重整过程中，水煤气转换反应都是非常重要的化学反应，因此了解该平衡反应的动力学过程是十分必要的。下面讨论该反应的自发情况。

$$CO(g) + H_2O(g) \longrightarrow CO_2(g) + H_2(g)$$

解 假设所有的气体均为理想气体，反应进度为 1 mol，根据热力学表达式，有

$$\Delta_r G_m = \Delta_r H_m - T\Delta_r S_m$$

假设不考虑热容的变化，$\Delta_r H_m$ 和 $\Delta_r S_m$ 与温度无关，查附录 I，可得

物质	$\Delta_f H_m^\ominus/(\text{kJ} \cdot \text{mol}^{-1})$	$S_m^\ominus/(\text{J} \cdot \text{mol}^{-1} \cdot \text{K}^{-1})$
CO	−110.53	197.67
$H_2O(g)$	−241.82	188.83
CO_2	−393.51	213.74
H_2	0	130.68

由此可计算出 $\Delta_r H_m^\ominus$ 和 $\Delta_r S_m^\ominus$：

$$\Delta_r H_m^\ominus(T) = \sum_B \nu(B)\Delta_f H_m^\ominus(B) = (-393.51 + 0) - (-110.53) - (-241.82) = -41.16 \; (\text{kJ} \cdot \text{mol}^{-1})$$

$$\Delta_r S_m^{\ominus}(T) = \sum_B \nu(B) S_m^{\ominus}(B) = (213.74 + 130.68) - (197.67 + 188.83) = -42.08 (J \cdot mol^{-1} \cdot K^{-1})$$

$$\Delta_r G_m^{\ominus} = \Delta_r H_m^{\ominus} - T\Delta_r S_m^{\ominus} = -41.16 \times 10^3 - T \times (-42.08) \leqslant 0$$

即

$$T \geqslant 978.14 \text{ K} \approx 705 \text{ ℃}$$

可见, 当温度达到 705 ℃以上时, 该反应可自发进行。基于此, 使用碳氢燃料电池时, 当工作环境温度高于 705 ℃时, 电池反应自发进行。该环境不适宜燃料电池的工作, 因此操作高温的燃料电池时需要特别注意。

此外, 人们还可以通过电池的标准电动势 $E^{\ominus}$ 计算该反应的 $\Delta_r G_m^{\ominus}$。将该反应拆分为两部分, 设计成原电池, 通过实验或查表得到 $E^{\ominus}$, 进而得到反应的 $\Delta_r G_m^{\ominus}$, 具体过程不再赘述。

总之, $\Delta_r G_m$ 的计算方法很多, 可以通过 $\Delta_r G_m$ 的计算, 对化学反应的方向和限度做出判断, 由此得到其他的热力学、动力学参数与性质, 如燃料电池的电动势及效率等, 从而为燃料电池的评估及使用做出理论性指导。

2.1.4 燃料电池的效率

与其他能量转换装置类似, 效率的高低是评测装置好坏的一个重要指标。理想情况下燃料电池的效率接近 100%, 但实际上由于存在不可逆的能量损耗, 实际效率远远达不到 100%。下面通过分析这些不可逆因素(如非热力学的损耗等), 具体讨论实际燃料电池的效率。

1. 高位热值的概念

在谈及燃料电池的效率之前, 首先引入热值的概念。热值是指燃料在完全燃烧时所释放出的热量。如前所述, 物质燃烧后, ΔH 会因生成水相态的不同而不同, 如果生成物中的水以液态形式凝结, 就可以释放出更多的能量。由此定义如下: 某种燃料在完全燃烧后释放出的全部热量, 也就是生成物中的水蒸气以液态形式存在的发热量, 称为高位热值(high heating value, HHV)。同样, 如果燃烧产物中水蒸气仅以气态形式存在, 则这个发热量称为低位热值(low heating value, LHV), 也称净热。

可以发现, 高位热值与低位热值的差其实就是水凝结过程的蒸发潜热, 即

$$H_{HHV} - H_{LHV} = -Q_{潜热} = n[H(H_2O, l) - H(H_2O, g)]$$

$$= n[(-285.83) - (-241.82)]$$

$$= -44.01n(kJ)$$

2. 理想可逆燃料电池的效率

燃料电池是一种将燃料储存的化学能转化成电能的能量转换装置, 如图 2.6 所示。假设燃料电池在等温等压下工作, 电池工作过程中释放出的电能等于电池的输出功, 记为 W_e。

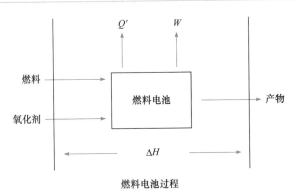

燃料电池过程

图 2.6　氢氧燃料电池的能量转化过程

类比热机的效率,定义燃料电池的效率如下:燃料电池的输出功 W_e 与燃烧反应输入总热量 Q(或者说燃烧反应过程的总焓变)的比值。其数学表达式为

$$\eta_{燃烧} = W_e/Q = W_e/\Delta H \tag{2.96}$$

与热机的转换机制不同,燃料电池的电能可以完全转化为功。假设燃料电池内部发生的全部过程均为可逆过程,则输出功就是可逆功,也可称为最大输出功,记为 $W_{e,\,max}$。做功的最大能量可用吉布斯自由能 G 来描述,因此可以得到

$$\eta_{燃烧,\,R} = \Delta G/\Delta H = 1 - T\Delta S/\Delta H \tag{2.97}$$

可以发现,理想可逆燃料电池的效率取决于熵变的大小,因此可以得出如下推论:

(1) 如果 $\Delta S \leqslant 0$,理想燃料电池的效率 $\eta \leqslant 1$,且随着电池体系温度的升高而降低。

(2) 如果 $\Delta S > 0$,理想燃料电池的效率 $\eta > 1$,且随着电池体系温度的升高而升高。

需要强调的是,效率大于 1 也是有可能的,相当于电池从环境中获取热量并用于做功。

根据燃料电池反应的不同,可以求出其理想效率。此外,对于特定的电池反应,温度不同,状态函数也不同,因此 ΔH、ΔG 也不同,且有可能存在相态的变化,所以效率随温度的改变而改变。

以氢氧燃料电池为例,其燃料反应为

$$H_2 + \frac{1}{2}O_2 \longrightarrow H_2O$$

如果在 100 ℃下生成液态水,则燃烧反应的焓变 $\Delta H = -280.18\ \text{kJ} \cdot \text{mol}^{-1}$,此时燃料电池的效率可达 80.4%;如果生成的是气态水,反应的焓变 $\Delta H = -239.30\ \text{kJ} \cdot \text{mol}^{-1}$,此时效率为 94.1%。可以发现,两者焓变之差就等于 100 ℃下水的相变焓。

为了阐明燃料电池与传统内燃机的不同,下面进行讨论。传统的热机理论效率由卡诺循环描述,这里直接给出结果:

$$\eta_{燃烧} = W'/Q = (T_1 - T_2)/T_1 \tag{2.98}$$

式中,T_1 为高温热源的温度;T_2 为低温热源的温度。举一个简单的例子,对于一个工作在高温 500 ℃(773 K)、低温 50 ℃(323 K)下的热机,理论最大效率为 58.2%。注意在计算时,温度要换算成热力学温度(单位 K)形式。

可逆燃料电池和可逆热机的效率对比如图 2.7 所示,可以发现在中、低温工作环境下,燃料电池有较高的可逆效率,因此升温就意味着燃料电池效率的降低。注意到在 100 ℃ (373 K)处效率存在跳跃点,这与水的相态有关。

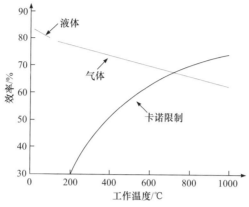

图 2.7　燃料电池与卡诺循环对比

此外,再引入一个高热值效率的概念。由于 HHV 代表燃料完全的能量释放,在一定程度上更能反映燃料电池的最大效率,因此可逆效率又可表示为

$$\eta_r = \Delta G/\Delta H_{HHV} \tag{2.99}$$

如前所述,100 ℃下燃料电池的效率,用 80.4%更为准确,也就是说,当燃料电池的工作环境温度在 100 ℃以上时,生成的水蒸气无法激发剩余潜热,并转化成有用功。因此,在看效率时,要注意焓变 ΔH 采取的是哪种形式。

3. 实际燃料电池的效率

效率是衡量燃料电池的重要指标。燃料电池的热力学最大效率(理想可逆条件下):

$$\eta_{理论} = \Delta G/\Delta H = 1 - T\Delta S/\Delta H \tag{2.100}$$

但是燃料电池的实际工作状况并非完全理想可逆的,因此燃料电池的实际效率要低于其热力学最大效率。这主要是由电压损耗和燃料利用不充分引起的。因此,燃料电池的实际效率 $\eta_{实际}$ 可以写为

$$\eta_{实际} = \eta_{理论} \times \eta_{电压} \times \eta_{燃料} \tag{2.101}$$

式中, $\eta_{电压}$ 为电压效率; $\eta_{燃料}$ 为燃料利用率。

(1) 燃料电池的实际电压低于热力学理论电压。其损耗主要源于:活化损耗、欧姆损耗和质量传输损耗等。一般来说,燃料电池输出电流越大,其损耗越大,对应的效率越低。要想燃料电池的实际效率达到热力学理论值,输出电流就必须无限小,这显然不现实。热力学理论电压($E_{理论}$)减去各种损耗电压即为燃料电池的实际电压($E_{实际}$),即

$$E_{实际} = E_{理论} - E_1 - E_2 - E_3 \tag{2.102}$$

式中, E_1 为反应动力学导致的活化损耗; E_2 为离子和电子传输过程中的欧姆损耗; E_3 为

质量传输过程中的浓度损耗。

燃料电池的电压效率($\eta_{电压}$)为

$$\eta_{电压} = E_{实际}/E_{理论} \tag{2.103}$$

因为燃料电池的实际电压 $E_{实际}$ 与电流成反比，所以输出电流越大，实际电压越小，电压效率越低。

(2) 燃料电池的燃料利用率 $\eta_{燃料}$ 是指参与电化学反应的燃料占输入燃料的比例。因为有些燃料会参与副反应，或者流经电极而未反应就直接随尾气排出，所以燃料的利用率不可能为 100%。以 $V_{燃料}$ (mol · s^{-1})的速率为燃料电池提供燃料，假设完全反应，则产生的电流 I 与 $V_{燃料}$ 有如下关系式：

$$V_{燃料} = I/nF \tag{2.104}$$

然而实际工作时，由于燃料不可能完全反应，因此提供的燃料是过量的。实际提供的燃料量通常需要根据电流来调节，一般用化学当量因子 λ 来衡量：

$$\lambda = V_{燃料} \times (nF/I) \tag{2.105}$$

例如，如果提供的燃料是利用率为 100%时所需燃料的 1.1 倍，则燃料电池是在 1.1 倍化学当量下工作(化学当量因子为 1.1)。燃料利用率 $\eta_{燃料}$ 表示为

$$\eta_{燃料} = 1/\lambda = I/(nF \times V_{燃料}) \tag{2.106}$$

综合考虑热力学效率、电压效率及燃料利用率，燃料电池的实际效率可以表达为

$$\eta_{实际} = (\Delta G/\Delta H) \times (E_{实际}/E_{理论}) \times [I/(nF \times V_{燃料})] \tag{2.107}$$

对于一个固定化学当量工作的燃料电池，实际效率可以简化为

$$\eta_{实际} = (\Delta G/\Delta H) \times (E_{实际}/E_{理论}) \times (1/\lambda) \tag{2.108}$$

由此可见，燃料电池的实际效率受到电池内部的反应、导电性及质量传输的影响。这些问题将在下面的动力学部分继续探讨。

2.2 电化学基础

2.2.1 吉布斯自由能

1. 吉布斯自由能与电动势

燃料电池是化学能和电能之间相互转化的装置，如图 2.8 所示。

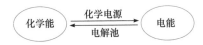

图 2.8 化学能和电能之间相互转化示意图

电化学体系中荷电物质的热力学状态既与化学态有关，又与电状态有关。根据电化

学原理，处于电势 φ^α 的 1 mol 荷电粒子 i，其电能为 $Q\varphi^\alpha = z_i F\varphi^\alpha$，$z_i F$ 为 1 mol 荷电粒子的电荷量，因此其热力学基本方程应为

$$dG^\alpha = -S^\alpha dT + V^\alpha dp^\alpha + \sum_i (\mu_i^\alpha + z_i F\varphi^\alpha) dn_i^\alpha \tag{2.109}$$

式中，G^α 为电化学体系 α 相的吉布斯自由能；φ^α 为广义力；$Q = z_i F dn_i$，为广义位移。

$$(\partial G^\alpha / \partial n_i^\alpha)_{T,p,n_{j\neq i}} = \mu_i^\alpha + z_i F\varphi^\alpha \tag{2.110}$$

式中，$\mu_i^\alpha + z_i F\varphi^\alpha$ 称为电化学势，μ_i^α 可当作电化学势的化学分量，在无电场的化学体系中，相平衡条件为 $\mu_i^\alpha = \mu_i^\beta$，化学平衡条件为 $\sum \nu_i \mu_i = 0$，而在电化学体系中相平衡状态为

$$\mu_i^\alpha + z_i F\varphi^\alpha = \mu_i^\beta + z_i F\varphi^\beta \tag{2.111}$$

$$-\Delta G = \mu_i^\alpha - \mu_i^\beta = z_i F(\varphi^\beta - \varphi^\alpha) = z_i F\Delta\varphi \tag{2.112}$$

式中，$\Delta\varphi$ 为平衡电极电势，是界面两侧的电势差。

根据热力学原理，在等温等压条件下，体系减少的吉布斯自由能等于对外所做的最大非体积功，用公式表示为

$$(\Delta_r G)_{T,p} = W_{f,\max} \tag{2.113}$$

由于在燃料电池体系中，非体积功只有电功，因此该过程的可逆电功(最大功)为

$$(\Delta_r G)_{T,p} = -z_i F\Delta\varphi = -nEF \tag{2.114}$$

式中，n 为反应转移的电子数(mol)；E 为可逆电池电动势(V)；F 为法拉第常量($F = 96\ 485\ \text{C}\cdot\text{mol}^{-1}$)；$\Delta G$ 为反应的吉布斯自由能变。

当反应进度 ξ 为 1 mol 时，其 ΔG 可表示为

$$(\Delta_r G_m)_{T,p} = -nEF/\xi = -zEF \tag{2.115}$$

式中，z 为化学反应进度为 1 mol 时，反应式中电子的计量系数。

式(2.115)是电化学的基本方程，反映了电化学和热力学之间的联系。基于此方程，可以根据理论计算的电动势值对电池性能进行改善或开发新型化学电源体系；还可以通过测定可逆电池电动势的方法计算反应的吉布斯自由能变，从而进一步通过热力学基本公式计算化学反应的热力学平衡常数，对应方程如下。

当电池中的反应物都处于标准状态时，则

$$\Delta_r G_m^\ominus = -zE^\ominus F \tag{2.116}$$

已知 $\Delta_r G_m^\ominus$ 与反应标准平衡常数 $K_a^\ominus$ 之间的关系为

$$\Delta_r G_m^\ominus = -RT\ln K_a^\ominus \tag{2.117}$$

则

$$E^\ominus = (RT/zF)\ln K_a^\ominus \tag{2.118}$$

或

$$K_a^{\ominus} = \exp(zE^{\ominus}F/RT) \tag{2.119}$$

根据式(2.119)，可以通过查询标准电极电势表(附录Ⅱ)得到电池的标准电动势 $E^{\ominus}$，再计算得到反应的平衡常数。

2. 吉布斯自由能与温度、压力的关系

由上述可知，温度和压力的变化会影响电池的开路电压。当温度变化而压力恒定时，由化学热力学可知，吉布斯自由能的变化为

$$(\partial\Delta G/\partial T)_p = -\Delta S \tag{2.120}$$

结合吉布斯自由能与电池电动势的关系可得

$$(\partial E/\partial T)_p = \Delta S/nF \tag{2.121}$$

式(2.121)表明了电池电动势随温度的变化关系，其中 $(\partial E/\partial T)_p$ 称为电池电动势的温度系数。因此，在常压下，在任一温度 T 下的电池电动势可以表示为

$$E_T = E^{\ominus} + (\Delta S/nF)(T - T_0) \tag{2.122}$$

由式(2.122)可知，如果一个化学反应的 ΔS 为正值，则 E_T 随温度的升高而增加；如果 ΔS 为负值，则 E_T 随温度的升高而减小。对于燃料电池体系，大多数情况下 ΔS 为负值，因此其电动势随温度的升高而减小；但燃料电池的实际性能随温度的升高是明显提高的，这是由于其动力学损耗会随温度的升高而降低，根据上述公式的计算表明，一般的氢氧燃料电池温度每升高 100 K，电池电动势只下降约 23 mV。因此，该公式说明燃料电池并不是必须在尽可能低的温度下工作。

同理，当压力变化而温度恒定时，由化学热力学可知，吉布斯自由能的变化为

$$(\partial\Delta G/\partial p)_T = \Delta V \tag{2.123}$$

再结合吉布斯自由能与电池电动势的关系可得

$$(\partial E/\partial p)_T = -\Delta V/nF \tag{2.124}$$

式(2.124)给出了电池电动势随压力变化的关系，其中 $(\partial E/\partial p)_T$ 称为电池电动势的压力系数。因此，在常温下，在任一压力 p 下的电池电动势可以表示为

$$E_p = E^{\ominus} - (\Delta V/nF)(p - p_0) \tag{2.125}$$

对于燃料电池体系，大多数情况下 ΔV 为负值，因此其电动势将随压力的增大而增大。此外，压力的变化对燃料电池电动势的影响很小，通常可忽略不计。计算表明，对于传统的氢氧燃料电池，氢气压力增大 3 atm(1 atm = 1.013 25×10^5 Pa)，氧气压力增大 5 atm，电池电动势仅增加 15 mV。

例 2.6 在标准状态下，氢氧燃料电池 Pt, $H_2(p^{\ominus})$|H_2SO_4(0.01 mol·kg^{-1})|$O_2(p^{\ominus})$，Pt 的电动势为 1.228 V，H_2O(l)的生成焓 $\Delta_f H_m^{\ominus}$ 为−285.83 kJ·mol^{-1}，求：(1)电池的温度系数；(2)在 273 K 下的电池电动势。

解 (1) 氢氧燃料电池在酸性电解质中发生如下反应：

阳极反应：$$H_2 \longrightarrow 2H^+ + 2e^-$$

阴极反应：$$\frac{1}{2}O_2 + 2H^+ + 2e^- \longrightarrow H_2O$$

当生成 1 mol H_2O(l)时

$$\Delta_r G_m = -zEF = -2 \times 1.228 \times 96\,485 = -236.97 \, (kJ \cdot mol^{-1})$$

因为在等温下 $\Delta_r G_m = \Delta_r H_m - T\Delta_r S_m$，所以

$$\Delta_r S_m = (\Delta_r H_m - \Delta_r G_m)/T = [-285.83 - (-236.97)]/298.15 = -163.88 \, (J \cdot mol^{-1} \cdot K^{-1})$$

再结合吉布斯自由能与电池电动势的关系：

$$(\partial E/\partial T)_p = \Delta S/nF = -163.88/(2 \times 96\,485) = -8.5 \times 10^{-4} \, (V \cdot K^{-1})$$

(2)　$E_{273\,K} = 1.228 - 8.5 \times 10^{-4} \times (273 - 298.15) = 1.249 \, (V)$

2.2.2　能斯特方程

根据 2.2.1 小节中吉布斯自由能与电动势的关系，在丹尼尔电池 Zn |ZnSO$_4$||CuSO$_4$|Cu 中，发生如下反应：

$$Cu^{2+} + Zn \Longrightarrow Cu + Zn^{2+}$$

已知在标准状态下，$\Delta G^{\ominus} = -212.3 \, kJ \cdot mol^{-1}$，标准电池电动势 $E^{\ominus} = 1.100 \, V$。可列出如下等式：

$$2 \times 96\,485 \times E^{\ominus} = -\Delta G^{\ominus} = 212.3 \, kJ \cdot mol^{-1}$$

而在化学反应通式 $\nu_A A + \nu_B B \Longrightarrow \nu_C C + \nu_D D$ 中，吉布斯自由能变可以用化学势表示为

$$\Delta G = \sum_i \nu_i \mu_i \tag{2.126}$$

$$\mu_i = \mu_i^{\ominus} + RT\ln a_i \tag{2.127}$$

$$\Delta G = \Delta G^{\ominus} + RT\ln(a_C^{\nu_C} a_D^{\nu_D} / a_A^{\nu_A} a_B^{\nu_B}) \tag{2.128}$$

式中，$\mu_i^{\ominus}$ 为标准化学势；a 为参加反应时各物质的活度，当涉及溶液时，其活度可通过活度系数计算得到，表 2.1 为一些常见电解质在水中的离子平均活度系数 $\gamma_{\pm}$；当涉及气体时，$a = f_B/p$，f_B 为气体的逸度，若气体可看作理想气体，逸度可用分压 p_B 代替。

表 2.1　298 K、$p^{\ominus}$ 下一些常见电解质在水中的离子平均活度系数 $\gamma_{\pm}$

$m/m^{\ominus}$	LiBr	HCl	CaCl$_2$	Mg(NO$_3$)$_2$	Na$_2$SO$_4$	CuSO$_4$
0.001	0.97	0.96	0.89	0.88	0.89	0.74
0.01	0.91	0.90	0.73	0.71	0.71	0.44
0.1	0.80	0.80	0.52	0.52	0.44	0.15
1	0.80	0.81	0.50	0.54	0.20	0.04
10	20	10	43	—	—	—

再联系式(2.114)可得电池电动势为

$$E = \Delta G/(-nF) = E^{\ominus} - (RT/nF)\ln(a_C^{v_C} a_D^{v_D}/a_A^{v_A} a_B^{v_B}) \qquad (2.129)$$

这就是电池反应的电动势能斯特方程。1889 年，德国科学家能斯特首次提出了电池电动势与参加电极反应的各组分的性质、浓度及温度之间的关系，即能斯特方程。

2.2.3 燃料电池电动势的计算

1. 理想气体

最简单的燃料电池反应是氢气和氧气的反应，可表示为

$$2H_2(g) + O_2(g) \longrightarrow 2H_2O(l)$$

如前所述，对于该电池反应，有

$$\Delta G = \Delta G^{\ominus} + RT\ln[a_{H_2O}^2/(a_{H_2}^2 \cdot a_{O_2})]$$

假设气体的标准压力 $p^{\ominus}$ 为 1 atm，且设气体为理想气体，其活度系数为 1，将 1 mol 理想气体状态方程 $pV_m = RT$ 应用于热力学基本方程，可得

$$d\mu = -S_m dT + V_m dp = -S_m dT + (RT/p)dp \qquad (2.130)$$

等温下积分可得

$$\mu_2(T, p_2) - \mu_1(T, p_1) = RT\ln(p_2/p_1) \qquad (2.131)$$

在标准状态下

$$\mu(T, p) = \mu^{\ominus}(T) + RT\ln(p/p^{\ominus}) \qquad (2.132)$$

由于

$$a_i = p_i/p^{\ominus} \qquad (2.133)$$

因此，燃料电池电动势又可以写成

$$E = E^{\ominus} - (RT/nF)\ln[a_{H_2O}^2/(p_{H_2}^2 \cdot p_{O_2})] \qquad (2.134)$$

由式(2.134)和图 2.9 可知，氢氧燃料电池的电动势由输入电极的氢气和氧气的分压决定。

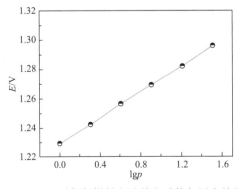

图 2.9 298 K 时氢氧燃料电池的电动势与压力的关系

2. 实际气体

以上讨论的是理想气体反应，只适用于理想或低压下的气体反应，而实际过程中很难达到理想条件，此时气体的性质与理想气体相比存在较大偏差，因此需要对其做相应的修正。可以通过实际气体的化学势与理想气体的化学势的差别来修正实际气体反应的标准平衡常数。

对于非理想气体，假设其状态方程为

$$pV_m = RT + Bp + Cp^2 \tag{2.135}$$

根据在等温状态下化学势与压力的关系式：

$$(\partial\mu/\partial p)_T = V_m = RT/p + B + Cp \tag{2.136}$$

可得

$$\mu(T, p) - \mu(T, p^\ominus) = \int_{p^\ominus}^{p} V_m \mathrm{d}p$$
$$= RT\ln(p/p^\ominus) + B(p - p^\ominus) + \{C[p^2 - (p^\ominus)^2]\}/2 \tag{2.137}$$

由于不同的实际气体有不同的状态方程，其化学势也有不同的形式。这种复杂而多变的化学势表达式在实际应用中极不方便。为了既能反映实际气体的性质又具备理想气体状态方程的简单统一，路易斯提出逸度的概念，用 f_B 表示，定义为

$$f_B(T, p) = p^\ominus \exp[\mu_B(T, p, X_C)/RT - \mu_B^\ominus(T)/RT] \tag{2.138}$$

式中，$\mu_B^\ominus(T)$ 为纯理想气体 B 在 T、$p^\ominus$ 状态下的化学势，称为气体 B 的标准状态化学势；X_C 为 r 种物质中 $r-1$ 个独立的摩尔分数，当 $X_B = 1$ 时，该式即为纯气体的逸度定义式，表示为

$$f_B(T, p) = p^\ominus \exp[\mu_B(T, p)/RT - \mu_B^\ominus(T)/RT] \tag{2.139}$$

用化学势表示为

$$\mu_B(T, p, X_C) = \mu_B^\ominus(T) + RT\ln[f_B(T, p, C_C)/p^\ominus] \tag{2.140}$$

对于纯气体

$$\mu_B(T, p) = \mu_B^\ominus(T) + RT\ln[f_B(T, p)/p^\ominus] \tag{2.141}$$

对于理想气体，式(2.141)中的 f_B 即为 p_B，因此式(2.141)具有普遍性，既适用于理想气体，又适用于非理想气体。

路易斯进一步将气体的逸度与压力之比定义为逸度因子 φ_B：

$$\varphi_B = f_B/p_B \tag{2.142}$$

代入式(2.140)得

$$\mu_B(T, p, X_C) = \mu_B^\ominus(T) + RT\ln\varphi_B \tag{2.143}$$

当压力趋于零时，实际气体趋于理想气体，逸度趋于压力，逸度因子趋于 1，即

$$\lim_{p \to 0} \varphi_B = \lim_{p \to 0} (f_B/p_B) = 1 \tag{2.144}$$

由上可见，逸度及逸度因子都是实际气体的性质，是强度量。其中，φ_B 的数值可以等于、大于或小于 1，一般来说，在中等压力时，$f_B < p_B$，$\varphi_B < 1$；在高压力时，$f_B > p_B$，$\varphi_B > 1$，如图 2.10 所示。

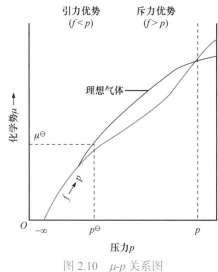

图 2.10 $\mu\text{-}p$ 关系图

根据热力学原理，可对混合气体中的气体 B 设计如图 2.11 所示的过程以求算逸度。

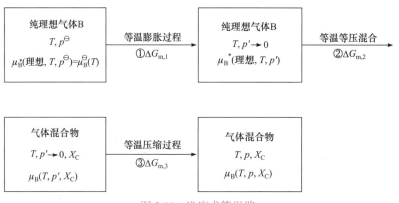

图 2.11 逸度求算思路

根据状态函数的性质，对上述过程进行运算可得

$$RT\ln\gamma_B = RT\ln(f_B/X_B p) = \int_{p'\to 0}^{p}[V_B(T, p, X_C) - (RT/p)\mathrm{d}p] \tag{2.145}$$

因此，找出实际气体 V_m 与 p 的关系，即可得到 f_B 和 γ_B。

2.2.4 燃料电池的动力学

1. 法拉第定律

在氯化铜水溶液中插入两块铜板，通上电流。通电后，在电解液中，铜离子向阴极移动，氯离子向阳极移动。因此，在阴极上发生铜的析出反应，在阳极上发生铜的溶解

反应，如图 2.12 所示，发生的反应为

阳极反应：$$Cu \longrightarrow Cu^{2+} + 2e^-$$

阴极反应：$$Cu^{2+} + 2e^- \longrightarrow Cu$$

总反应：$$Cu(阳极) \longrightarrow Cu(阴极)$$

在阳极，铜失去 2 个电子变为铜离子；在阴极，铜离子接受 2 个电子生成铜原子，即在阳极每溶解 1 mol 铜原子，就有 2 mol 电子参与反应。

如果用氯化银溶液代替氯化铜溶液，用银板代替铜板，则在阳极溶解银，在阴极析出银(图 2.13)，即在阳极每溶解 1 mol 银原子，就有 1 mol 电子参与反应。

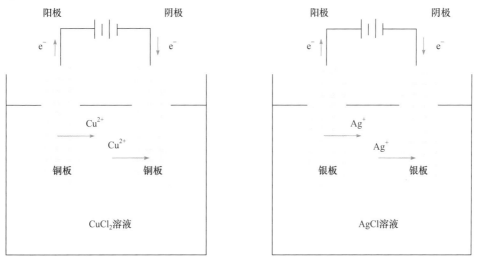

图 2.12　铜的电解析出与溶解反应　　　　图 2.13　银的电解析出与溶解反应

反应电子数是在电极反应中生成或消耗 1 个原子、离子或分子时参与的电子数。在图 2.12 铜溶解或析出的反应中，反应电子数是 2；在图 2.13 银溶解或析出的反应中，反应电子数是 1；铅酸电池中正极二氧化铅的还原和负极铅的氧化反应中，反应电子数是 2。

1833 年，英国科学家法拉第在大量实验的基础上提出了法拉第定律，即通过电极的电荷量与电极反应得失电子的物质的量成正比，公式为

$$Q = n_e F \tag{2.146}$$

式中，Q 为通过的电荷量；n_e 为某一电极反应得失电子的物质的量；F 为法拉第常量，其物理意义是 1 mol 电子所带的电荷量。由于一个电子携带的电荷是 -1.6022×10^{-19} C，因此法拉第常量为 $F = eN_A = 1.6022 \times 10^{-19}\,C \times 6.0221 \times 10^{23}\,mol^{-1} = 96\,485\,C \cdot mol^{-1}$。

法拉第定律表明，在恒稳电流下，同一时间内流经电路中各点的电荷量是相等的。通过电路的电荷量可通过测量电流流经电路后发生电极反应物质的量的变化来计算。法拉第定律是最精确的自然科学定律之一。它适用于任何温度、压力、各种电解质体系(水、非水溶液和熔融盐电解质等)及电化学体系(电解池和电池等)。电化学中常用的银电量计

和铜电量计等正是根据此定律而制成的。

例 2.7 氢氧燃料电池在酸性电解质中发生反应，当阳极消耗 2 g H_2 时，试计算：(1)通过的电荷量；(2)阴极消耗 O_2 的质量。

解 氢氧燃料电池在酸性电解质中发生如下反应：

阳极反应：
$$H_2 \longrightarrow 2H^+ + 2e^-$$

阴极反应：
$$\frac{1}{2}O_2 + 2H^+ + 2e^- \longrightarrow H_2O$$

(1) 当有 1 mol H_2 参与反应时，有 2 mol 电子参与反应，则有

$$Q = n_e F = 2 \times 96\,485 = 192\,970(C)$$

(2) 当有 1 mol O_2 参与反应时，有 4 mol 电子参与反应。因此，消耗的氧气的质量为

$$m(O_2) = 1 \times (1/2) \times 32 = 16(g)$$

然而在实际反应中，电极上常发生副反应。因此按照法拉第定律计算得到的反应物的消耗量比实际消耗量少，两者之比称为电流效率，即

$$\eta = Q/Q' = n_e F/Q'$$

式中，Q 和 Q' 分别为按法拉第定律计算的理论电荷和实际消耗的电荷。

2. 巴特勒-福尔默方程

在燃料电池的电化学动力学过程中，过电势与电流密度之间的关系最初由塔费尔公式表示。但是，电极表面的过电势与电流密度之间的关系并没有得到深入研究。直到巴特勒(1924 年)和福尔默(1930 年)在各自独立的工作中进行了相应的研究，才对此公式有了比较全面的认识。

根据反应速率的过渡状态理论，一步完成的单分子化学反应的速率常数 k_1 可用下列方程表示：

$$k_1 = [\exp(-\Delta G_1^{\neq}/RT)]k_B T/h \tag{2.147}$$

式中，k_B 为玻尔兹曼常量；$\Delta G_1^{\neq}$ 为所研究反应的活化吉布斯自由能(或者活化过程中的吉布斯函数标量)；R 为摩尔气体常量；T 为热力学温度；h 为普朗克常量。在这里研究的大部分反应都假设为最简单的化学类型。

在电极反应的过程中，电荷传递的驱动力来源于电极与电解液界面处分子尺度内的电势差($\varphi_m - \varphi_s$)。在电极反应中，反应物、产物及电子均带电，因此电极与溶液间电势差和过电势存在内在联系，并共同决定电极反应中的反应物、产物及电子的自由能，如图 2.14 所示。在电极反应 $O \longrightarrow R$ 中，初始状态下，总自由能 G_O 为反应物 O 与电子自由能之和，公式为

$$G_O = G_O' + z_O F \varphi_s - nF \varphi_m \tag{2.148}$$

式中，G_O' 为氧化态 O 的化学能；z_O 为 O 携带的电荷数。

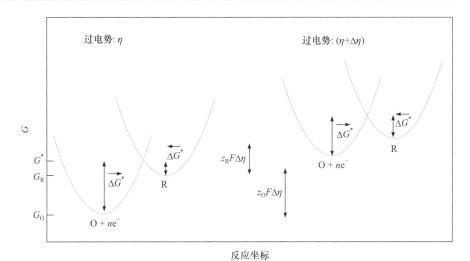

图 2.14 不同过电势下 n 电子转移电极反应的吉布斯自由能曲线

当电极反应完成时，电极表面只与还原态物质 R 有关，因此总的吉布斯自由能 G_R 可用式(2.149)表述：

$$G_R = G'_R + z_R F \varphi_s \tag{2.149}$$

若电极过电势较低，电极与溶液间电势差对反应的影响可忽略不计。通常认为氧化态物质 O 和还原态物质 R 均带正电。假设电势仅在电解液一侧发生变化，则溶液电势 φ_s 会变得更正，导致 O 和 R 的不稳定。因此，极化电势的产生会影响电极反应过程中中间物质的稳定性。

对于电极反应 O——→R，它正向反应的活化能为

$$\vec{G} = 常数 + \alpha_c n F (\varphi_m - \varphi_s) \tag{2.150}$$

式中，α_c 为电荷传递系数，表示仅部分过电势影响电极反应速率。根据电流密度与化学反应速率的关系，可以得到电流密度与电极和溶液间电势差 $(\varphi_m - \varphi_s)$ 的关系如下：

$$-i = nFZc_O \exp\{-[常数 + \alpha_c n F (\varphi_m - \varphi_s)]/RT\} \tag{2.151}$$

式(2.151)与塔费尔公式的具体形式相同，是塔费尔公式的势能表达形式。同理，可以推导出逆反应的电流密度与电极和溶液间电势差 $(\varphi_m - \varphi_s)$ 的关系，即

$$i = nFZc_O \exp\{-[常数 + \alpha_c n F (\varphi_m - \varphi_s)]/RT\} - nFZc_R \exp\{[常数 + \alpha_c n F (\varphi_m - \varphi_s)]/RT\} \tag{2.152}$$

式(2.152)即为巴特勒-福尔默方程的势能表达形式。

巴特勒-福尔默方程适用于燃料电池的阳极和阴极反应。通过公式可以发现，在燃料电池工作时进行的电化学反应中，产生的电流与过电势呈指数相关，即燃料电池产生的电流越大，过电势越高，电压损失越多。巴特勒-福尔默方程还可以写为

$$i = i_0 \{\exp[\alpha_c n F (\varphi_m - \varphi_s)/RT] - \exp[-(1 - \alpha_c) n F (\varphi_m - \varphi_s)/RT]\} \tag{2.153}$$

式中，i 为催化剂单位面积的电流密度；i_0 为催化剂单位面积的交换电流密度；α_c 为电荷传递系数；F 为法拉第常量；$\varphi_m - \varphi_s$ 为电势差；n 为电极反应转移电子数；R 为摩尔气

体常量；T 为热力学温度。

电荷传递系数与电极极化反应和燃料电池的反应速率的变化息息相关，在没有实际测量值的情况下，电荷传递系数通常设定为 0.5。当 $\alpha_c = 0.5$ 时，式(2.153)可以简化为

$$i = 2i_0 \sinh(nFv_{活化}/2RT) \tag{2.154}$$

式中，$v_{活化}$ 为活化过电势。根据巴特勒-福尔默方程可获得燃料电池的极化曲线，即

$$v_{活化} = (2RT/nF)\sinh^{-1}(i/2i_0) \tag{2.155}$$

燃料电池电化学活化电势在低电流密度时会快速增加，随着电流密度的增加，电化学活化电势的增加逐渐变缓。

3. 反应速率

电解时，设通过的电荷量为 Q，生成物的物质的量为 n，由法拉第定律可得如下关系：

$$n = Q/(NF) \tag{2.156}$$

式中，N 为反应电子数。若用 m 表示质量，M 表示物质的分子量，可得

$$m = nM = QM/(NF) = ItM/(NF) \tag{2.157}$$

单位时间内的物质生成量称为生成速度。对式(2.157)进行微分得

$$\mathrm{d}m/\mathrm{d}t = IM/(NF) \tag{2.158}$$

由式(2.158)可知，电极反应中生成物的生成速度取决于电流 I，即反应电流代表电极反应的速度。由于电化学反应通常在电极与溶液界面处进行，因此电化学反应速率也与界面面积有关。电流 I 与界面面积 S 之比定义为电流密度 i，它反映了单位面积的电极电化学反应速率，公式为

$$i = I/S \tag{2.159}$$

燃料电池的反应通常在多孔气体扩散电极表面进行，该电极反应界面的真实面积难以计算，因此通常以电极的几何面积来计算电池的电流密度，从而表示燃料电池的反应速率。

4. 反应速率与活化能

在燃料电池的电化学反应过程中，大部分反应速率是随温度的变化而变化的，阿伦尼乌斯(Arrhenius)提出以下关系式：

$$k = A\exp(-E_a/RT) \tag{2.160}$$

式中，k 为反应速率常数；A 为指前因子；E_a 为活化能，代表反应过程中的活化势垒；幂指数表示在电化学反应过程中克服势垒的可能性。为了加快反应速率，必须克服反应过程中的势垒，即反应物和生成物之间的吉布斯自由能差值，如图 2.15 所示，ΔG_f 和 ΔG_b 分别为反应物和生成物与活化复合物(中间产物)吉布斯自由能的差值。

5. 外界条件对反应速率的影响因素

(1) 一般来说，固体和纯液体浓度为常数，不改变化学反应速率。但是，固体颗粒的

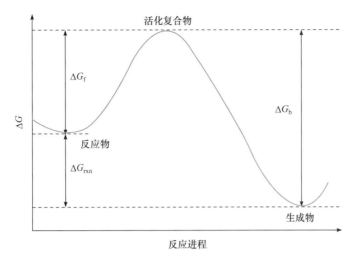

图 2.15　吉布斯自由能与反应进程的关系曲线

大小、形貌决定了电化学反应的有效接触面积，从而影响燃料电池的电极反应速率。

(2) 对于固体和液体，压力的变化对其体积影响很小。对于气体，压力可改变气体的浓度，因此会影响其反应速率。

(3) 温度对反应速率的影响。无论反应是放热还是吸热，温度升高，正向或逆向的反应速率都增大。

(4) 催化剂对反应速率的影响。催化剂可以加快反应速率，但催化剂的催化活性有最佳的适用温度。当催化剂在最佳温度时，催化反应会达到最大的反应速率。因此，选择合适的催化剂也是提高电极反应速率的有效策略。

2.2.5　燃料电池的极化

当燃料电池工作并输出电能时，其输出的电荷与反应物的消耗量之间符合法拉第定律。同时，燃料电池的电压也从电流密度为零的静态电压 E_s 下降到 U，U 的大小与电化学反应速率相关。静态电压 E_s 与工作电压 U 之间的差值定义为极化：$\eta = E_s - U$。根据公式，极化反映的是燃料电池由初始状态(电流密度 $i = 0$ 时)至工作状态(电流密度 $i > 0$ 时)的电势的变化，是一种电压降或过电势，与电流密度相关。由于 $W = UIt$，因此极化的产生也间接反映电池进入工作状态时能量损耗的大小。若要提高燃料电池释放的能量，降低燃料电池的能量损失，必须减小电池内的极化。极化通常有以下三种：电化学极化(又称活化极化)、浓差极化和欧姆极化，如图 2.16 所示。

1. 电化学极化

在电化学反应过程中，电子转移是不可缺少的一个步骤，通常发生多电子转移，并且在该过程中存在各种不同类型的表面转化步骤，这些反应步骤的总和构成了整个电极的反应。燃料电池电极表面的电化学反应是由多个步骤组成的复杂过程，每一个步骤都有自身的反应速率，同时也存在一定的差异。当一定强度的电流通过电极表面时，电极

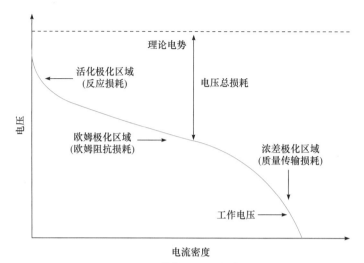

图 2.16　燃料电池极化曲线

与溶液界面处的电化学反应迟缓，会导致电极电势偏离平衡位置，由此产生极化电势，即为电化学极化。电化学极化是为了克服电极反应的活化能而提供的额外电压，所以也称为活化极化。在燃料电池中，可以通过活化极化的大小判断催化剂在特定温度下的有效活性。电极电化学反应通常包括以下三个步骤：

(1) 反应物微粒的液相传质，即反应物微粒从溶液向电极表面转移。

(2) 电子转移，即在电极与溶液界面处反应物微粒得失电子。

(3) 产物微粒的液相传质，即产物微粒从电极表面向溶液扩散。

其中，对于电子转移步骤，在两种情况下是不会产生电化学极化的。一种情况是当外界交换电流趋近于无限大时，外电路中转移过来的电子立即被反应物消耗掉(发生还原反应过程)或外电路转移走的电子立即得到补充(发生氧化反应过程)。该电化学反应过程中，电极表面的电荷在通电前后没有发生任何增减，电化学反应在平衡电势下进行，因此无电化学极化现象。第二种情况是外界电流无限小，趋近于零。在这种情况下，电极表面的反应物有充分的时间与电子结合或释放电子。电极表面也不会出现电荷过剩的现象，电极电化学反应过程依然维持平衡电势，即无电化学极化产生。然而，在实际的电化学反应过程中，这两种情况均不可能发生。

以氢电极为例，当它作为阴极通电时，由于电极反应迟缓，H^+发生还原反应消耗电子的速率小于外界电源向电极提供电子的速率。此时，与平衡状态时相比，电极上积累的负电荷更多，即$E_{c,i} < E_{c,e}$。当氢电极为阳极时，H_2发生氧化反应向电极提供电子的速率小于阳极流出电子的速率，导致电极带有比平衡状态更多的正电荷，即$E_{a,i} > E_{a,e}$。此类电压损失比较复杂，电极过电势不仅与电极材料、气体燃料、固态金属催化剂和电流密度有关，电极表面状态、温度和电解质的浓度等也会改变电极过电势的值。根据巴特勒-福尔默方程可知，活化极化与温度呈线性关系，因此升高燃料电池的反应温度，电极活化区域的电压损失会降低。此外，电化学反应发生在电极表面，其反应速率的快慢由电极电化学反应过程控制，即电化学极化与电化学反应速率有关。塔费尔公式理论上由巴特勒-福尔默方程导出。当电化学反应速率很小时，传质的影响可忽略(不考虑扩散过电势)，过电势较高，巴特勒-福尔默方程中等式右边两项总有一项可以忽略。在质子交换膜燃料电池中，氧还原反应的阴极 i_0 比氢氧化反应的阳极 i_0 高很多，也就是说，阴极反应对活化极化的作用是可以忽略的，即 $\eta < 0$，所以巴特勒-福尔默方程中 $\exp(\eta_a Fn\eta) \ll \exp(-\eta_c Fn\eta)$，则

$$\ln(|J|/J^{\circ}) = \beta_c Fn|\eta_c| \quad (\eta_c < 0) \tag{2.161}$$

同理可得

$$\ln(|J|/J^{\circ}) = \beta_a Fn|\eta_a| \tag{2.162}$$

转化为与塔费尔公式相同的关系式为

$$|\eta| = a + b\lg(J^{\circ}/|J|) \tag{2.163}$$

式中，$a = (-2.303/\beta Fn)\lg(J^{\circ}/|J|)$，不同的反应，$J^{\circ}$ 不同，即 a 是反应的特征值；$b = 2.303/\beta Fn$，是塔费尔公式的斜率，β 和 n 相同的反应，b 值相同。显然 $|a|/b = \lg(J^{\circ}/|J|)$，反映了该电极交换电流密度的大小，可由 η-$\lg(J^{\circ}/|J|)$ 图的斜率和截距计算得到。当 J° 很大时，说明电化学平衡几乎不受破坏，没有发生极化现象。当 J° 很小时，说明该电极偏离平衡位置，属于极化电极，如图 2.17 所示。

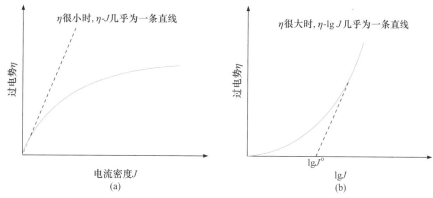

图 2.17　过电势较小(a)或较大(b)时，过电势与电流密度的关系

塔费尔公式不仅从理论上分析了燃料电池的电极反应机理，而且对实际电化学工业也有一定的指导意义，适用于所有电荷传递反应。

例如，燃料电池的电极过电势与电流密度之间的关系可用塔费尔公式表示为

$$\eta = a + b\lg(J/[J]) \tag{2.164}$$

式中，a 和 b 为塔费尔常数(Tafel constant)。a 为单位电流密度时的过电势，a 值的大小取决于电极材料、表面状态、溶液组分及温度。a 值越大，氢的过电势越大。根据 a 值的大小，金属可以分为低过电势金属、中过电势金属和高过电势金属三大类(表 2.2)。对于大多数金属来说，b 值都差不多，常温下若取以 10 为底的对数，则 b 值为 0.116，即当电流密度增加 10 倍时，电极过电势增大 0.116 V。室温下一般电化学反应的塔费尔斜率是

100 mV，即电流增加 10 倍，活化电势增加 100 mV。

表 2.2　金属按照塔费尔常数 a 值的分类

金属类型	a/V	举例
低过电势金属	0.1～0.3	Pt 族
中过电势金属	0.5～0.7	Fe、Co、Ni、Cu、W、Au 等
高过电势金属	1.0～1.5	Pd、Cd、Hg、Zn、Ga、Sn 等

2. 浓差极化

如果电化学反应速率较快而溶液中的传质过程较慢，当有电流通过时，由于电极与溶液界面处的反应物(或产物)微粒得不到及时补充(或疏散)，因此该界面上反应物(或产物)的浓度与溶液本身浓度存在差异，由此产生的极化现象称为浓差极化。影响浓差极化的三个重要因素分别为电迁移、分子扩散和对流。

(1) 电流通过电极时，溶液中所有离子在电场作用下的定向移动即为电迁移。这种现象与反应物(或产物)微粒是否参与电极反应无关，是一种普遍现象。溶液中除某种离子以外的其他离子的浓度越大，该离子的迁移率越小，其电迁移量也越小。电迁移是液相传质的第一种形式。

(2) 电流通过电极时，会引起电化学反应。由于反应物的消耗和生成物的形成，靠近电极表面的溶液层中浓度与溶液本身浓度存在差异，此浓度差会导致扩散现象。分子扩散是电极表面附近液相传质的第二种形式。

(3) 电极反应进行的同时，溶液中局部浓度和温度会发生改变，从而使溶液中各部分的密度出现一定的差别，并造成溶液的流动现象，即溶液的对流。此外，电极反应过程中有气体产物时，也会对溶液产生干扰，引起溶液对流。对流是液相传质的第三种形式。

例如，某燃料电池的阳极为 H_2(或 $H_2 + CO$)，阴极为 O_2。在电池反应过程中，反应物 H_2(或 $H_2 + CO$)和产物 H_2O(或 $H_2O + CO_2$)在阳极-电解质界面发生物质传递与电子转移，即反应物 H_2(或 $H_2 + CO$)在界面参与电化学氧化反应，电子通过外电路传输到阴极，产物 H_2O(或 $H_2O + CO_2$)则在界面处排出。可调整合适的电荷及质量平衡参数，使 H_2(或 $H_2 + CO$)和 H_2O(或 $H_2O + CO_2$)的传输和通过电池的净电流保持一致。为了简化电极反应过程，用纯氢气作为燃料来讨论稳态下电流遵循的方程。

$$|j_{H_2}| = |j_{H_2O}| = 2|j_{O_2}| = iN_A/2F \tag{2.165}$$

式中，j_{H_2} 和 j_{H_2O} 分别为氢气通过多孔阳极到达阳极-电解质界面的流量和水蒸气通过多孔阳极离开阳极-电解质界面的流量；N_A 为阿伏伽德罗常量。一般情况下，气相物质的传输可通过二元扩散实现，其中有效二元扩散系数是基本二元扩散系数 $D_{H_2\text{-}H_2O}$ 的函数，也是阳极显微结构参数的函数。当电极结构中的孔隙尺寸很小时，可能存在克努森扩散、表面扩散和吸附/解吸的效应。气体在一定的电流密度下通过阳极的实际阻力产生的极化损失为阳极浓差极化 $\eta_{\text{浓差}}^a$，它是以下几个参数的函数，即

$$\eta^a_{\text{浓差}} = f(D_{H_2\text{-}H_2O}, \text{显微结构}, \text{分压}, \text{电流密度}) \tag{2.166}$$

假设克努森扩散、吸附/解吸和表面扩散的效应忽略不计，$\eta^a_{\text{浓差}}$ 会随电流密度的增加而增加，但不是线性关系。与克努森扩散类似，燃料电池的阴极浓差极化与通过阴极的 O_2 和 N_2 有明显的关系。通过研究发现，氧化电流中通过阴极到达阴极-电解质界面的 O_2 净流量与净电流密度呈线性关系。与阳极电化学反应类似，阴极气体传输也是基本二元扩散系数 $D_{O_2\text{-}N_2}$ 和阴极显微结构的函数。气体在一定的电流密度下通过阴极的实际阻力产生的极化损失为阴极浓差极化 $\eta^c_{\text{浓差}}$。

$$\eta^c_{\text{浓差}} = f(D_{O_2\text{-}N_2}, \text{显微结构}, \text{分压}, \text{电流密度}) \tag{2.167}$$

$\eta^c_{\text{浓差}}$ 随电流密度的增加而增加，但非线性关系。阴极极限电流密度是当阴极-电解质界面处 O_2 几乎耗尽，电压骤降为零时的电流密度。当以 H_2 为燃料时，阳极浓差极化通常低于阴极浓差极化。一是由于 H_2 的分子量小，因此 H_2-H_2O 的二元扩散系数 $D_{H_2\text{-}H_2O}$ 大；二是 H_2 分压远大于 O_2 分压。因此，通过比较阳、阴极的显微结构，可以发现阴极极限电流密度(i_{cs})远小于阳极极限电流密度(i_{as})，即 $i_{as} \gg i_{cs}$。实际上，在电极支撑型燃料电池中，电极的厚度通常相差较大，因此两极的极限电流密度会相应变化。其中，对于阳极支撑型电池，由于阳极厚度远大于阴极，因此两极极限电流密度差值减小，即 $i_{as} > i_{cs}$。虽然在燃料电池中，轻质 H_2 更易于传输，但是即使有 CO 和 CO_2 存在时，阳极浓差极化仍会逐渐降低。当以纯氢作为燃料且阳极厚度为 1 mm 时，i_{as} 在 800 ℃可达到 5 A·cm^{-2}，甚至更高。因此，相对较厚的阳极支撑型电池不会过度增大浓差极化。

3. 欧姆极化

在电荷迁移时所有的物质(除超导体外)都会产生电阻，电解质中的离子传输电阻或电极中的电子转移电阻会引起欧姆极化。电解质的离子传输和电子在电极中的传输电阻均遵循欧姆定律，即

$$\eta_{\text{欧姆}} = IR \tag{2.168}$$

当燃料电池中电极材料的电阻率几乎不变时，电压降与电流密度近似呈线性关系。因此，电解质的离子传输由电解质的电阻率决定，而电极中的电子传输由电子电阻率决定。在给定的电流密度下，由于存在欧姆电阻，会存在电压损失 $\eta_{\text{欧姆}}$，公式为

$$\eta_{\text{欧姆}} = (\rho_e l_e + \rho_c l_c + \rho_a l_a + R_{\text{接触}})I \tag{2.169}$$

式中，ρ_e、ρ_c 和 ρ_a 分别为电解质、阴极和阳极的电阻率；l_e、l_c 和 l_a 分别为电解质、阴极和阳极的厚度；$R_{\text{接触}}$ 为接触电阻。欧姆极化可由一个电容值为零的电容和一个简单电阻并联而成的等效电路来描述。在大多数燃料电池中，由于电解质的离子电阻率远大于电极电子电阻率，燃料电池的电解质是导致电压降的主要原因。

燃料电池的内阻是影响电池性能的关键因素，包括电解质的离子传输电阻及电池内部材料之间的接触电阻，具体可分为以下几个方面：①电荷传输引起的电压损失；②金属的电子导电性；③聚合物电解质的离子导电性。燃料电池的不同组件的电导率不同，

见表 2.3。

表 2.3   燃料电池的不同组件在电子传导和离子传导方面的特点

材料分类	电导率/(S·m⁻¹)	燃料电池组件
电子传导材料	$10^3 \sim 10^7$	双极板，气体扩散层，内部连接器，端板，紧固件
半导体	$10^{-3} \sim 10^4$	双极板和端板
离子导体	$10^{-1} \sim 10^3$	固体高分子电解质，燃料电池 Nafion 电解质

常见的减少欧姆极化的方法是：尽可能减薄电解质层，增加电解质和电极之间的接触，以及选用高传导率的电解质材料。

对于固体燃料电池，温度是影响燃料电池电解质中离子传输的主要因素。如果温度从 1000 ℃降低到 700 ℃，电解质电阻会增加两个数量级。除电流密度、温度和压力外，电极材料和电解质自身性质及电极表面状态等都会改变极化的大小。另外，欧姆极化与电流的传输路径，即电池结构密切相关。平板状燃料电池的总欧姆极化可由以下公式计算：

$$\eta_{欧姆} = IR_{eff} = I \sum_{所有层} (1/\sigma_{层})(\delta_{层}/A_{层}) \tag{2.170}$$

增加电解质的离子传导性或减小燃料电池的电解质层的厚度是减少欧姆极化最有效的方法。电解质层的厚度越小，质子交换膜燃料电池的离子传输越快。大电流密度通过电极时，液体和气体的流速较高，离子的传输慢是引起电压下降的主要原因。燃料电池的电解质电阻是导致欧姆极化的主要原因，表述为

$$U_{欧姆} = IR_{欧姆} = jA_{电池}(\delta/\sigma A_{电池}) = j(\delta/\sigma) \tag{2.171}$$

式中，$A_{电池}$ 为燃料电池的活化面积；δ 为燃料电池电解质的厚度；σ 为电解质的电导率；j 为电流密度。由式(2.171)可知，燃料电池的电解质膜越薄、离子电导率越高，其欧姆极化越低。

4. 极化测试

1) 电化学阻抗法

电化学阻抗法是一项有效的电化学分析技术。其基本原理如下：给电池施加一电信号，电池会产生响应电流或电压信号，进而可在很宽的频率范围内得到各种电化学反应相应的弛豫时间及幅度等信息，从而反映出电池的电化学反应过程。由于电池的动力学过程受到不同因素的影响，因此不同极化的响应时间不同。其中，欧姆极化几乎瞬时完成，而浓差极化的响应时间则与传质过程有关，如电解质的离子传输和气体的扩散系数。根据等效电路图，瓦博格(Warburg)型元件可用来描述通过多孔电极的气体传输过程。同样，电化学极化的响应时间与电荷迁移过程的具体细节有关。简化模型设计并联 R-C 电路可以简单地描述活化过程。然而，这种方法过于简单，很难直接反映电池中复杂的活化过程。因此，在实际实验过程中，可以通过测试阻抗[$Z(\omega)$]的方法对活化过程进行分析。电阻是在一个较宽范围内频率的函数，一般来说，这个范围从几毫赫兹到数十万赫兹。

极化电阻本身是电流密度的函数，但是由于电池体系中电化学反应过程通常较复杂，

会导致电池电压和电流的关系呈非线性，因此极化电阻的大小很难明确定义。通常可采用交流(AC)法和直流(DC)法进行测量，但两种方法测试的极化电阻结果通常不同。直流法通常是将电流脉冲的欧姆损耗法和使用参比电极测量电极过电势这两种测试方法进行结合，然而目前该方法并不常用。因此，这里只详细讨论如何采用交流法测试极化电阻。具体过程如下：当给电池施加不同频率的交流信号时，可以得到不同频率下相迁移的电压信号；然后由输入电流和输出电压的结果计算得出阻抗值。

　　如图 2.18 所示，若 A 是角频率为 ω 的正弦波电流或电势信号，则 B 即为角频率也是 ω 的正弦波电势或电流信号，此时函数 $G(\omega)$ 分别称为系统 M 的阻抗(impedance，用 Z 表示)或导纳(admittance，用 Y 表示)。电化学阻抗谱以阻抗虚部的负数 $-\text{Im}Z(\omega)$ 作为 y 轴，以阻抗实部 $\text{Re}Z(\omega)$ 作为 x 轴；或者是以导纳虚部 $B(\omega)$ 作为 y 轴，以实部 $G(\omega)$ 作为 x 轴。其中，阻抗和导纳互为倒数关系，类似于电阻和电导率的关系。理想阻抗谱的形状不固定，通常为半圆或变形半圆、四分之一圆或变形四分之一圆等。阻抗谱中曲线与 x 轴的交点是不同电化学过程中电阻的耗损量，而圆弧区域代表除电阻以外的信息。阻抗的实部 Z'、虚部 Z''、模量 $|Z|$ 和相位角 φ 之间的关系如图 2.19 所示，这些数据可通过测定不同频率下的扰动信号和响应信号，计算两者的比值得出。将这些测量值绘制成形式不同的曲线，如奈奎斯特图(Nyquist plot)或伯德图(Bode plot)，即为电化学阻抗谱。

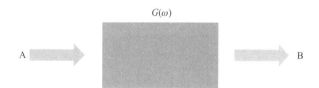

图 2.18　电化学系统的交流阻抗测试模拟图

　　奈奎斯特图又称阻抗复数平面图，它的横轴为阻抗的实部，纵轴为虚部。而伯德图由两条曲线组成，一条曲线为伯德模图，描述的是阻抗的模与频率的关系，即 $\lg|Z|\text{-}\lg f$ 曲线；另一条曲线为伯德相图，描述的是阻抗的相位角与频率的关系，即 $\varphi\text{-}\lg f$ 曲线。通常，若要准确表述电极阻抗的特征，需将两种图同时呈现。

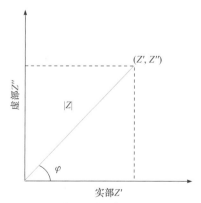

图 2.19　电化学阻抗谱中的实部和虚部

在典型的交流阻抗测试中，电池运行中出现的损失表现为欧姆电阻 R 和极化电阻 $Z_{极化}(Z_{极化} = Z_{阴极} + Z_{阳极})$。测试设备连接到工作电极，或者一个接工作电极、另一个接参比电极，最后得到 $Z_{极化}$、$Z_{阴极}$ 和 $Z_{阳极}$。由于电池中存在欧姆极化，电池两端的电势差的一部分体现在电流-电压(I-U)特性曲线或阻抗曲线中。

以可逆电极体系为例，电极表面同时发生液相传质与电子转移过程，因此电化学极化和浓差极化同时存在。由于界面双电层存在电荷传递电阻，两种极化弛豫过程不同，因此在足够宽的频率范围内，二者的阻抗谱可在不同频率区间同时出现。通常，高频区为电子转移控制的特征半圆，低频区为扩散控制的特征曲线，如图 2.20 所示。等效电路的元件参数可从高频区阻抗半圆中得到，欧姆电阻(R)的数值等于半圆与实轴的第一个交点(A)到原点的距离。另外，扩散控制的低频区直线外推至实轴 C 点，可近似计算出反应物或产物的扩散系数 D。

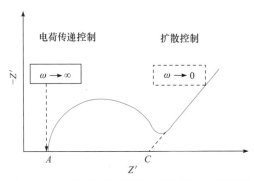

图 2.20　电荷传递和扩散混合控制的奈奎斯特图

2) 极限电流法

极限电流法是研究燃料电池膜电极内的质量传输极限的一种有效方法。常见的极限电流法分为电压控制法(稳压法)和电流控制法(稳流法)。电压控制法对燃料电池膜电极的破坏小，因此在两种测试方法均可选择的情况下，一般首选电压控制法。使用电压控制法测试时，极限电流对应电压-电流曲线斜率趋向于无穷大时的电流值。当采用电流控制法测试极限电流时，测试电压不能低于 0.2 V，以免电压变为负值，此时测试的电压-电流曲线中斜率趋于无穷大的电流即为极限电流。在燃料电池的实际测试过程中，多孔电极层中的气体扩散对电极的极限电流影响很大，并且燃料电池体系中的污染物对不同条件下工作的同一燃料电池的极限电流的影响也很大。

2.3　燃料电池的器件组成与材料特性

本节主要描述燃料电池的组成及各部分材料的特性。燃料电池的主要组成部件为：电极、电解质、隔膜与集流体，集流体也称双极板。其中，电极是氧化还原反应发生的场所，它通常具有多孔的气体扩散层与催化剂层。气体扩散层主要起支撑催化剂和传导反应物与生成物的作用，催化剂层中催化剂的性能直接影响电极的氧化还原反应速率。电解质层一般为质子的良导体，常用的电解质种类因燃料电池类型的不同而具有明显的差异。以质子交换膜燃料电池为例，其主要组成部件如图 2.21 所示。

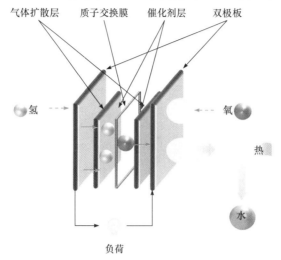

图 2.21　质子交换膜燃料电池的主要组成部件

2.3.1　电极

燃料电池的电极主要分为两部分，即阳极和阴极。燃料电池的电极是一个位于电解质与基板之间负载催化剂的薄层，为电化学反应的进行提供了重要场所。作为大多数气体燃料的载体及氧化还原反应发生的主要场所，燃料电池的电极应具有大的比表面积以提高其能量密度与功率密度。因此，为了增加电极的比表面积，大多数燃料电池的电极具有多孔结构。通常，性能优异的多孔电极和气体扩散层具有如下特性：

(1) 具有高的电子传导率，燃料进入电池体系后随即扩散到多孔电极或气体扩散层，进而在电极表面催化剂的催化作用下发生氧化还原反应，同时电子经外电路传输。因此，必须保证多孔电极或气体扩散层能够为电子传输提供良好的通道。

(2) 具有良好的化学稳定性，实际使用过程中，良好的化学性能和稳定的机械性能可以保证电池长期稳定工作。

(3) 易于制备且价格低廉。

(4) 具有合适的孔分布与孔隙率，合适的孔道结构能够有效提高电极的比表面积。

(5) 电极内部各组成之间具有合适的配比和较好的相容性，电极材料与催化剂及电解质具有良好的兼容性，可提升氧化还原反应的稳定性。

(6) 需确保反应区的稳定，可通过电极结构的合理设计及组分的合理选择达到稳定反应区的目的。

(7) 气、液、固界面处液相传质边界层需要具有合适的厚度，合理降低液相传质边界层厚度可有效提高极限扩散电流密度。

(8) 负载高活性的电催化剂，可提升电化学反应的速率与效率，获得高的交换电流密度。

近年来，在燃料电池的发展过程中，已开发出多种类型的燃料电池，可按照电解质类型、工作温度和燃料来源等多种方式进行分类。为了满足多种类型的燃料电池的需求，研究者设计并开发了多种类型的电极结构。目前,多孔气体扩散电极的研究较多且应用广泛,在 PEMFC、DMFC 和 PAFC 等燃料电池中均常采用。下面对不同类型的多孔气体扩散电极进行简单介绍。

1. 聚四氟乙烯复合型电极

燃料电池中,充当燃料及氧化剂的大多数为气体。在多孔气体扩散电极中,典型氧的电化学还原反应可以表示为(酸性介质中)

$$O_2 + 4H^+ + 4e^- \longrightarrow 2H_2O \qquad (2.172)$$

为了使电极反应能够高效进行,除了获得充足的燃料及氧化剂外,还需保证反应活性位点能够得到充足的电子和反应离子。因此,电极内需提供良好的燃料扩散通道及电子、离子传输通道。在燃料电池内部,电极作为电化学反应的场所,需保证电极被电解液充分浸润。但被电解质完全浸润的电极一般孔隙率明显下降,不能再提供良好的气相传质的通道,从而极大地影响了燃料电池的性能。电极中掺杂疏水性物质,防止高湿度下电池水淹是调控催化剂层水平衡的主要改性方式之一。其中,选用聚四氟乙烯(PTFE)复合型电极可使电极的水管理性能得到明显的提升。含氟聚合物 PTFE 具有极强的疏水性,在燃料电池电极结构中可作为防水剂使用。将其与电极中电催化剂复合(PTFE 含量为 5%~30%),可以很好地改善电极的水管理特性,不仅可防止多孔电极孔道被电解质淹没,还有助于气体燃料和氧化剂气体的扩散,同时也有助于电化学反应产物水汽及时从阴极排出。PTFE 复合型电极的结构可用图 2.22 表示。

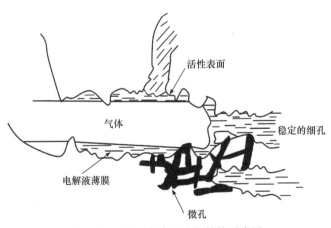

图 2.22　PTFE 复合型电极结构示意图

如图 2.22 所示,电极结构包括负载催化剂的导电活性层及 PTFE 形成的憎水部。为了保证电化学反应的有效进行,电催化剂应具有良好的电子导电性及亲水性,使电催化剂组分被电解质充分浸润,进而为电子、离子和水的传输提供良好的通道。同时,分散的 PTFE 构成的疏水组分可为气体扩散提供良好的通道。按照不同方式组合的 PTFE 复合型电极可在不同环境下使用,如当电解液压力小于反应气压力时,将这种复合型电极与微孔膜或质子交换膜进行组合,可用于碱性电解质型燃料电池和质子交换膜燃料电池。

当电解液压力高于反应气压力时，为了防止电解液从电极渗透泄漏，需在电极的气室侧置入疏水透气层，其主要由 PTFE 多孔膜组成。疏水膜中导电组分的有无决定了疏水膜的导电与否，未添加导电剂的疏水膜称为白膜，不具有导电性；反之，加入乙炔黑等导电剂的疏水膜称为黑膜，具有一定的导电性。

质子交换膜燃料电池的电解质多采用固态全氟磺酸膜。固体氧化物燃料电池中电解质为固态氧化物(YSZ)。固态电解质是此类燃料电池不可缺少的组成部分，它为离子的传输提供了良好的通道。要保证电化学反应稳定高效地进行，需保证反应物、电催化剂与电解质形成良好的接触，使反应区域稳定存在。而当固态电解质与电极组合时，固态电解质难以进入催化剂层，不能实现电极表面与电解质之间良好的离子传递。为了解决此类问题，在制备电极时，通常预先将电解质原料(如全氟磺酸树脂)加入电极中作为离子导体，得到由亲水型电催化剂、电解质组分和 PTFE 疏水组分共同组成的电极催化剂层。在此电极中，亲水型电催化剂为电子及水分的传导提供良好的通路，电解质组分为离子传输提供路径，而 PTFE 疏水组分则保证气体在电极催化剂层的有效扩散。

2. 亲水型电极

在上述 PTFE 复合型电极中，分散的 PTFE 构成的疏水组分可以为气体扩散提供良好的通道，将此电极与质子交换膜组合，即可组装质子交换膜燃料电池。在质子交换膜燃料电池中，还可采用薄层的亲水型电极，电极表面允许电解液完全浸润。这种电极具有很薄的电极催化剂层，厚度只有几微米，因此燃料及氧化气体易在水性电解液或全氟磺酸树脂中进行溶解扩散，从而可传输到催化剂层进行氧化还原反应。在这种电极中，不需要疏水剂提供气体扩散通道，气体在薄层中的扩散过程不再是燃料电池内氧化还原反应的动力学速控步骤。

3. 双孔结构电极

双孔结构电极分为两种类型，其中一种为培根型双孔结构电极，结构如图 2.23 所示。在这类电极中，含有孔径不等的两种类型的孔结构，控制通入气体的压力，可使气体与浸润型液体之间达到平衡状态，其中大孔为气体填充，小孔为液体填充。

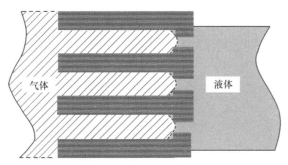

图 2.23 双孔结构电极示意图

另外，这种电极中，小孔内的液体可为离子的传输提供良好的通道，同时能有效控制气体的扩散。电解液主要在小孔内填充，并且通过控制压力，液体会在大孔内发生一定程度的浸润。大孔则主要用于负载燃料电池的高效催化剂。此时，电解液、浸润型电极催化剂层和空气填充层形成三相界面，即为电化学反应的活性区域。显然，该活性区域越大，越有利于电化学反应快速有效地进行；同时，液体浸润层越薄，越有利于气体在电解液中快速高效地扩散至催化剂层，从而使极限电流密度得以提升。此外，提高大孔的孔隙率，可有效地增加反应区域的总面积。

另一种研究较多的双孔结构电极为薄催化剂层双孔结构电极，其特点在于小孔内采用一层绝缘的微孔塑料膜，电解液浸润微孔结构后提供离子传导的通道，并起到抑制气体扩散的作用。为了保证电子的快速传输，在绝缘的塑料膜催化剂侧沉积一薄层的金作为集流体，然后将黏合剂与电催化剂复合物负载在塑料膜电极表面。此类型电极不存在由气体扩散层内传质引起的浓差极化，因而更适用于氢气作为燃料、空气作为氧化剂气体的燃料电池体系。

2.3.2 电催化与电催化剂

燃料电池的电极是一个负载催化剂的薄层，电化学反应即发生在电极表面的催化剂层。电催化是加速电极和电解质界面上电荷转移速率，促进电化学反应快速高效进行的催化作用。电催化剂的活性直接影响电催化反应的速率；同时，双电层内电场强度与电解质溶液的本性也对电催化反应速率产生较大影响。双电层内的强电场对电催化反应起加速作用，因而电催化反应比通常的化学反应更易发生。

燃料电池氧还原过程可通过二电子反应路径或四电子反应路径进行，无论是何种路径，反应动力学过程都将影响电化学反应速率。电极动力学方程可以表示为

$$i = i_0 \left\{ \exp(-\alpha nF\eta) - \exp[-(1-\alpha)nF\eta] \right\} \tag{2.173}$$

式中，i 为电极几何电流密度；i_0 为交换电流密度；α 为电荷传递系数；n 为传输电子数；F 为法拉第常量；η 为过电势。i_0 越大，电子传输过程中需要克服的能垒越小，电池动力学性能越好。可通过以下几种方式提高电池动力学性能：

(1) 升高反应温度。温度的升高将使反应体系中反应物分子振动加剧、活性增强，从而提高电化学反应速率；但当电压较高时，升高反应温度会引起电流密度的降低。

(2) 提高反应物浓度。提高反应物的浓度或压力/流速等，可以提高反应物的反应速率。但当反应物浓度过高时，电极上反应物快速减少，受到反应物传输速率的限制，反应物的快速消耗将引起反应物的供应不足，最终导致电化学反应动力学过程受到限制。

(3) 增加反应活性位点数量。例如，提升多孔电极的孔隙率、增大电极催化剂层粗糙度等均可有效提高反应区活性表面积，从而提高电化学反应速率。

(4) 降低燃料电池的活化能垒。选择合理的电催化剂可实现电化学反应能垒的降低，从而有效加快燃料电池电催化反应速率。

从实施的难易程度及预期目标分析，选择合适的催化剂、提高电催化剂的活性是提高电催化反应速率最行之有效的方法。

燃料电池的催化剂必须满足以下几点要求：

(1) 具有优异的电子电导率。金属催化剂通常具有良好的导电性，而非金属催化剂一般导电性较差，需将其负载在导电性优异的材料上，使电子能够在催化剂体系中具有快速传输的通道。

(2) 在电池的工作电压区间内能够正常工作，且在电池反应体系中能耐受电解液的腐蚀。在高温电池体系中工作时，催化剂与电解质需具有良好的化学相容性。

(3) 采用的催化剂对燃料电池电化学反应过程具有高催化活性，但催化剂与电极表面的反应物或产物之间要有适当强度的键合，不可太强或太弱。太强会导致产物无法及时输出，从而使化学反应速率减慢；而吸附太弱则通常不能起到较好的催化效果。

目前，燃料电池采用的催化剂主要有贵金属类催化剂、非贵金属类催化剂和非金属类催化剂。下面按照不同类别进行简单介绍。

1. 贵金属类催化剂

金、银和铂等贵金属均具有良好的电催化活性、导电性和耐蚀性，在各类燃料电池中应用比较广泛。在燃料电池中，阴极氧还原反应(ORR)的反应速率比阳极氢氧化反应(HOR)的反应速率低 5 个数量级，因而相对于阳极 HOR，阴极 ORR 更需要高效的电催化剂。值得注意的是，在以醇类或烃类为燃料的燃料电池中，CO 的产生会对阳极催化剂活性产生明显的影响。

在燃料电池的发展过程中，贵金属 Pt 催化剂起到了至关重要的作用。首次用于载人飞船主电源的燃料电池所采用的电催化剂即为纯 Pt。由于金属 Pt 价格昂贵且资源稀缺，对燃料电池的大规模发展非常不利，因此研究者试图通过调控 Pt 基催化剂的表面结构和组分，力求在保证高催化活性的基础上降低金属 Pt 的负载量。目前研究较多的 Pt 基电催化剂种类如图 2.24 所示。

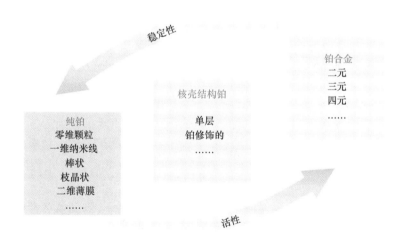

图 2.24　燃料电池 ORR 的 Pt 基电催化剂分类

Pt 基电催化剂可大致分为三类：纯铂、铂合金和核壳结构铂，不同类催化剂表现出不同的稳定性和催化活性。早期，在质子交换膜燃料电池等燃料电池中，常用到负载型纳米贵金属电催化剂。Pt 等贵金属负载量高，成本高，而利用率比较低。为了降低成本，研究者研发出各种高分散的碳载 Pt。此类 Pt 基电催化剂中，催化剂的表面积是影响催化性能的关键因素，因此制备具有大比表面积的纳米 Pt 颗粒至关重要。碳载体通常具有良好的导电性、高的热力学及电化学稳定性和大的比表面积。常用的碳载体支撑材料有：Vulcan XC72 R、Black Pearls (BP) 2000、Ketjen Black 或 Shawinigan。研究表明，高分散的碳载 Pt 中 Pt 的用量比纯 Pt 少，但催化性能明显提升。

纯 Pt 催化剂具有良好的催化性能，但纯 Pt 体系中容易发生 CO 中毒现象。例如，在以醇类为燃料气的燃料电池中，反应产物中有一定量的 CO，而 CO 极易吸附在金属 Pt 表面。CO 吸附作用较强，不易脱除，且难以被氧化，导致 Pt 催化剂表面的活性位点大大减少，最终导致 Pt 催化剂产生 CO 中毒的现象。提升电池工作温度可有效解决此类问题，当电池工作温度高于 135 ℃时，CO 的吸附量可少到忽略不计，但此方法并不适用于温度较低的常温或低温燃料电池。对于后者，选用多组分合金催化剂是解决纯 Pt 催化剂中毒的一种行之有效的方法。Pt 与其他金属组分复合形成合金结构后可降低电催化剂与 ORR 中间产物的键合强度，从而有效阻止催化剂的 CO 中毒，同时还可减少贵金属 Pt 的用量，达到降低燃料电池成本的目的。

目前，文献报道了大量二元或三元合金催化剂，如二元 Pt-Ru、Pt-Ni 和 Pt-W 催化剂，三元 Pt-Ru-Zr、Pt-Ru-Cr、Pt-Ru-W 和 Pt-Ru-Mo 催化剂。Iwase 和 Kawatsu 等对上述部分合金催化剂的催化性能展开了系列研究，并得到了一定的研究成果。例如，在直接甲醇燃料电池中，使用 Pt-Ru 催化剂替代纯 Pt 催化剂，Pt-Ru 催化剂能够吸收水分，并且促进 CO 的氧化，有效降低了 CO 的浓度，从而成功地防止了催化剂中毒和失活。ECI 实验室也开展了此方向的研究，在存在 CO 的环境中，二元 Pt053-Ru047 和 Pt082-W018 催化剂的性能明显优于纯 Pt 催化剂；在低电势区域，Pt-Ru 催化剂性能较好，而在电流密度较高时，Pt-W 催化剂的性能更佳；此外，Pt-Ru-W 三元催化剂的性能更是优于二元催化剂。合金催化剂一般以碳材料作为支撑体，但最近研究人员研发出无碳支撑的 Pt-Re-(MgH$_2$) 三元催化剂，也表现出了良好的电催化性能。在磷酸燃料电池中，磷酸等阴离子在纯铂电催化剂表面具有较强的吸附作用，这种吸附会极大地减少电催化剂的催化活性面积；此外，高分散的纳米 Pt 颗粒在磷酸中溶解，产生再沉积及团聚现象。为解决此问题，研究者制备了系列 Pt 合金催化剂(如 Pt-Cr、Pt-V 和 Pt-Cr-Co 等)，在一定程度上可稳定 Pt 组分并提升催化剂的性能。

核壳结构 Pt 基催化剂的制备策略通常是在 Re、Pd 和 Ru 等贵金属纳米粒子表面附着一层 Pt 壳结构。其中，Pt 壳结构较薄，一般只有一个或几个原子层厚度，这种核壳结构可以显著提高 Pt 原子的利用率。对于具有核壳结构的 Pt 基电催化剂，Pt 层的厚度及其亚表层的组成对催化剂性能具有显著的影响。此类型 Pt 基电催化剂的活性和稳定性趋于平衡，展现出良好的应用前景。

2. 非贵金属类催化剂

燃料电池以氢气等绿色能源为燃料，排放物污染性低，但大多数燃料电池采用价格昂贵的贵金属 Pt 催化剂，增加了电池的成本，因而促使人们不断研发价格低廉、催化性能优异的新型非贵金属电催化剂。Jasinski 首次将酞菁钴用作 ORR 电催化剂，由此掀起了非贵金属替代贵金属作为燃料电池电催化剂的研究热潮。目前，研究者已制备出多种具有新颖组成和独特结构的非贵金属电催化剂，如过渡金属氮掺杂碳、钨基和镍基电催化剂等。部分非贵金属电催化剂如表 2.4 所示。下面对几种非贵金属电催化剂进行简单介绍。

表 2.4 部分非贵金属电催化剂 ORR 的性能

催化剂	起始电势/V	电解液	转移电子数
Fe-N-C-700	0.89 (RHE[*])	$0.5\ mol \cdot L^{-1}\ H_2SO_4$	4.10
Fe$_3$C@N-C-900	1.00 (RHE)	$0.1\ mol \cdot L^{-1}\ HClO_4$	4.00
Fe-N-C	0.92 (RHE)	$0.5\ mol \cdot L^{-1}\ H_2SO_4$	3.50
Ti$_{0.5}$Nb$_{0.5}$N (三元氮化物)	1.01 (RHE)	$0.1\ mol \cdot L^{-1}\ HClO_4$	4.00
N-rGO	0.66 (RHE)	$0.5\ mol \cdot L^{-1}\ H_2SO_4$	3.90
N-掺杂 Fe/Fe$_3$C@C/RGO	1.00 (RHE)	$0.1\ mol \cdot L^{-1}\ KOH$	3.52～3.08
Fe$_3$C/NGr-800	1.03 (RHE)	$0.1\ mol \cdot L^{-1}\ KOH$	3.89～4.00
Fe-N-碳纳米片	0.72 (RHE)	$0.1\ mol \cdot L^{-1}\ KOH$	3.89
N-Fe-CNT/CNP	1.08 (RHE)	$0.1\ mol \cdot L^{-1}\ NaOH$	3.92
Fe-N-@CNT	0.01(Ag/AgCl)	$0.1\ mol \cdot L^{-1}\ KOH$	3.80

* RHE：可逆氢电极，在相应体系中可视为零电势电极。

1) 过渡金属氮掺杂碳催化剂

酞菁钴是首类应用于燃料电池的非贵金属电催化剂，随后人们制备出多种其他酞菁类配体的过渡金属(Fe、Co、Ni 和 Mn)配合物，并将其作为廉价的非贵金属电催化剂应用于燃料电池。这些化合物的结构有其共性，如以过渡金属 M 为中心原子，M 与周围 4 个N 原子配位。此类化合物对阴极氧还原反应具有很好的催化效果，并且催化活性与金属和配体的种类密切相关。其中，过渡金属中心决定了电催化反应是按照二电子还是四电子路径进行；对于酞菁类过渡金属化合物，其中心金属对阴极还原能力排序为 Fe > Co >Ni > Mn。此类大环金属化合物在碱性燃料电池中展现出优异的催化性能和诱人的应用前景，但在其他燃料电池体系中稳定性较差。将此类大环化合物作为前驱体，经过热处理后，可制备出系列含有 MN$_4$ 单元的碳材料，将其作为电催化剂时，该材料显示出比金属大环化合物更优异的催化性能。但是，以金属大环化合物作为前驱体煅烧制备高效的过渡金属氮掺杂碳催化剂的成本过高，不宜大规模制备。人们发现，将含氮小分子或聚苯胺等聚合物直接与过渡金属盐类混合热解，可得到性能更优异的过渡金属氮掺杂碳催化剂(M/N/C)。随后，研究者采取各种策略优化 M/N/C 的结构，旨在改善催化剂的综合性能。例如，人们采用硬模板法制备系列金属和氮共掺杂多孔碳(M/N/C，M：Fe、Co 或 Mn)催化剂，其在酸性介质中使用时展现出良好的 ORR 催化活性和稳定性，有望在未来质子交换膜燃料电池中取代 Pt 催化剂。但硬模板法制备过程较为复杂，利用表面活性剂作为软模板的方法更为方便灵活。

除了上述大环化合物及小分子聚合物等可作为 M/N/C 的前驱体外，金属有机骨架化合物(MOFs)具有大的比表面积、高的孔隙率及可调的孔径和结构，近年来成为制备 M/N/C 催化剂的良好前驱体。如图 2.25 所示，利用 MOFs 材料作为前驱体，通过调节煅烧的温度、气氛及后处理的方式，可得到不同类型的 M/N/C 催化剂及无金属的多孔催化剂，为制备高性能燃料电池电催化剂提供了新思路。

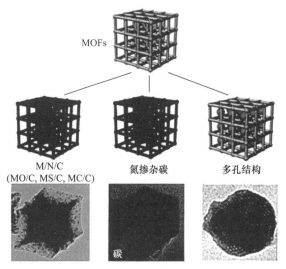

图 2.25　MOFs 衍生的 ORR 催化剂构造示意图

2) 钨基电催化剂

钨基电催化剂(WC)在酸性和碱性燃料电池中均表现出优异的电化学稳定性，且电催化活性极高，因而备受青睐。在含有 CO 的催化体系中，WC 具有明显的抗 CO 中毒的特性。此外，WC 还可用于负载金属 Pt，虽然其成本较 Pt/C 催化剂稍高，但特定条件下可表现出极高的催化活性。例如，在某些钨青铜类化合物(如钨钠青铜)中负载极微量的 Pt，将其作为阴极催化剂，其催化活性甚至可以达到纯 Pt 的水平。

3) 镍基电催化剂

镍基氧化物具有良好的电子导电性且价格低廉，具有良好的电催化活性，已广泛应用于碱性燃料电池和熔融碳酸盐燃料电池中。固体氧化物燃料电池采用 Ni-YSZ 陶瓷阳极，加入 YSZ 可以增大反应界面，实现电极立体化，还可调节阳极的热膨胀系数，改进电极结构，从而减少电极极化。在高温熔融碳酸盐燃料电池中，多采用 Ni-Cr 等合金作为阳极氧化的电催化剂，锂化的 NiO 作阴极还原的电催化剂。锂化后的 NiO 在碱性介质中不仅具有较高的电催化活性，还表现出良好的电化学性能和稳定性。镍基化合物在酸性介质中通常不太稳定，因而此类型电催化剂一般不适用于酸性燃料电池体系。

3. 非金属类催化剂

非金属类催化剂因其成本低、环境友好，是有望替代 Pt 基催化剂的理想电催化剂之一。在非金属类催化剂体系中，通常采用具有高比表面积的碳材料，如石墨烯和碳纳米管。其中，石墨烯因其具有超大的比表面积、优异的导电性及良好的热力学稳定性等优势，已成为非金属电催化剂最理想的选择。研究表明，杂原子(如 N、S 和 P 等)的掺杂会改变还原氧化石墨烯(RGO)的电子云分布，提高其催化活性，其电催化性能甚至优于传统 Pt 基催化剂。

如图 2.26 所示，氮掺杂石墨烯中的氮原子通常存在四种构型，即吡啶氮(pyridine type N)、吡咯氮(pyrrole type N)、石墨氮(graphite type N)和氧化氮(oxidized N)。在氮掺杂的石墨烯催化剂中，催化剂的活性往往随氮含量的增加而升高，但催化活性与氮含量之间并非完全依赖关系；催化剂中不同构型氮的比例也会对催化效果产生很大的影响。研究表明，在催化反应过程中，催化活性位点主要源于吡啶氮，其含量与分布会对催化活性产生明显的影响。

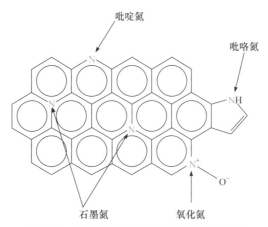

图 2.26　氮掺杂石墨烯中氮原子的不同构型

除了氮原子掺杂外，其他电负性较大的原子掺杂，如硫原子和磷原子掺杂的石墨烯同样备受关注。用于进行硫掺杂的硫源可为单质 S 或含硫化合物 CS_2 和 Na_2S 等。理论研究表明，硫掺杂氧化石墨烯的高催化活性主要是因为与硫相邻的碳原子具有较大的自旋密度。这是因为硫或氧化硫在石墨烯的椅式结构和锯齿结构边缘与碳形成共价键，从而诱导碳原子的电荷及自旋密度的改变，最终达到提升 ORR 反应活性的目的。另外，磷与氮为同主族元素，因而具有类似的化学性质。Hou 课题组曾采用三苯基膦作为磷源，将其与氧化石墨烯混合煅烧，退火后得到磷掺杂的石墨烯催化剂，将其应用于碱性条件下时表现出优异的 ORR 催化活性。

2.3.3　电解质与隔膜

1. 电解质

电解质是燃料电池中重要的离子导体，在电池发生氧化还原反应过程中，阴极或阳极产生的产物离子通过电解质进行迁移,迁移到目标电极后再进行进一步的氧化或还原反应;最终产物是在阴极还是阳极产生则取决于燃料电池的类型。不同类型的燃料电池所采用的电解质类型各不相同。在质子交换膜燃料电池及直接甲醇燃料电池中经常使用 Nafion 系列膜产品,其材料是全氟化的(全氟磺酸)、基于 PTFE 结构的材料。最常用的 Nafion 膜类型为 Nafion 117,其在高达 125 ℃的温度下,在强碱、强氧化性及还原性的酸、强氧化剂、氢气及氧气中均能保持高的化学稳定性。之后,研究人员又对 Nafion 膜进行系列改性及修饰,制备出性能更优异的电解质膜。在磷酸燃料电池中常采用磷酸电解质,磷酸电解质可以容忍反应物气流中的二氧化碳,并且在高氧浓度及高温条件下,依然能够保持良好的离子电导率。KOH 水溶液具有较高的离子电导率和良好的耐腐蚀性,是碱性燃料电池中常用的电解质。将此溶液用于燃料电池电解质时,需尽量保持溶液的纯度,避免杂质将其污染。适当提高 KOH 的浓度,可有效提高燃料电池的性能;但工作电池中 KOH 浓度的不一致性,导致采用高浓度 KOH 溶液可行性较差。熔融碳酸盐燃料电池采用的电解质多为碳酸锂与碳酸钾的混合物。毫无疑问,优化电解质组分及电池工作温度势必对电池的性能产生明显的影响。

无论是应用于何种类型的燃料电池,理想的电解质应满足如下几点:

(1) 具有较高的离子电导率,可有效地降低欧姆极化。

(2) 具有高的热力学及电化学稳定性,其在电池体系内不会发生氧化还原反应且自身不易分解。

(3) 电解质不会在催化剂表面产生强吸附。若其在催化剂表面有强吸附作用,则会减少催化剂表面的催化活性位点,从而影响电催化反应速率。

(4) 对阴极和阳极的反应物和产物具有良好的溶解性。

(5) 对于采用 PTFE 等疏水剂构筑的多孔气体扩散电极,电解质不能浸润疏水组分。疏水组分的存在为反应气提供传输的通道,但如果疏水组分被电解质浸润,会导致气体传输受阻,最终减缓电池反应动力学过程。

(6) 具有较低的电子电导率。

(7) 制备简单,成本低。

不同类型的燃料电池电解质的制备及优化将在第 3 章中进行较详细的介绍。

2. 电解质隔膜

电解质隔膜是用来分隔阴极与阳极并起到离子传输作用的膜材料,可分为微孔结构电解质膜和无孔离子交换膜。电解质隔膜应具有良好的离子电导率和低的电子电导率,并且隔膜材料需耐受电解质的腐蚀以确保电池能长期稳定工作。此外,隔膜中至少有一个组分在选用的电解液中具有良好的浸润性。与自由介质燃料电池相比,隔膜燃料电池可有效减小电池内阻,简化结构,从而有利于提高电池的功率密度。在燃料电池隔膜研发过程中,为进一步减小电解质隔膜的厚度,降低欧姆极化,研究者制备出无孔的质子交换膜和固体氧化物阳离子隔膜,并已成功地将其应用于燃料电池中。

2.3.4　双极板与流场

1. 双极板

燃料电池中的双极板一般在同时存在多个燃料电池单元时使用(图 2.27),用于分配进入体系中的燃料气与氧化剂，将电池单元之间分隔开，并将电池中的水和湿热尾气移出体系，从而冷却电池，并起到集流作用。

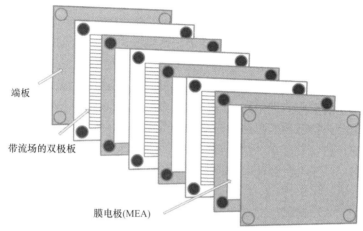

端板

带流场的双极板

膜电极(MEA)

图 2.27　燃料电池堆分解图

为同时实现上述功能，双极板应满足以下几点要求：

(1) 合适的气体扩散性/渗透性，双极板应具有分隔氧化剂与燃料气的功能，因而其不可含有多孔的透气结构，应具备低透气性。

(2) 良好的导电性，双极板是电子传输的良好通道，因而须为电子良导体。

(3) 具有良好的导热性能，这有利于电池堆热量的及时疏散。

(4) 具有良好的抗腐蚀性，能够在各种酸、碱电解质等苛刻的环境下保持稳定的电化学性能。

常用的双极板可大致分为四类，即石墨双极板、金属双极板、涂层金属双极板和复合双极板。石墨双极板又可分为无孔石墨板、膨胀结构石墨板和力学性能良好的柔性石墨板。石墨双极板多数是将碳粉或石墨粉与可石墨化树脂混合制备而得，其具有质量轻、抗腐蚀性能好和导电性能优异等优势；但石墨双极板加工难度大，其无孔结构还需额外添加合适的填料，以上诸多因素导致其制备成本高，不利于大规模使用。与石墨双极板相比，金属双极板的加工工艺简单，易于制备厚度薄、机械强度高和阻气性好的极板，更适宜大规模生产。目前，各种以铝、镍、钛和不锈钢为基底的金属双极板已应用于燃料电池中。然而，普通金属双极板的耐腐蚀性能欠佳，金属锈蚀后产物会扩散进入电解液并降低其离子电导率，并且金属双极板表面的锈蚀层会增加双极板的电阻，从而降低电池的效率。为解决此问题，通常在金属双极板上喷涂具有保护性的涂层以提高其耐腐蚀性，涂层金属双极板应运而生。常见的涂层材料主要分为两类，一类为碳基涂层材料，包括石墨、部分聚合物和类金刚石碳膜等；另一类为金属基涂层材料，如贵金属、金属氮化物、金属碳化物及铟锡氧化物等。在选择金属双极板的涂层材料时，应考虑多种因素，主要包括涂层材料的耐腐蚀性、电子电导率、涂层材料与双极板金属基底膨胀系数的匹配度、涂层表面的孔隙及微裂纹情况等。在温度较高的环境中，涂层材料与金属基底热膨胀系数的差异容易导致涂层的破裂和损坏，因此可在两者之间增加中间层进行缓冲。复合双极板结合了金属双极板、石墨双极板及聚合物材料的众多优势，其结构大致可分为两种，一种为多层复合结构，以薄层金属为分隔板，多孔的薄碳板为流场板，并通过薄的导电胶层进行黏合；另一种为复合材料结构，将热塑性或热固性树脂与石墨粉、增强纤维等混合形成预制料，后期经过固化和石墨化过程后成型制备出复合双极板。总体而言，复合材料结构双极板具有诸多优势，如制备工序简单、质量较轻和抗腐蚀性能好等，但其导电性及机械强度有待进一步提升。

2. 流场

燃料电池中，流场的选择可使燃料电池电压降减小，同时也为反应物及产物提供适合的通道。目前，研究者已设计出多种类型的流场，如点状、网状、多孔体、平行状、蛇形及交叉状等。其中，平行状、蛇形和交叉状流道流场的设计最为常见，其在质子交换膜燃料电池中有广泛的应用。需要指出的是，在选择流场类型时，应充分考虑燃料电池类型及反应气的采用情况。

2.3.5 系统设计

系统是一组单元、物品或对象组合形成的一个整体，各组分相互协调共同完成系统的工作。燃料电池系统包括燃料供给系统、燃料处理系统、燃料电池堆和电气子系统等。其中，燃料电池堆是燃料电池系统的核心，但若无其他配套设备，燃料电池堆也不能正常运行，因此燃料电池系统的整体设计至关重要。

1. 燃料供给系统

为保障燃料电池的正常工作，燃料供给系统必不可少。燃料常为氢或富氢气体。氢气供给系统主要负责向燃料电池堆提供一定压力、流量、温度和湿度的氢气。氢气是易燃易爆气体，因此整个燃料电池系统选择的器件均不能产生火花。在不同的应用领域，氢源的选择也有所不同。例如，在燃料电池电动汽车中，氢源一般选用高压气缸供应，经过适当的减压和加湿后，氢气在流量调节阀的控制下以一定流速进入燃料电池堆。

氢气在高压气缸中存储时，其存储压力通常为 200~450 bar(1 bar=10^5 Pa)。车载高压储氢瓶一般选用碳纤维复合材料，该材料质量轻，其储氢压力可高达 700 bar。若需存储的氢气的质量为 m，则所需气瓶的容积 V 应为

$$V = mRZT/(Mp) \tag{2.174}$$

式中，R 为摩尔气体常量，其数值为 0.083 145 bar·L·mol^{-1}·K^{-1}；Z 为气体压缩系数；T 为热力学温度；M 为摩尔质量；p 为气体压力。

假设车辆每百千米耗氢质量为 m_v，若期望行驶里程为 100 km，则需配置储氢气缸的

最小容积为

$$V = m_{\text{v}} lRZT/(100Mp) \tag{2.175}$$

式中，l 为车辆行驶路程(km)。25 ℃时，轿车的百千米耗氢量约为 1 kg，如果要达到 500 km 的续航里程，则气瓶容量不得少于 217 L，但这个容积在车辆上肯定难以实现。为解决此问题，一方面，可减小加氢气瓶容积，降低续航里程；另一方面，可提高氢气利用率或提升氢气存储压力。

当氢气采用高压储氢瓶储存时，需安装压力传感器以便实时监测氢气剩余量。因为氢气输出压力通常较高，所以还需安装减压阀来调控氢气输出压力。随着氢气流量的变动，减压阀输出氢气的压力也会出现较大波动，因此在减压阀之后应再安装压力调节阀。在电控系统的控制下，压力调节阀可始终保持燃料电池内氢气压力的恒定。氢气流量与燃料电池电流相关，在电化学反应过程中，一个氢分子有两个电子生成：

$$H_2 \longrightarrow 2H^+ + 2e^-$$

电子流动形成燃料电池电流，若燃料电池工作电流为 I，则每秒流过燃料电池的电子数量 n_{e} 为

$$n_{\text{e}} = I/Q \tag{2.176}$$

式中，Q 为一个电子的电量(1.6022×10^{-19} C)。电流密度是评价燃料电池的一个重要指标。燃料电池电流密度与氢气流量的关系为

$$f_{\text{H}_2} = 60niAV_0/(2N_AQ) \tag{2.177}$$

式中，f_{H_2} 为氢气流量(L·min^{-1})；n 为燃料电池片数；i 为电流密度；A 为燃料电池单片活化面积；V_0 为气体的标准摩尔体积(22.4 L·mol^{-1})；N_A 为阿伏伽德罗常量(6.0221×10^{23} mol^{-1})。

燃料电池的功率与单片燃料电池数量及活化面积成正比，功率与氢气流量间的关系则更为直观：

$$f_{\text{H}_2} = 60PV_0/(2N_AQU) \tag{2.178}$$

式中，P 为燃料电池功率；U 为单片燃料电池电压。

在备用电源供应领域，可选用高压储氢、电解水制氢或重整制氢等方案。而在对安全要求较高的领域中，如潜艇、水下潜航器等，往往采用金属氢化物制氢(如硼氢化钠制氢等)的方式实时制氢，以避免出现高压。当金属暴露在氢气中时，会形成金属氢化物，如氢化镁、氢化钛、氢化锰、氢化镍和氢化铬等。在金属氢化物中，氢原子包围在金属网络结构中，可实现比压缩氢更高的存储密度。但是，由于金属本身较重，因此氢的存储效率只能达到总质量的 1.0%～1.4%。虽然氢从金属氢化物中释放需要能量，但燃料电池中的水冷却系统和气冷却系统产生的废热足以支撑金属氢化物释放氢所需的能量。

另一种储氢方式是以液态形式存储氢气。氢在 20.3 K 时为液态。德国宝马(BMW)公司已研发出可应用于轿车的小型储氢液罐，其存储 1 kg 氢只需约 22 L 容量。供给氢气时，只需利用蒸发器将液态氢转化为气态氢即可。虽然液态形式储氢具有较高的氢存储效率(如乙硼烷液态储氢效率可高达 21%)，但这种储氢液罐对技术要求极高，必须尽量做到完

全密闭以减少氢气蒸发。

由于氢的分子量较小，在高压存储时极易发生氢气泄漏，而当氢气在空气中的体积分数达到4%时，就达到临界爆炸条件，很可能发生爆炸。因此，氢气从存储装置释放后进入燃料电池的过程中，氢安全是必须关注的问题。

为确保氢气安全，高压氢气瓶上要安装压力传感器(P)、电磁阀、手动阀、泄压阀和温度传感器(T)。手动阀的作用是当电磁阀出现故障时，可手动关闭氢气源；泄压阀的作用是当气瓶内由于气温升高或剧烈碰撞等造成压力超过设定的安全值时进行自动泄压；温度传感器用于自动检测氢气温度，它与压力传感器一起共同监测氢气状态，可起到信息融合的作用，警告并防止传感器的故障。图2.28为氢气供给系统示意图。

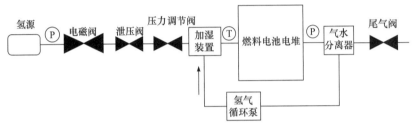

图2.28　氢气供给系统示意图

2. 燃料处理系统

燃料处理系统主要负责将氢气以恒定的流速、压力、湿度和温度输送至燃料电池堆。燃料处理系统主要包括加湿装置和温度调节装置。

1) 加湿装置

氢气在进入燃料电池之前，需增湿至相对湿度为100%，但仅靠燃料电池内部生成的水难以达到让质子交换膜充分湿润的效果，容易造成由电渗迁移引起的膜干燥。

氢气含水量越高，质子交换膜离子电导率越高，而降低含水量会导致膜电阻升高。当膜脱水时，催化层的活性将显著降低，导致电池无法正常工作，在严重的情况下，膜会破裂，导致氢气和氧气直接混合甚至发生爆炸。相反，如果加湿过多，则会在燃料电池内储存过多的水分，导致其中的催化剂被水覆盖，从而失去电化学反应活性。此外，在流道和扩散层中形成两相流会引起局部阻塞，从而削弱氢气和氧气的流动与扩散，并且传质过程明显受阻，最终影响电池的正常运行。

质子交换膜燃料电池的增湿技术主要有自增湿、内增湿和外增湿。自增湿是通过物理或化学的方法增加电解质膜的保水性能，但其增湿量相对有限，只能用于小功率低温型的电堆中；内增湿可以通过改进其内部结构或膜电极的构造来实现，一般采用具有亲水基体层和疏水基体层的扩散层改进双极板流场结构；与上述两种增湿技术相比，外增湿具有可控性强、增湿量大等优点，是目前大功率车载质子交换膜燃料电池系统加湿气体的理想选择之一。

气体的增湿可通过下列方法实现：

(1) 鼓泡增湿。空气通过温度可控的液态水中的多孔管扩散，通过控制液态水的温度达到所期望的湿度(图2.29)。如果选择合适的装置容量，液体表面溢出的气体会在理想的预设温度下接近饱和。增湿效率明显与水位相关，因此必须保持所需水位。鼓泡增湿的方法极其烦琐，需要调控水温和水位，并且需要在燃料电池出口处采集液态水；在某些情况下，这种方法不仅需要气/液分离器，而且需要安装冷凝热交换器。因此，这种方法通常仅用于流速相对较低的实验环境，很少用于实际系统。

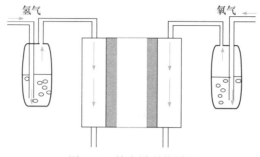

图 2.29　鼓泡增湿的原理

(2) 直接注水增湿。直接注水增湿是一种将液态水喷入反应器中进行加湿的方法(图 2.30)。当水蒸气的含量不能满足其从阳极到阴极的净迁移时，采用直接注水的方式能够有效地对系统进行补水；同时液态水蒸发过程中吸收大量的热，可以使电极的温度降低。这种方法最大的优势在于结构简单，效率高。但是该方法存在致命缺陷，当输入气体携带液态水滴时，液态水将堵塞氧气流场，致使碳材料发生反应生成 CO，最终导致铂催化剂中毒。因此，必须设计安装装置使得输出的增湿氢气不得携带水滴。根据不同的工作条件(温度、压力、气流量和理想相对湿度)，可以很容易计算出所需水量：

$$m_{H_2O} = m_{空气}(M_{H_2O}/M_{空气})\{\varphi p_{饱和}(T)/[p - \varphi p_{饱和}(T)]$$
$$- \varphi_{环境} p_{饱和}(T_{环境})/[p_{环境} - \varphi_{环境} p_{饱和}(T_{环境})]\}$$

(2.179)

式中，φ、T、p 和 $\varphi_{环境}$、$T_{环境}$、$p_{环境}$ 分别为燃料电池入口处和环境空气的相对湿度、温度和压力。

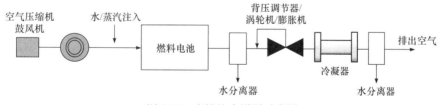

图 2.30　直接注水增湿示意图

(3) 渗透膜增湿。渗透膜增湿器是目前最常用的大功率增湿器之一，其制备工艺纯熟，具有填充密度高等显著优点。在浓度差作用下，液态水通过膜一侧扩散到膜的另一侧，随后蒸发进入反应气体中(图 2.31)。渗透膜增湿器主要有两类产品：①平板膜增湿器，其内部核心部件由可传递水的膜及多孔的支撑体等组成，在此类增湿器中，膜一侧的湿热气体(热水)与另一侧的干冷气体在其表面进行湿热交换；②中空纤维增湿器，Perma Pure 公司生产的中空纤维增湿器内部是采用 Nafion 膜制成的质地均匀的中空纤维管，水和加湿气体分别进入中空纤维管的外部和内部。由于浓度差的影响，水从中空纤维管外部扩散到管内部实现对气体的增湿过程。然而，这种渗透膜增湿的方法响应速度慢，很难实现对增湿量的精确控制。此外，膜两侧浓度差及膜扩散系数在一定程度上会限制水的扩散通量。因此，若使用大功率燃料电池，渗透膜增湿器的体积需足够大。

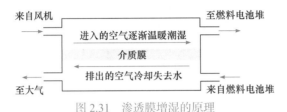

图 2.31　渗透膜增湿的原理

(4) 焓轮增湿器。焓轮增湿器的核心部件为表面涂覆吸水材料的多孔陶瓷转轮。燃料电池排出的湿热空气尾气经过焓轮增湿器一侧时，陶瓷转轮从尾气中吸收水分和热量，然后在电动机的带动下转动到增湿器另一侧。之后，当寒冷低湿空气进入焓轮增湿器时，带走陶瓷转轮表面的水和热，从而完成反应气的加湿。焓轮的厚度、直径和转速以及空气流量等参数均易于调控，可以通过调节这些参数控制焓轮增湿器的增湿量。焓轮增湿器对废热中焓的回收率可达 75%～85%，能显著提高燃料利用率。但增湿器本身质量较大，会使燃料电池的总质量增加。

2) 温度调节装置

根据电化学动力学原理，温度升高会增加质子交换膜表面催化剂的活性，进而加快反应速率，因此高温运行是燃料电池发展的一个方向。但因质子交换膜温度耐受性的问题，一般燃料电池的最佳运行温度为 60～80 ℃，高温质子交换膜的运行温度可达 100 ℃以上。

车用燃料电池通常在氧气压力 0.2 MPa、氢气压力 0.1 MPa、100%加湿条件下工作。随着工作温度的升高，电池性能不断提升。但如果温度过高，质子交换膜可能会收缩、干裂甚至造成永久性损伤。当质子交换膜出现孔洞时，阳极的氢气和阴极的氧气直接接触，可能产生重大安全事故。因此，燃料电池运行过程中产生的热能必须通过冷却装置将其转换。另外，当燃料电池启动时，内部温度和环境温度相当，质子交换膜表面催化剂的活性低，电池内部分子运动不活跃，燃料电池输出电流密度不能立即加载到额定值，此时应启动加热装置，使电池运行温度迅速上升到合适范围。温度调节装置就是让燃料电池工作在所期望的温度范围内。

通常，燃料电池运行时，氢气中的能量通过其与氧气的电化学反应转化为电能和热能。燃料电池的热功率 P_t 为

$$P_t = P_e(1-\eta)/\eta \tag{2.180}$$

式中，P_e 为燃料电池输出的电功率；η 为燃料电池能量转换效率。效率可由燃料电池的实际输出电压和理想开路电压的比值计算，则式(2.180)可变换为

$$P_t = I(nE_{能斯特}-U) \tag{2.181}$$

式中，I 和 U 分别为燃料电池输出电流和电压；n 为燃料电池堆中的单片数量；$E_{能斯特}$ 为能斯特电压，其值为 1.229 V。整个温度调节装置由加热回路和冷却回路组成。在燃料电池启动过程中，加热回路对循环水进行加热，使电池堆温度迅速升高。当电池堆温度达

到预设值后，冷却回路通过冷却水带走电池堆内部电化学反应产生的多余热量。加热回路和冷却回路共同作用促使电池堆内部热量达到平衡，使电池堆温度保持恒定(图 2.32)。

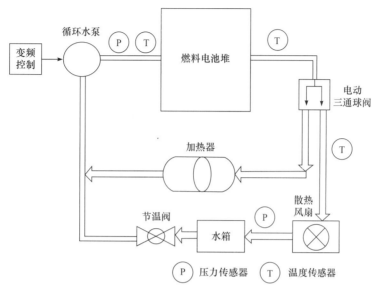

图 2.32　温度调节装置结构示意图

(1) 加热回路：加热回路的组成元件主要有循环水泵、加热器和电动三通球阀等。变频器可控制循环水泵电机的转速，进而调控加热回路中的水流速度。加热器可对加热回路中的循环水进行加热，而电动三通球阀则负责分配从电池堆流出的水进入加热回路和冷却回路的百分比。当电池堆温度低于预设值时，电池堆流出的水全部进入加热回路，使电池堆温度快速上升；当电池堆温度达到预设值之后，调节电动三通球阀，可使部分水进入冷却回路。随后，冷却回路与加热回路的水汇合后进入电池堆，从而保持电池堆温度稳定在预设值附近。

(2) 冷却回路：冷却回路主要包括循环水泵、节温阀、水箱、散热风扇和电动三通球阀等元件。当电池堆温度达到预设值之后，冷却回路才开始工作。当水进入冷却回路后，根据流量和温度，实时控制散热风扇的转速。冷却回路在冷却过程中采用的是二级分层冷却的方法。采用一个自动温控装置，温度低于预设值时，冷却水可直接与电池堆进行热量交换，而温度高于预设值时，节温阀将及时调节进入水箱中冷却水的比例。

燃料电池运行时，当温度达到预设值后，若不考虑燃料电池堆的辐射热，则其产生的全部热量将被水吸收后带出系统，即

$$C_{H_2O} \times f_{H_2O} \times \rho_{H_2O} \times \Delta T = 60 P_t \tag{2.182}$$

式中，C_{H_2O} 为水的比热容($4.2\ \text{kJ} \cdot \text{kg}^{-1} \cdot \text{K}^{-1}$)；$f_{H_2O}$ 为冷却水的流量($\text{L} \cdot \text{min}^{-1}$)；$\rho_{H_2O}$ 为水的密度；ΔT 为期望的燃料电池出口与进口水温差。在设计管道与器件选型时，应保证冷却水的最大流量满足以下要求：

$$f_{H_2O} \geqslant 60 P_{tr} / (C_{H_2O} \times \rho_{H_2O} \times \Delta T) \tag{2.183}$$

式中，P_{tr} 为燃料电池额定功率时产生的热量。

(3) 板式换热系统：板式换热系统包括内循环回路与外循环回路。内循环回路与燃料电池堆相连，可控制回路中水的温度、压力和流量，负责直接与燃料电池堆进行热交换。外循环回路与内循环回路的热量交换通过板式换热系统实现。此系统换热能力强，可用于大功率燃料电池，但因其体积和质量均偏大，一般将其应用于燃料电池电站和实验室测试系统。

3. 燃料电池堆

设计燃料电池首先需明确应用的功率需求，燃料电池所需的最大功率和电压由应用工况决定。对于燃料电池堆，其输出功率(W_{FC})为堆电压(U_{st})和电流(I)的乘积：

$$W_{FC} = U_{st} \times I \tag{2.184}$$

燃料电池设计之初通常不知道功率需求，但其可由需求的输出功率、堆电压、效率、体积和质量限制等条件综合计算而得。

$$I = i \times A_{电池} \tag{2.185}$$

式中，I 为燃料电池电流；i 为燃料电池电流密度；$A_{电池}$ 为电池活化面积。

极化曲线描述了电池电势与电流密度之间的关系：

$$U_{电池} = f(i) \tag{2.186}$$

燃料电池的极化曲线由燃料电池的输出确定，燃料电池研发者一般使用标称功率下的标称电压 0.6～0.7 V。但如果在设计、材料、工作条件、设备平衡和电子学参数等均优化的状态下，燃料电池单个电池的标称电压可为 0.8 V 或更高。

燃料电池堆的电池数常由最大电压需求和要求的工作电压决定。总的堆电势(U_{st})为堆电压(U)之和或电池平均电压($\overline{U_{电池}}$)与堆中电池数($N_{电池}$)之积：

$$U_{st} = \sum_{i=1}^{N_{电池}} U_i = \overline{U_{电池}} \times N_{电池} \tag{2.187}$$

设计的电池面积必须能使燃料电池堆获得所需电流，当电流与总的堆电压相乘时，即可获得燃料电池堆的最大功率密度。燃料电池堆通常由各电池串联组成，旨在提高总电压；燃料电池堆之间可设计并联模式，以提高总输出电流。

燃料电池电压由燃料电池材料、流道设计、优化的系统温度、热、湿度、压力和反应物流速等众多因素共同决定。通常，燃料电池电压越高，意味着燃料电池效率越高，效率($\eta_{堆}$)可用以下公式近似得到：

$$\eta_{堆} = U_{电池}/1.482 \tag{2.188}$$

例如，设计燃料电池的电压、电流电池面积和电池数，要求为功率 5.9 kW 的踏板车供电。

根据图 2.33 的极化曲线，在约 500 mA·cm^{-2} 电流密度下可获得约 0.6 V 电压。设计中通常为一些异常的速度峰值留有余地，因此常选择低于该功率峰值的工作点。图 2.33 的电压和电流密度均已是保守值，因此可采用 0.6 V 和 500 mA·cm^{-2} 分别作为工作电压和电流密度。

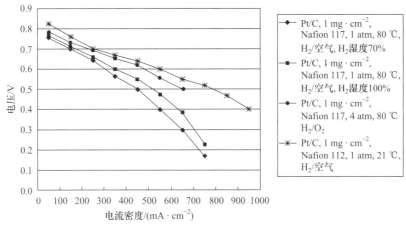

图 2.33　PEMFC 单个电池的极化曲线

电池数取决于要求的工作电压, 电动踏板车行业通常采用标准的 48 V 电动机, 因此电池数的选择应使燃料电池堆在功率要求下在 48 V 附近工作。为满足该要求, 燃料电池总的电流应为: 5900 W/0.6 V = 9833 A。电池数是要求工作电压的函数: 48 V/0.6 V = 80(个)。电池总的计算面积如下:

$$9833 \text{ A}/0.5 \text{ A} \cdot \text{cm}^{-2} = 19\ 666 \text{ cm}^2$$

每个电池总的面积为

$$19\ 666 \text{ cm}^2/80 \text{ 个} \approx 246 \text{ cm}^2 \cdot \text{个}^{-1}$$

燃料电池堆配置: 在传统的双极堆设计中, 燃料电池堆以串联方式将许多电池单元连接。其中, 一个电池的阴极与下一个电池的阳极相连。燃料电池堆主要由燃料电池膜电极(MEA)、垫圈、带电连接部件的双极板和端板等部件共同组成。各电池间通过螺栓、杆、夹具或熔丝连接在一起。在构建燃料电池堆时, 应注意以下几点:

(1) 电池堆的温度均匀分布。

(2) 燃料和氧化剂在各电池中应均匀分配并遍布其表面。

(3) 如果设计带有聚合物电解质的燃料电池, 膜不得过于干燥或被水淹没。

(4) 电阻损失应保持最小。

(5) 电池堆要适当封装, 避免气体泄漏。

(6) 电池堆必须坚固, 能承受要求的应用环境。

如图 2.34 所示, 各个燃料电池膜电极被双极板分开, 以分配燃料和氧化剂。燃料电池堆端板仅有单侧流场。

管状配置也是高温燃料电池中的典型配置。此类型电池长度通常为 30 cm 或更长, 内部的多孔支撑管保持管状结构。当电流从一个电池传到下一个电池时, 由于传输路径较短, 因此燃料电池的欧姆损耗通常较小。

燃料电池堆还有许多其他设计方案, 如采用柱形流场替代传统双极板, 电传导柱在气体隔板的两侧形成反应物流场, 如图 2.35 所示。

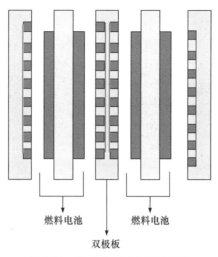

燃料电池　　　　燃料电池

双极板

图 2.34　典型的燃料电池堆配置

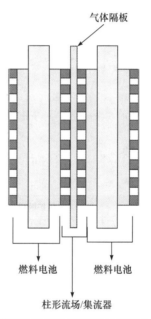

气体隔板

燃料电池　　　　燃料电池

柱形流场/集流器

图 2.35　带有柱形流场/集流器的燃料电池剖面图

在带有微电子机械系统(micro-electromechanical system，MEMS)的燃料电池中，燃料电池设计与配置的自由度更大，其面积为 1 cm² 或更小。如图 2.36 所示，其流场由硅制成，质子交换膜楔入流场两边。金属铂沉积在两个微柱上，作为电催化剂和集流器。应用微毛细管精确控制流场孔径，可适当分配燃料并减小交叉。

在微燃料电池中，常用的两种基本设计方案是传统的双极设计和平面设计，分别如图 2.37 和图 2.38 所示。其中，平面设计选用二维设计模式，需要更大的表面积，以便双极配置获得相同的性能。燃料和氧化剂通过在燃料电池单侧的流道网络传送，并且燃料和氧化剂流道相互交叉，以便于它们之间发生反应。

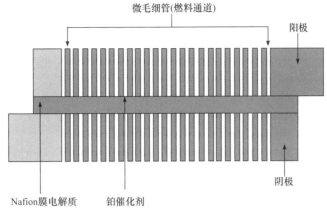

图 2.36　硅基多孔微直接乙醇燃料电池(DEFC)堆剖面图

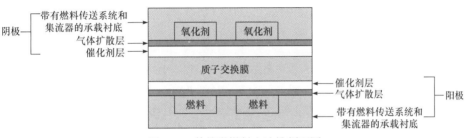

图 2.37　传统微燃料电池堆剖面图

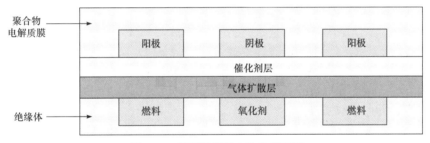

图 2.38　平面微燃料电池堆剖面图

图 2.39 展示了一个微燃料电池设计方案，其结构通常用硅制造，燃料和氧化剂分开流入，以使燃料和氧化剂在层流体中流动而不混合，同时电极材料通过溅镀或蒸发法沉积于硅材料上。

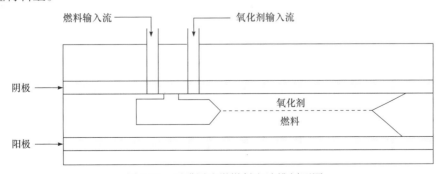

图 2.39　无膜层流微燃料电池堆剖面图

微燃料电池有独立的阳极流道和阴极流道，如图 2.40 所示，可分别传送燃料和氧化剂。此设计的催化剂-体积比较高，且允许反应物反向流动，以便为燃料电池提供更好的冷却。

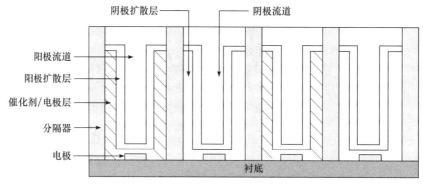

图 2.40　微燃料电池堆剖面图

4. 电气子系统

电气子系统可将燃料电池存储的电能传送给负载，同时可调节燃料电池在电压、电流类型、功率及瞬间响应方面的输出，使其在各方面满足负载需求。燃料电池输出电压随电流而变化，其开路电压约为 1 V(氢/氧系统≥1 V，氢/空气系统≤1 V)。此外，额定功率下的电池电势是一变量，通常选用 0.6~0.7 V；而绝大部分燃料电池都具有 0.6~1.0 V 或 0.7~1.0 V 的电压波动，但实际应用中极少有负载能承受如此大的电压波动。

电压调节是电气子系统的一种最常见的功能。电气子系统利用降压变换器降低或利用升压变换器升高燃料电池电压。

对于一个降压变压器：

$$U_{\text{out}} = DU_{\text{in}} \tag{2.189}$$

式中，D 定义为开关函数，即

$$D = t_{\text{on}} / (t_{\text{on}} + t_{\text{off}}) \tag{2.190}$$

式中，t 为电子元件，具有开 "on" 和关 "off" 两种状态。

对于一个升压变压器：

$$U_{\text{out}} = U_{\text{in}} / (1 - D) \tag{2.191}$$

由于电路中存在能量损耗(开关损耗、电感的电阻引起的功率损耗和二极管损耗等)，实际电压总是略低于式(2.189)和式(2.191)的计算值。但是这些能量损耗通常较低，降压变压器的效率一般高于 90%。

燃料电池可直接产生直流电(DC)，但一些负载或应用大多需要交流电(AC)。因此，电气子系统必须包含将直流电转换为交流电的电子器件(AC 逆变器)。

AC 逆变器产生的电流为矩形的电流，即方波电流。对于大多数应用，特别是并网应用，无法接收方波电流，此时需将方波电流转换为理想的正波电流。

燃料电池系统具有多个功率驱动组件，如泵、风扇、鼓风机、电磁阀和仪表等。这些组件均可在直流电或交流电条件下工作，电气子系统必须在特定电压和电流下为这些组件供电。

电气子系统不仅控制燃料电池的工作参数(流量、温度和湿度等),而且控制与负载和其他系统的电气组件之间的通信。图 2.41 给出了直流电源应用中燃料电池电气子系统的结构示意图,该系统主要包括以下组件:

(1) 在一定电压下产生直流电的燃料电池组。

(2) 根据负载需求,降低或增大燃料电池产生电压的变换器。

(3) 在需求超出燃料电池容量区间提供能量的干电池或调峰器件,如超级电容器。

(4) 防止电流流回燃料电池的二极管。

(5) 在 DC/DC 转换器之前滤除纹波的电容。

(6) 通过监测子系统中的电压和电流,确定和提供相应控制信号以确保系统高效可靠工作的控制器。

(7) 对燃料电池辅助设备供电的电源(DC)。

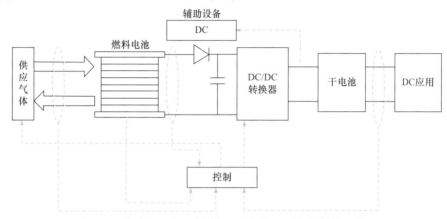

图 2.41 直流电源应用中燃料电池电气子系统的结构示意图

如果负载一个特定频率(50 Hz 或 60 Hz)的交流电(120 V/240 V),需在电气子系统中增加一个直流电转换为交流电的逆变器,如图 2.42 所示。系统可在独立应用或并网应用中工作,若为后者,还需再增加一个附加单元(切换开关)用于连接并保证与电网同步,如图 2.43 所示。

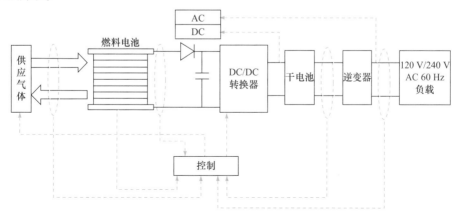

图 2.42 交流电源独立应用中燃料电池电气子系统的结构示意图

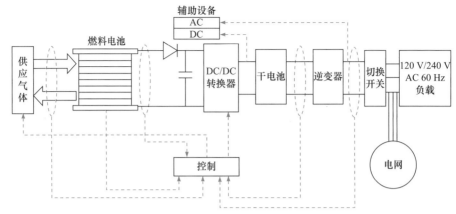

图 2.43 交流电源并网应用中燃料电池电气子系统的结构示意图

对于连接到电网的功率产生装置，需要如下条件：

(1) 必须与电网同相。

(2) 必须有与电网相同的电压和频率。

(3) 必须有与电网相同或更好的总谐波畸变率。

(4) 如果电网出现故障，必须断开与电网的连接。

2.4 燃料电池的测试与表征

利用燃料电池的测试与表征技术，可定量比较不同燃料电池系统的优劣势。有效的测试与表征技术可从根本上解释电池性能好坏的原因，从而为燃料电池的进一步发展提供指导。因此，系统地了解和掌握燃料电池的测试与表征技术是非常有必要的。

本节将详细介绍和讨论目前常用的燃料电池测试与表征技术。

2.4.1 电化学测试技术

1. 燃料电池测试系统

图 2.44 为一个简单的燃料电池测试系统。整个系统所用仪器包括：环境温度/湿度监测器、质量流控制器、电测量(示波器和万用表)。虽然这并不能提供燃料电池测试的所有信息，但可对整个燃料电池体系进行多方面测试。

质量流控制器、温度调节器、压力计和热电偶等可以实时监控测试过程中燃料电池的工作状态。电化学测试仪器通常包括恒电势仪、恒电流仪和阻抗分析仪，可精确跟踪燃料电池的电化学性能。利用这些设备可以对燃料电池进行极化、电流中断和循环伏安等测试。

对于同一个燃料电池系统，测试条件不同，测试结果可能产生明显差异。因此，测试开始前，需要对所需设备与燃料电池的工作状态进行检测，并确定基本的测试条件。在整个测试过程中，良好的测试装备应具有准确跟踪和测量压力、温度、流速和一些其

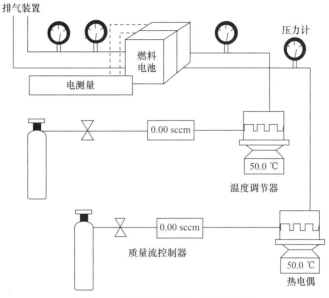

图 2.44　简单的燃料电池测试系统

sccm 为质量流量单位, 标准毫升·分$^{-1}$

他参数的能力。因此, 测试人员需要对测试装置进行验证, 以确定它是否处于良好的工作状态。

首先, 测试人员应检查燃料电池与测试装置之间的连接是否正确, 并检查所用设备是否正确安装、是否与数据采集系统正确连接、能否产生期望的燃料电池数据。此外, 测试过程中, 测试人员经常会直接面对氢气、氧气和其他危险化学物质, 因此测试前必须做好装置的气密性检验工作。在条件允许的情况下, 实验室应安装氢气和氧气传感器。

其次, 在获取燃料电池测试结果以前, 测试人员需要确保燃料电池处于稳定状态。一般情况下, 提供给燃料电池一定的电流时, 电池的电压会下降以反映输出电流时的高损耗。这是因为电池内部产生了一些微弱的变化, 如压力的变化和反应物浓度的变化等。这种形式的电压降通常需要一定的弛豫时间使电压处于稳定状态, 一般为几秒、几分甚至几小时。通常, 电池的质量、体积越大, 达到稳态所需的时间越长。因此, 对于大型燃料电池系统, 性能测试通常是一个耗时的过程。

2. 测试条件和工作参数

测试条件将显著影响燃料电池的性能。与工作在 30 ℃、1 atm 下及干燥氧气和干燥氢气中的优良燃料电池相比, 在 70 ℃、6 atm 下及湿化氧气和湿化氢气中的劣质燃料电池性能可能更优。因此, 燃料电池测试前应建立一套基本的测试条件。

(1) 预热: 在电池测试前, 首先应对燃料电池测试系统进行一个标准的预热过程, 旨在保证该系统处于良好的平衡状态。常规的预热过程通常是测试前使电池在固定电流下先工作 30～60 min。

(2) 电池温度: 在测量过程中, 测试人员需要记录燃料电池本身的温度和测量气体进、出口的温度。升高温度能够加速电池电极反应的动力过程和传导过程。

(3) 燃料和氧化剂成分：燃料和氧化剂不同意味着燃料电池的工作机理不同，也对燃料电池的性能起到了非常关键的作用。

(4) 压力：在燃料电池进、出口均需监控气体压力，这可以测量燃料电池的内部压力及压降。增大电池的压力能提升电池的性能，但对燃料电池系统的其他参数可能会造成一定的影响。

(5) 燃料和氧化剂化学计量(流速)：通常用流量控制器设定流速。目前，主要有两种方法处理反应物的流速：①在整个测试过程中保持流速足够高且恒定，以便做到充足的氧化剂和燃料供给，这种方法称为固定流速条件；②固定化学计量条件，即流速随着电流、化学计量式进行调整，使反应物供给和电流消耗的比值始终固定。

(6) 压缩力：对于燃料电池装置，优化的燃料电池压缩力会使其性能更佳，因此应关注并监控电池的压缩力。通常压缩力较低的电池会产生较高的欧姆损耗，而压缩力较高的电池会产生较高的压力或浓度损耗。

3. 基本测试条件和工作参数

为了解燃料电池的电化学行为和特征，各种燃料电池的特性参数需要通过一定的技术手段进行测试和表征，包括：

(1) 总体性能(I-U曲线、功率密度等)。

(2) 电阻特性(接触电阻、电极电阻等)。

(3) 动力学特性($\eta_{活性}$、j_0、α、电化学活性表面积等)。

(4) 寄生损耗($j_{渗漏}$、副反应、燃料渗漏等)。

(5) 质量传输特性(j_L、$D_{有效}$、压力损耗、反应物/生成物均匀性等)。

(6) 电极结构(孔隙率、弯曲率、电导率等)。

(7) 催化剂结构(宏观方面如催化剂负载、几何形状、颗粒大小等，微观方面如物相结构、晶粒尺寸等)。

(8) 流场结构(压降、气体分布、电导率等)。

(9) 热产生/热平衡。

(10) 寿命问题(寿命测试、退化、循环、开启/关闭、失效、侵蚀、疲劳等)。

上述代表了一系列影响燃料电池整体性能和行为的特性与参数，这些参数的获取有助于深入了解燃料电池的反应机理及区分燃料电池的优劣。后面将进一步深入讨论描述电池性能的基本参数及其测试条件，并运用电化学变量测试燃料电池在正常工作条件下的各种性能。

4. 电流-电压测试

电化学测试中，三个最基本的变量是电压(U)、电流(I)和时间(t)。测试人员可以控制系统的电压或电流，也可以测量电压或电流等参数随时间的变化。然而，由于电压和电流有密切的关系，它们不是两个独立的变量，如果控制了系统的电压，则系统的电流就会随之变化，反之亦然。由于电压和电流之间这种相互影响的关系，实际应用中电化学测试技术通常可分为两类：恒电流测试技术和恒电压测试技术。恒电流测试技术是通过控制系统的电流来检测对应的响应电压的变化，具体操作时可控制电流在测试时间内稳定，也可控制电流在测试过程中随时间变化。恒电压测试技术是通过控制系统的电压来测试对应的电流响应，该方法同样也可以是稳态的，即控制电压在测试时间内稳定；或者是动态的，即控制电压在测试过程中随时间变化。

　　燃料电池的性能可以通过极化曲线反映。在保持电流恒定的情况下，高性能的电池通常会输出较高的电压。燃料电池的极化曲线测试通常使用稳压器/稳流器。具体测试过程中，首先需要保证电池处于稳定的环境中，即温度、湿度、压力和流速均保持在要求的水平上。除了保持环境稳定外，燃料电池本身的电压和电流的读数也要求不随时间的改变而改变。因此，测试前需要一定的时间进行调整，以保证燃料电池输出的电流/电压稳定。对于小型燃料电池，可采用恒流扫描法，从 0 A 到预设值逐渐扫描。随着电流上升，燃料电池的电压降持续下降，但当电流扫描得足够慢时，电流相对电压的变化代表了燃料电池极化曲线的一个假稳态版本。当降低扫描速率不再影响极化曲线时，说明扫描速率已足够慢。

　　通常可以将燃料电池的极化曲线分为以下三个区域：

　　(1) 低功率密度区：活化极化引起电池电势下降。

　　(2) 中电流密度区：欧姆极化导致电池电势随电流线性下降。

　　(3) 高电流密度区：明显的浓差极化造成电池电势下降且不与电流密度呈线性关系。

　　当燃料电池的输出电流发生变化时，电池内部的热和水平衡受到破坏，之后可能需要几分钟甚至几小时才能达到新的平衡。因此，测试前必须确保燃料电池达到新的平衡。平衡所需时间的长短取决于燃料电池电流是增大还是减小。利用不同方式调节负载，可以获得相关的测试数据。例如，通过程序控制按照一定的步长增加或减小负载或随机选择负载的大小，其中最典型的方法是逐步增大电流。可在多个不同的电流或电压下采集数据，一般策略是在开路电压下开始测量。通常情况下，极化曲线可用于描述燃料电池系统的整体性能，活化损耗可通过塔费尔公式等进行数据分析加以分离。

　　在较低的电流密度下，欧姆损耗相对于活化损耗较小，几乎可以忽略，因此可直接计算出近似的活化损耗。在对数坐标中，低电流密度的极化曲线呈线性，通过数据拟合可得到传输系数和交换电流密度。这条线能延伸至整个极化曲线，由此可确定在每个电流密度下的大致活化损耗。图 2.45 简要地解释了这个过程。

　　5. 电化学阻抗测试

　　尽管极化曲线反映了燃料电池的部分性能，测试人员仍需要更精确地区分燃料电池内部各种损耗的来源。电化学阻抗法是区分燃料电池内部各种损耗来源的一种常用技术。

　　阻抗是电路中阻碍电流通过能力的量，包括电阻、电感和电容等对电流的阻碍作用。阻抗用 Z 表示，它是随时间而变化的电压和电流的比值

$$Z = U(t)/I(t) \tag{2.192}$$

　　对电路施加一个小的正弦电压，用 $U(t) = U_0 \cos(\omega t)$ 监控系统的电流响应 $I(t) = I_0 \cos(\omega t - \varphi)$，式中，$U(t)$ 和 $I(t)$ 分别为时间 t 时的电压和电流；U_0 为电压信号的振幅；I_0 为

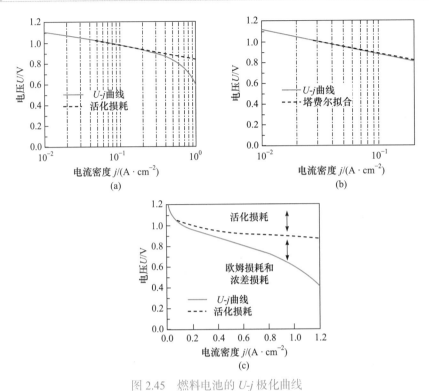

图 2.45 燃料电池的 U-j 极化曲线

(a) 对数坐标的 U-j 曲线；(b) U-j 曲线的低电流密度区域；(c) 整个 U-j 曲线范围内的活化损耗

电流信号的振幅；ω 为角频率，$\omega = 2\pi f$，其中 f 代表频率。通常，系统的电流响应相对于电压微扰会产生相位变化，这种相位变化用 φ 表示。从图 2.46 可以看出正弦电压微扰与有相移电流响应的相互关系(适用于线性系统)。

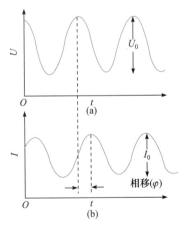

图 2.46 正弦电压微扰(a)和相应产生的正弦电流响应(b)

根据式(2.192)，可得

$$Z = U_0\cos(\omega t)/[I_0\cos(\omega t - \varphi)] = Z_0\cos(\omega t)/\cos(\omega t - \varphi) \tag{2.193}$$

采用复数形式时，系统的阻抗响应可以表述为

$$Z = Z_0 e^{j\varphi} = Z_0(\cos\varphi + j\sin\varphi) \tag{2.194}$$

因此，电池的阻抗可以用阻抗数(Z_0)、相移(φ)表示，或采用实部($Z_{实部} = Z_0\cos\varphi$)和虚部($Z_{虚部} = Z_0 j\sin\varphi$)结合的方式表示[j 代表虚数，$j = (-1)^{1/2}$]。作图时，习惯将$Z_{实部}$置于横轴，$Z_{虚部}$置于纵轴，此类型图谱称为奈奎斯特图。

简化的阻抗分析需要电池系统具有一定的线性，即电流随电压的线性变化而发生线性变化。实际中，电池系统不是线性的(巴特勒-福尔默动力学预言电压和电流的指数关系)。为了解决这个问题，测试人员在阻抗测试中使用小信号电压扰动。

图 2.47 是一个燃料电池的奈奎斯特曲线，下面用电化学阻抗谱(electrochemical impedance spectroscopy，EIS)的相关知识分析此曲线。两个半圆形的大小分别代表阳极和阴极活化损耗的大小。图中虚线与横轴的 3 个交点形成的三个区域分别表示 Z_Ω、$Z_{f,A}$ 和 $Z_{f,C}$，它们分别对应燃料电池的欧姆损耗 η_Ω、阳极活化损耗 $\eta_{f,A}$ 和阴极活化损耗 $\eta_{f,C}$。从图中可明显看出，欧姆损耗和阳极活化损耗均相对较小，因此燃料电池的性能主要取决于阴极活化损耗。

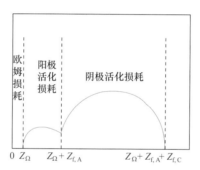

图 2.47　常见的燃料电池的奈奎斯特曲线

如果将奈奎斯特图中截距与燃料电池的各种损耗相对应，则需要讨论阻抗理论和等效电路模型。为了模拟电化学系统中发生的过程，可将电阻 R、电容 C 和电感 L 通过串联和并联的方式组成等效电路模型。将燃料电池的阻抗频谱与等效电路模型相比较，可得到关于反应动力学、欧姆传导、质量传输及其他特性的信息。下面从欧姆传导过程、电化学反应和质量传输等几个方面描述燃料电池行为的常规电路元素。

1) 欧姆传导

欧姆传导过程中的等效电路模型即为电路只有一个电阻且$Z_\Omega = R_\Omega$。如前所述，系统的阻抗可以表示为实部($Z_0\cos\varphi$)和虚部($Z_0 j\sin\varphi$)，并且电化学阻抗 $Z = Z_0\cos\varphi + jZ_0\sin\varphi$。奈奎斯特图描述了不同频率下阻抗的实部和虚部之间的对应关系。对于一个简单的电阻，虚部为 0，即 $\varphi = 0$，因此它不随频率而变化，该电阻的奈奎斯特图即为图 2.48 中 x 轴上的点(R，0)。图 2.48 为简单电阻的等效电路图和相应的奈奎斯特图。

2) 电化学反应

图 2.49 描述了典型的电化学反应界面。图中，C_{dl} 代表穿过界面的离子和电子的电荷分离，R_f 代表电化学反应中的动力学电阻。其阻抗特性表现为电阻和电容(R_f 和 C_{dl})的并联。R_f 称为法拉第电阻，主要反映电化学反应过程中的动力学特性；C_{dl} 称为双电

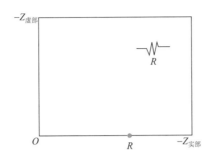

图 2.48　简单电阻的等效电路图和奈奎斯特图

层电容，反映了反应界面的电容特性。下面简单讨论 R_f 和 C_{dl}。

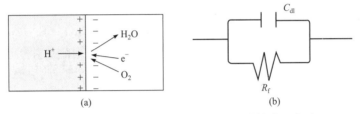

图 2.49　电化学反应界面的物理表示(a)及其等效电路图(b)

如图 2.49 所示，在电化学反应中，电极-电解质界面上发生了明显的电荷分离。离子聚集界面靠近电解质一侧，电子则聚集在靠近电极一侧。这种电荷分离导致了电极界面像电容一样工作，用 C_{dl} 表示。当燃料电池的电极比表面积足够大时，C_{dl} 的数值比正常情况下大几个数量级。

电容的阻抗效应可用电压和电流表示为

$$I = C dU/dt \tag{2.195}$$

对于一个正弦电压扰动($U = U_0 e^{j\omega t}$)，式(2.195)可写为

$$I(t) = C \times d(U_0 e^{j\omega t})/dt = C(j\omega)U_0 e^{j\omega t} \tag{2.196}$$

因此，电容的阻抗为

$$Z = U(t)/I(t) = U_0 e^{j\omega t}/[C(j\omega)U_0 e^{j\omega t}] = 1/j\omega C \tag{2.197}$$

若将此电容和一个电阻串联，总阻抗则为两个阻抗之和：

$$Z = R + 1/j\omega C \tag{2.198}$$

图 2.50 为电阻-电容串联组合的等效电路图和相应的奈奎斯特图。奈奎斯特图的缺点是无法分辨记录每个点的频率。如图 2.50 所示的反应界面，阻抗为一条直线，随频率降低而增大。阻抗的实部由电阻值决定。当频率降低时，阻抗的虚部(由电容决定)在电路响应中占主导地位。电容和电阻为并联，在讨论并联阻抗之前，首先讨论法拉第电阻 R_f。对于一个小信号的正弦扰动，阻抗响应 $Z = U(t)/I(t)$ 可以近似为 $Z = dU/dI$，结合塔费尔的简化式 $\eta_{活化} = -RT/(\alpha nF) \times \ln I_0 + RT/(\alpha nF) \times \ln I$，类似的动力学过程的阻抗可以表示为

$$Z_f = d\eta/dI = RT/(I\alpha nF) \tag{2.199}$$

将 $I = I_0\exp[\alpha nF\eta_{活化}I(RT)]$ 代入式(2.199)，可得

$$Z_f = R_f = RT/\{I_0\alpha nF\exp[\alpha nF\eta_{活化}I(RT)]\} \tag{2.200}$$

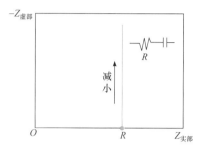

图 2.50　电阻-电容串联组合的等效电路图和奈奎斯特图

注意到 Z_f 没有虚部，因此可以表达成一个纯电阻($Z_f = R_f$)。R_f 的大小取决于电化学反应的动力学过程。高的 R_f 表明了一个高电阻的电化学反应。大的 I_0 或大的活化过电势会使 R_f 减小，进而使反应过程中的动力学电阻减小。

如前所述，电化学界面的总阻抗(Z)为双电层阻抗(Z_1)与法拉第阻抗(Z_2)并联的结果，可以表示为

$$1/Z = 1/Z_1 + 1/Z_2 \tag{2.201}$$

通常，可以将其转化为

$$1/Z = 1/R_f + j\omega C_{dl} \tag{2.202}$$

因此

$$Z = R_f/(1 + R_f j\omega C_{dl}) \tag{2.203}$$

图 2.51 为电阻-电容并联组合(反应界面模型)的等效电路图和相应的奈奎斯特图。从图中可以看出，阻抗表现为特征化的半圆形，其中最左端的点对应最高的频率，并且点从左到右，对应的频率逐步下降。在大多数电化学系统中，阻抗的实部几乎总是随着频率的降低而增加(或保持不变)。

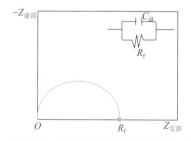

图 2.51　电阻-电容并联组合的等效电路图和奈奎斯特图

图 2.51 中半圆与横轴左侧的截距是 0，与右侧的截距是 R_f。因此，半圆的直径可反映燃料电池的活化电阻大小。当燃料电池的反应动力学速率较快时，奈奎斯特图显示出一个小的阻抗回路。与此形成对比的是，一个阻塞电极(其中 $R_f \to \infty$，因为电极阻滞了电化学反应)的阻抗响应和图 2.51 中的纯电容相似。观察式(2.203)中在 $\omega \to \infty$ 和 $\omega \to 0$ 时的极限情况可以证实这些现象。在中间的频率段，阻抗响应包含实部和虚部。半圆顶点

的频率由界面的电阻-电容时间常数决定：$\omega = 1/(R_f C_{dl})$，由这个数值就能确定 C_{dl}。

电阻-电容电路模型的研究可直观地描述图 2.52 中表示的阻抗特性。在特别高的频率时，电容部分相当于短路；在特别低的频率时，电容部分相当于开路。因此，高频时，电流可全部从电容中通过，有效阻抗为 0；相反，低频时，所有电流都被迫流经电阻，有效阻抗就是电阻；而中间频率段的情况介于两者之间，阻抗响应包含电阻和电容。

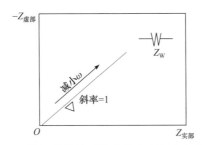

图 2.52   无限瓦博格单元的等效电路图和奈奎斯特图

3) 质量传输

燃料电池的质量传输可以通过瓦博格电路单元模型化。无限瓦博格单元的阻抗(用作无限厚扩散层)由式(2.204)推出：

$$Z = \sigma_i(1-j)\omega^{-1/2} \tag{2.204}$$

式中，σ_i 为物质 i 的瓦博格系数，定义为

$$\sigma_i = RT/[(n_i F)^2 A c_i 2 D_i^{1/2}] \tag{2.205}$$

式中，n_i 为电荷转移数目；A 为电极面积；c_i 为物质 i 的总浓度；D_i 为物质 i 的扩散系数。σ_i 反映了物质 i 传输到达或离开反应界面的有效程度。如果物质 i 很多(c_i 很大)且扩散很快(D_i 很大)，则 σ_i 将很小，并且物质 i 的质量传输引起的阻抗可忽略。反之，如果物质的浓度很低且扩散很慢，则 σ_i 将很大，并且物质 i 的质量传输引起的阻抗会很显著。式(2.204)中，瓦博格阻抗与电势扰动的频率有关。扩散的反应物在高频区不需要移动太远，则瓦博格阻抗很小；反应物在低频区需扩散较远距离，则瓦博格阻抗将增大。

图 2.52 展示了无限瓦博格单元的等效电路图和相应的奈奎斯特图。无限瓦博格阻抗随着 ω 减小而线性增大。此时，无限瓦博格阻抗是一条斜率为 1 的直线。

在扩散层无限厚时，瓦博格阻抗才有效。在燃料电池流体结构中，对流混合一般情况下可将扩散层厚度限制在电极厚度内，与此同时，低频下的阻抗不满足无限瓦博格等式，最好采用多孔有界的瓦博格模型，阻抗可用式(2.206)表示：

$$Z = \sigma_i \omega^{1/2}(1-j)\tanh[\delta(j\omega/D_i)^{1/2}] \tag{2.206}$$

式中，δ 为扩散层厚度。图 2.53 中，高频或 δ 很大时，多孔有界的瓦博格阻抗反映无限瓦博格阻抗特性；而低频或薄扩散层时，多孔有界的瓦博格阻抗将返回实轴。

综上所述，可以给出一个完整的燃料电池等效电路模型。假设燃料电池有以下损耗过程：①阳极活化损耗；②阴极活化损耗；③阴极质量传输损耗；④欧姆损耗。为简单

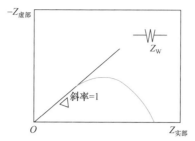

图 2.53　多孔有界的瓦博格单元的等效电路图和奈奎斯特图

起见，假设阴极质量传输能用无限瓦博格阻抗单元模拟，而且阳极动力学比阴极动力学快。图 2.54 显示了燃料电池阻抗模型的物理图、等效电路图和相应的奈奎斯特图。奈奎斯特图是根据表 2.5 中的等效电路数值得出的。奈奎斯特图中有两个半圆和一条斜线。图与横轴最左边的交点表示燃料电池的欧姆电阻。第一条弧线对应阳极活化动力学的电阻-电容模型，第二条弧线对应阴极活化动力学的电阻-电容模型。第一个半圆的直径给出了阳极的 R_f，第二个半圆的直径给出了阴极的 R_f。阴极的半圆大于阳极反映了阴极的活化损耗大于阳极。由 R_f 的数值，可以利用式(2.200)得到阳极反应和阴极反应相关的动力学信息。

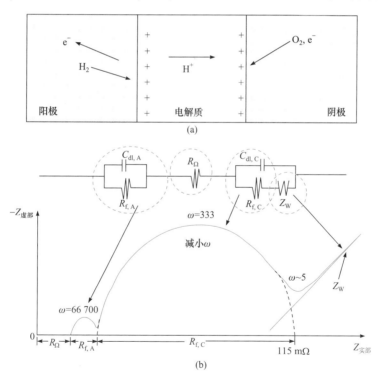

图 2.54　燃料电池阻抗模型的物理图(a)、等效电路图和奈奎斯特图(b)

通过拟合 C_{dl} 的数值可得到燃料电池电极的有效表面积信息。低频段的斜线是使用无限瓦博格阻抗模拟的质量传输所产生的。计算这条线的频率/阻抗数据，可以得到燃料电池的质量传输特性。如果换成运用多孔有界的瓦博格阻抗，还能得到扩散层的厚度信息。

表 2.5　产生图 2.54 中所示的奈奎斯特图所用数值汇总

燃料电池过程	电路单元	数值
欧姆阻抗	R_Ω	10 mΩ
阳极法拉第阻抗	$R_{f, A}$	5 mΩ
阳极双电层电容	$C_{dl, A}$	3 mF
阴极法拉第阻抗	$R_{f, C}$	100 mΩ
阴极双电层电容	$C_{dl, C}$	30 mF
阴极瓦博格系数	σ_C	0.015

图 2.54 中的奈奎斯特图为理想图谱。在现实的燃料电池中，阴极的电阻-电容弧线经常会掩盖阳极的电阻-电容弧线，如图 2.55 所示。在氢氧燃料电池中阴极阻抗通常远大于阳极阻抗，因而阴极阻抗将覆盖阳极阻抗；此外，当阳极反应和阴极反应的电阻-电容时间常数相互交叠时，这种掩盖也会发生。值得注意的是，如果阳极的 R_f 极小，阳极的电阻-电容时间常数对应的频率可能会超出多数阻抗硬件的极限，因此将无法测量阳极阻抗。

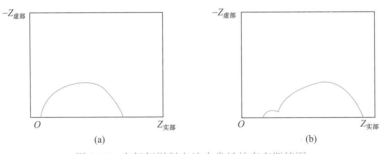

图 2.55　在氢氧燃料电池中常见的奈奎斯特图

为了更全面地了解燃料电池的特性，可沿着燃料电池的 U-I 曲线在几个不同的位置上测量燃料电池的阻抗响应。燃料电池的阻抗特性会随着 U-I 曲线的变化而变化，但最终取决于哪一种损耗过程起主导作用，如图 2.56 所示。低电流时，活化动力学为主要因素，并且 R_f 很大，而质量传输效应可以忽略，此情况与典型的阻抗响应类似，如图 2.56(a) 所示。中等电流时，因为活化动力学随着 $\eta_{活化}$ 的增加而改进，所以 R_f 下降，活化阻抗环路也下降，如图 2.56(b) 所示。活化电势升高而阻抗环路减小，意味着发生了更活跃的电化学反应。在高电流时，活化的环路可能继续减小，发生质量传输效应，导致低频的瓦博格响应，如图 2.56(c) 所示。

6. 电流中断测试

电流中断测试也能提供与 EIS 类似的信息。与 EIS 相比，它还有其独特的优势：
(1) 测量速度快。
(2) 硬件测试设备简单，操作方便。

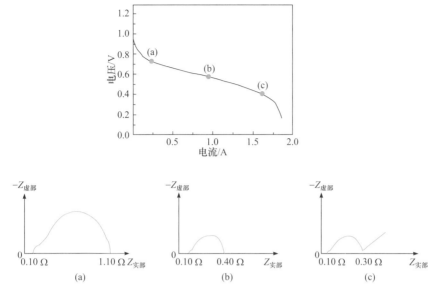

图 2.56　燃料电池的 EIS 表征、沿着 U-I 曲线在几个不同点处测量阻抗

(a) 低电流时；(b) 中等电流时；(c) 高电流时

(3) 可适用于高功率的燃料电池系统。

(4) 可与 U-j 曲线测量并行进行。

电流中断法并行放置负载接触器的继电器开关和负载电池。燃料电池工作时，根据继电器测得的电压可得到膜阻抗，计算该电压响应的频率，进而得到燃料电池的欧姆电阻。由于继电器的转换速度只有几毫秒，因此还需一个示波器记录继电器打开时的波形。

测量燃料电池电阻的方法之一是短时间(仅为几毫秒)内中断电流，并记录实时电压，电流中断前后的电压差除以电流即为燃料电池电阻。

图 2.57(a)为燃料电池的等效电路模型。在燃料电池正常工作时，突然中断电流，此

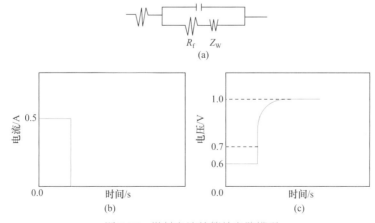

图 2.57　燃料电池的等效电路模型

(a) 燃料电池系统简化的等效电路图；(b) 假想的施加于燃料电池系统电路上的电流中断；
(c) 燃料电池系统电路的电压-时间响应

时电流归 0, 如图 2.57(b)所示, 而电流的中断会引起电压的瞬时回弹与额外的依赖时间的电压回弹, 可以发现电压从 0.6 V 升至 1.0 V, 如图 2.57(c)所示。这个瞬时的电压回弹与燃料电池的欧姆电阻有关, 依赖于时间的回弹与较慢的反应过程和质量传输过程有关。

电压回弹可通过图 2.57(a)的等效电路图分析。反应过程和质量传输过程可以通过依赖时间的电阻-电容单元和瓦博格单元模拟。由于它们的电容特性, 这些元件两侧的电压经过一段时间可以恢复, 电阻-电容单元的恢复时间可以用它的电阻-电容时间常数近似。因为电阻两侧的电压回弹是瞬时的, 而电阻-电容/瓦博格单元两侧的电压回弹是依赖时间的, 所以电压-时间的响应能区分这两种情况。

7. 循环伏安法

循环伏安法是常见的电化学测试方法之一, 常用于测试燃料电池催化剂的活性。该方法通过控制电极电势随时间以三角波形变化一次或多次反复扫描, 并记录电流-电势曲线, 可用于判断电极表面微观反应和电极反应的可逆性等。电压区间的选择应保证电极上循环交替发生不同的氧化和还原反应。

在燃料电池中, 循环伏安曲线的测量通过构造一种特殊的"氢气泵模式"来确定催化剂活性。在这种构造中, 氧气从阴极穿过, 而氢气从阳极穿过。电势区间设置为 0~1 V。图 2.58 为燃料电池在"氢气泵模式"下测得的典型的循环伏安曲线。随着电压的增大, 电流开始流过电极。电流可以分为恒定电流和非线性电流。恒定电流是线性变化的电压引起的电容性充电电流; 而由阳极催化剂表面的氢气吸附引起的则为非线性电流。随着电压的增大, 非线性电流逐渐增大并达到峰值, 当催化剂表面气体吸附达到饱和, 非线性电流下降。通过计算催化剂表面气体吸附的总电荷量, 可以得到催化剂的活性表面积 (A_c), 如式(2.207)所示:

$$A_c = \frac{Q_h}{Q_m} A_g \tag{2.207}$$

式中, Q_h 为待计算催化剂电极表面吸附的电荷; Q_m 为原子量级平滑的催化剂电极表面吸附的电荷, 对于一个平整的铂电极, Q_m 约为 210 $\mu C \cdot cm^{-2}$; A_g 为工作电极的几何表面积。

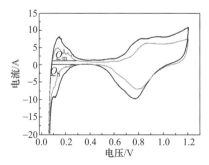

图 2.58 燃料电池在"氢气泵模式"下测得的循环伏安曲线

高度多孔的燃料电池电极的有效表面积可能比其几何面积大几个数量级, 此效应可

以通过 A_c 表现出来。

2.4.2　材料表征技术

电化学测试技术是研究燃料电池特性最常用的方法，但研究燃料电池各组分的物理或化学结构与性质可进一步深入了解燃料电池的性能。这些物理或化学结构与性质通常包括孔隙结构、催化剂比表面积、电极/电解质微结构和电极/电解质化学性质等，可分别用以下材料表征技术测量。

1. 孔隙率测定

材料的孔隙率是材料的孔体积与总体积的比值。为了表现出更好的电化学性能，燃料电池的电极材料和催化剂必须具有良好的多孔性。目前有几种方法可以实现材料的孔隙率的测定。其中一种较简单的方法是测量材料的质量(m)、体积(V)和块密度(ρ)，则孔隙率(φ)可通过以下公式计算：

$$\varphi = 1 - m/(\rho V) \tag{2.208}$$

然而，这并不是一种很准确的方法，因为该方法计算所得的是材料的总孔隙率。有效的孔隙率需通过其他更精确的方法得到。

有效的孔隙率只计算相互连接并敞开到材料表面的孔，它可以通过体积渗透技术确定。例如，将样品浸入一种液体(如汞)中，它不会通过渗透作用进入样品孔隙中，此方法即为汞孔隙率法(压汞法)。在较低压力下，由于汞的表面张力较大，不会进入孔隙内部。将样品置于抽真空的样品舱内，再将汞注入样品中，随着汞的注入，舱内压力稳步提高。记录各压力下的体积，运用理想气体定律，就可以得到样品的实际孔体积。用式(2.209)拟合实验中汞的体积-压力数据，就能近似计算出孔径大小分布曲线。

$$p \geqslant 2\gamma\cos\theta/r \tag{2.209}$$

式中，p 为毛细管压力；γ 为汞的表面张力(20 ℃时为 0.4865 N · m^{-1})；θ 为汞的接触角；r 为孔隙半径。

2. 比表面积测定

高效的燃料电池催化剂层一般均具有极高的比表面积，因此催化剂比表面积的测定是一项很重要的表征技术。测定材料精确的比表面积经常用到一种称为 BET(Brunauer-Emmett-Teller)法的表征技术。

BET 法的理论依据为：在极低温度下，氮气、氩气等惰性气体在样品表面形成吸附层。具体操作时，首先将所有气体从干燥的样品中抽去，然后将样品冷却至 77 K，使惰性气体吸附于样品表面。根据不同气压下对惰性气体吸附情况的测量，就可以通过公式计算出样品的比表面积。

3. 渗透率测定

渗透率是表征气体通过难易程度的物理量，当燃料电池电极和催化剂层的渗透率很低时，高的比表面积和孔隙率也不能保证气体顺利通过。如果大多数孔都处于关闭或彼此之间不连接的状态，即使样品具有高的孔隙率，也不能保证样品良好的渗透性。渗透率(K)可以通过测量在一定的压降($\Delta p = p_1 - p_2$)下和一定时间段(Δt)内通过样品的气体的体积(ΔV)来确定：

$$K = C/\Delta p - (2p_2\Delta V)/(\Delta t p_1 + \Delta t p_2 \Delta p) \tag{2.210}$$

式中，C 为常数。

4. 扫描电子显微镜技术

扫描电子显微镜技术是一种利用高分辨率扫描电子显微镜(scanning electron microscope，SEM)对材料表面进行特征分析的技术。利用 SEM 可以得到样品表面的高分辨率图像，但由于 SEM 测试是在真空条件下进行的，样品必须能够承受真空环境。通过 SEM 技术可获得样品的三维图像，适用于样品表面结构的测定。然而，由于其视野较窄，难以做到对样品整体特征的观察。

5. 透射电子显微镜技术

透射电子显微镜技术是一种利用高分辨透射电子显微镜(transmission electron microscope，TEM)对材料进行深入分析的技术。将高能电子束打到样品表面与样品原子发生碰撞后，电子束的方向和运动方式发生改变并发生立体角散射，形成明暗不同的影像，最终在成像器件上显示影像。TEM 图像主要基于电子散射而非吸收散射，强度的高低取决于相对电子束的原子面方向。TEM 可用于分析燃料电池的催化剂、电极材料、扩散层和电解质等。由于电子束穿越的样品深度有限，需要样品足够薄才能保证电子束穿过，因此 TEM 测试制样要求比 SEM 更为苛刻，一般需要结合超薄切片技术对样品进行薄层切片。此外，与 SEM 一样，TEM 也很难观察样品的整体形貌。

6. X 射线衍射技术

X 射线衍射(X-ray diffraction，XRD)技术是应用最为广泛的材料表征手段之一。该方法是对晶态材料进行 X 射线衍射，通过分析衍射图谱，获得成分、形态及结构等信息。晶体微观结构是具有周期性的长程有序结构，其晶格间隔可用布拉格(Bragg)定律确定。XRD 技术还可用来分析燃料电池中催化剂的粒度分布。

7. X 射线荧光技术

X 射线荧光(X-ray fluorescence，XRF)技术是一种对材料进行快速、无损化学分析的检测技术，通常用于材料组成成分的测量。XRF 利用初级 X 射线或其他微观粒子对材料样品进行激发照射，使受激元素产生次级特征 X 射线(荧光)。由于每种元素均会产生具有不同能量的次级 X 射线，可以据此得到一个能量密度谱。XRF 技术具有准确、快速的特点，但并不适用于测量浓度较低(< 0.1%)的元素。目前，XRF 可用于快速确定合金的成分，还可用于陶瓷和玻璃材料的快速分析。然而，该技术存在一个很大的缺点，即仅

能准确分析厚度小于 0.1 mm 的薄层，对于已侵蚀或电镀的材料，除非表面很干净，否则极易给出错误的分析结果。

8. 电感耦合等离子体质谱法

电感耦合等离子体质谱法(inductively coupled plasma-mass spectrometry，ICP-MS)作为一种元素/同位素分析技术，具有高灵敏度的特点，它结合了电感耦合等离子体的高温电离特性与质谱仪的快速扫描特性。该检测方法的优点是：灵敏度高(可分析金属或非金属元素含量小于 10^{-12} 的样品)；速度快；谱线简单；干扰少；线性范围可达 7～9 个数量级；制样简单；可用于元素分析与同位素组成的快速测定；测量精密度高(约 0.1%)。

思　考　题

1. 简述过程和途径的区别。
2. 简述熵增加原理和最小吉布斯自由能原理。
3. 简述法拉第定律的内容及如何计算电路的电荷量。
4. 简述极化的类型。
5. 简述电极电化学反应通常涉及的步骤。
6. 简述燃料电池的主要构成部件。
7. 简述燃料电池氧还原的反应路径及提高燃料电池反应动力学性能应采取的方式。
8. 结合本章所学知识，燃料电池目前所采用的催化剂主要有哪几种?
9. 简述燃料电池表征的目的。
10. 根据图 2.57 的电流中断数据计算出 η_Ω 和 R_Ω。

第 3 章 燃料电池的分类与技术

3.1 质子交换膜燃料电池

3.1.1 概述

质子交换膜燃料电池(PEMFC)是一种以氢气作为燃料,氧气作为氧化剂,固态聚合物膜作为隔膜的高效发电装置。该燃料电池具有体积小、能量密度大及噪声小等优势,因此受到了人们的广泛关注。早在 1850 年,离子交换过程便为人所知,但直到 1955 年,将离子交换膜用作电解质的想法才由美国通用电气公司的格拉布提出,并于 1959 年申请了专利。此外,美国杜邦公司于 1972 年推出一种新型聚合物 Nafion 膜,其结构如图 3.1 所示,该膜的发现极大地促进了质子交换膜的发展。至今,Nafion 膜仍是质子交换膜燃料电池的标准用膜。

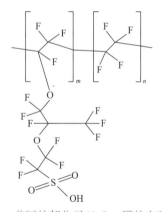

图 3.1　美国杜邦公司 Nafion 膜的主要结构

值得一提的是,20 世纪 60 年代美国国家航空航天局为了给阿波罗登月飞船提供一种高效的动力,在"双子星座"计划中提出将质子交换膜燃料电池技术与载人飞船相结合。然而,由于电池本身存在诸多问题,如电池污染、氧气渗漏、水管理问题和贵金属催化剂负载量过高(当时的技术状况是每平方厘米电极需要 28 mg 铂催化剂),因此质子交换膜燃料电池最终被碱性燃料电池所替代。此后的几十年,质子交换膜燃料电池研究一直处于停滞状态,之后其停滞状态的打破主要得益于质子交换膜技术的飞速发展。加拿大巴拉德动力系统公司作为全球创新清洁能源领域的引领者,对质子交换膜技术的快速发展起到了巨大的推动作用。经过 35 年的研发,巴拉德动力系统公司开发和制备出具有高功率密度的膜电极组件。近几年，该公司进一步研发出新一代高性能燃料电池体系，可为无人机提供动力。

20 世纪 90 年代以来，越来越多的国家对质子交换膜燃料电池的发展予以重视，并且在电池研发条件和技术等方面都取得了重大进步。在国内，随着经济水平和科研能力的不断提升，科研工作者也逐渐将视线转向这一新兴领域。从 1996 年开始，北京世纪富原燃料电池有限公司已经完成了功率为 50～5000 W 的质子交换膜燃料电池样机，使质子交换膜燃料电池开始从半产业化阶段过渡到产业化阶段。此外，中国科学院大连化学物理研究所、清华大学、上海空间电源研究所和武汉理工大学等多家单位也加快了对不同型号质子交换膜燃料电池的研发，并且在材料制备及器件设计等方面取得了重大进展，目前已接近国外先进水平。与欧美等发达国家和地区相比，虽然我国在质子交换膜燃料电池的研发中投入的资金相对较少，但随着汽车使用频率的逐渐增加，质子交换膜燃料电池的研发势必受到更多科研工作者乃至国家的重视。

目前，质子交换膜燃料电池的应用十分广泛，已成为汽油内燃机最有竞争力的清洁替代动力能源之一。质子交换膜燃料电池作为一种电源，现阶段可分为以下几类：

(1) 固定式电源。此类电源的优点是输出功率密度大，使用寿命长(长达 10 000 h)。目前，此类型电源的技术还在不断完善，是最有可能获得商业化的质子交换膜燃料电源之一。

(2) 便携式电源。此类电源的优点是电池装置体积小、功率密度大，能够在许多特殊场合正常工作。

(3) 交通工具电源。此类电源的优点是在炎热和干燥的条件下同样具有较高的功率密度和工作效率。组装简单、功率更高的小型燃料电池组在未来汽车、火车和轮船等交通工具中具有广阔的应用前景。

3.1.2　结构与工作原理

图 3.2 为质子交换膜燃料电池的基本结构示意图，该结构的核心部分是固态聚合物

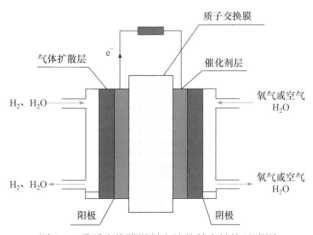

图 3.2　质子交换膜燃料电池的基本结构示意图

膜，通常位于燃料电池的中间部位，为质子的传输提供通道。膜两侧分别是催化剂层和气体扩散层。在端板和膜电极之间是专门用于传输反应气体的双极板，它的通道结构经常被设计成不同形状，以满足各种条件下进气、湿度和温度等需求，旨在最大化实现聚合物膜的工作效率。

质子交换膜通常分为全氟型磺酸膜和非全氟型磺酸膜两种。目前发展较为成熟的有美国杜邦公司研制的 Nafion 系列膜和陶氏(Dow)化学公司生产的 XUS-B204 膜，其主要成分均为磺化聚四氟乙烯。磺化的侧链赋予聚合物膜良好的吸水性，由于磺酸根离子对 H⁺的吸引力较弱，因此 H⁺可以沿着聚合物长链进行快速移动。全氟型磺酸膜存在诸多问题，如制造工艺复杂、成本较高和工作温度低。针对这些问题，研究人员除了对全氟型磺酸膜进行改性处理外，还开展了大量新型部分氟化磺酸膜的研发工作，主要包括聚三氟苯乙烯磺酸膜、聚四氟乙烯-六氟丙烯膜等。在该类膜中，聚合物主链部分的碳氟键转变为碳氢键，这势必会影响聚合物膜的吸水能力和机械强度。另外，目前制备出的非全氟型磺酸膜的稳定性和使用寿命也存在较大问题，这将严重影响其作为燃料电池离子交换膜的规模化发展。因此，到目前为止，如何设计制备出结构稳定的质子交换膜仍是一个亟待解决的科学难题。

催化剂层作为促进氧化还原反应过程的场所，通常由负载贵金属催化剂(如铂)的碳纸组成。气体扩散层与膜电极既可成为一体，又可进行分离。通常这些组件通过一些螺栓封装成一体，旨在防止电极中气体泄漏，并使电极的结构更加牢固。气体扩散层通常由防水材料聚四氟乙烯与碳材料(碳纤维纸、碳纤维编织布及炭黑纸等)构成，具有固定催化剂、收集电流、传导气体和排出产物水的作用。在整个膜电极中，质子交换膜、催化剂层和气体扩散层的厚度分别为 0.05～0.1 mm、0.03 mm 和 0.2～0.5 mm。

电池在工作过程中，反应活性气体氢气和氧气经双极板的通道到达膜电极，进一步经过气体扩散层到达催化剂层，之后在催化剂的作用下完成氧化还原反应，并通过膜中的磺酸基团转移质子，此过程中电子在外电路移动形成电流回路。反应结束后，生成的水和气体通过双极板排出，整个过程中电极反应可表示为

$$阳极(负极)反应： \qquad H_2 \longrightarrow 2H^+ + 2e^- \qquad\qquad (3.1)$$

$$阴极(正极)反应： \qquad \frac{1}{2}O_2 + 2H^+ + 2e^- \longrightarrow H_2O \qquad\qquad (3.2)$$

$$总反应： \qquad H_2 + \frac{1}{2}O_2 \longrightarrow H_2O \qquad\qquad (3.3)$$

与其他燃料电池体系(如碱性燃料电池)相比，质子交换膜燃料电池具有能量转换效率高和工作噪声低等优势，而且质子交换膜对电池其他部件没有腐蚀作用。此外，较低的工作温度和较高的功率密度使得质子交换膜燃料电池拥有更为广阔的应用前景。

3.1.3 膜电极

1. 质子交换膜分类

质子交换膜(PEM)作为质子交换膜燃料电池的核心组成部件，对燃料电池的工作效率

起着关键作用。PEM 不仅具有阻隔物质的作用，还起着传输质子和电子的作用，并且其自身物化性质在很大程度上决定燃料电池的性能。通常 PEM 材料应满足以下条件：①良好的质子电导率；②水分子在膜中的电渗透作用可以忽略；③气体在膜中的电渗透作用可以忽略；④稳定的电化学性质；⑤良好的干湿转化特性；⑥优异的机械强度；⑦成本适当，易于加工。

与其他膜材料相比，全氟型磺酸膜具有优异的化学稳定性和热稳定性，因此在质子交换膜燃料电池的开发中得到广泛应用。此外，全氟型磺酸膜具有高的质子电导率。以 Nafion 117 膜为例，当其厚度为 175 μm 时，单位面积膜电阻约为 $0.2\ \Omega\cdot cm^{-2}$。也就是说，在理论条件下，当电流密度为 $1000\ mA\cdot cm^{-2}$ 时，因电阻造成的电压降仅为 200 mV。尽管全氟型磺酸膜具有很高的质子电导率，但是这些质子通常以水合离子形式存在。因此，只有当膜中水含量较高，并且每个磺酸基团周围存在 20 个水分子时，全氟型磺酸膜才能获得较高的电导率。

目前，全氟型磺酸膜在燃料电池领域已取得重大进步，但是昂贵的价格($100\sim200$ 美元·kW^{-1})在一定程度上限制了其作为膜材料在燃料电池中的进一步发展。除了成本高之外，全氟型磺酸膜还存在一些缺点，如高温环境易导致膜内失水，使膜的质子电导率大幅度降低；在一定条件下易发生化学降解；降解产物易引起催化剂中毒等。因此，各国科研人员仍在大力开发成本低、性能优异和稳定性良好的质子交换膜。目前，主要的研究方向是对全氟型磺酸膜进行改性处理和研发性能优异的新型膜材料作为替代品。

近年来，研究者为了提高全氟型磺酸膜的性能，对其进行改性优化，并成功获得一系列具有高质子电导率、高稳定性和低甲醇渗透率的质子交换膜。例如，在 Nafion 膜中加入少量聚合物(如聚氟乙丙烯、聚四氟乙烯等)分子能够有效降低 Nafion 膜的甲醇渗透率。然而，引入聚合物分子会导致膜的质子电导率降低，从而影响燃料电池的工作效率。另外，Zhou 等成功制备出一种 Nafion 基混合质子交换膜，研究发现，将环己六醇六磷酸嵌入膜孔隙中，可以显著提高膜的质子电导率。在高温条件下，该混合质子交换膜仍具有高的结构稳定性。另外，对全氟型磺酸膜的侧链进行改性处理同样可以提高膜的稳定性，如 Hyflon 膜(图 3.3)。与 Nafion 膜相比，Hyflon 膜的玻璃化转变温度更高，因此该方法可以有效提高全氟型磺酸膜的热稳定性，使其在高温环境中得到广泛应用。

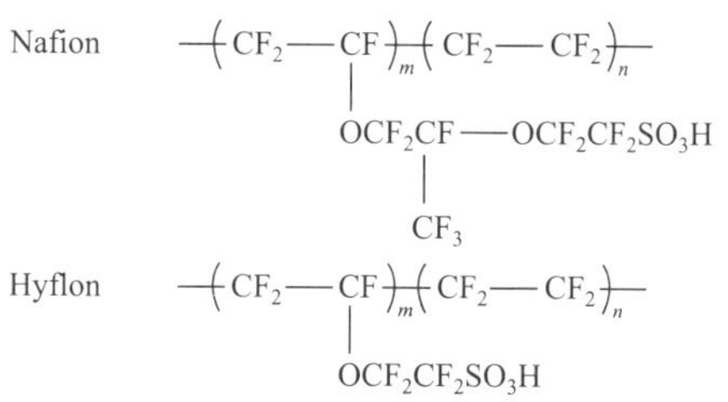

图 3.3　Nafion 和 Hyflon 的化学结构式

非全氟型磺酸膜的化学结构和全氟型磺酸膜的化学结构存在较大差异，根据是否含有—F 官能团，可将非全氟型磺酸膜分为部分氟化质子交换膜和无氟化质子交换膜两种。其中，部分氟化质子交换膜中磺酸基含量较低，因此其氧溶解度较低，但是仍具有较高的工作效率。无氟化质子交换膜的结构稳定性普遍较高，但是其化学稳定性较差，很难同时具有高质子传导性和良好的机械性能。在稳定性方面，非全氟型磺酸膜的耐热性较好，但相比于全氟型磺酸膜其化学稳定性相对较差。此外，非全氟型磺酸膜和全氟型磺酸膜在亲水性方面也存在较大差异。例如，在高湿度环境中，全氟型磺酸膜的吸水能力远高于非全氟型磺酸膜；而在低湿度环境中，两者的吸水能力相近。针对非全氟型磺酸膜在燃料电池工作环境下普遍存在的性能不稳定问题，研究人员将无机酸、纳米粒子等引入非全氟型磺酸膜中制备出复合型质子交换膜。此类膜材料在高温条件下同样具有较高的质子电导率和稳定性，因此在高温质子交换膜燃料电池的研究中受到广泛关注。酸碱高分子膜作为一种典型的新型复合质子交换膜，其常规制备方法是将无机酸与碱性聚合物进行配位反应。其中，无机酸既可作为质子的给体，又可作为质子的受体；而碱性聚合物可起到溶剂的作用，使强酸发生一定程度的解离，从而释放出质子。

2. 膜电极制备技术

膜电极由阴极和阳极的扩散层、催化剂层和质子交换膜构成(图 3.4)。在膜电极制备过程中，最主要的是制备阴、阳极扩散层。通常首先采用涂覆等方式在扩散层表面均匀涂覆催化剂，形成一层催化剂层，然后将阴、阳极扩散层置于质子交换膜两侧，通过热压等方式压制成膜电极。

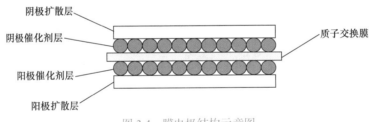

图 3.4 膜电极结构示意图

膜电极作为质子交换膜燃料电池的核心技术，其与阴、阳极板共同组成燃料电池的基本单元——燃料电池单电池。由于单电池的功率较低，因此在实际应用中通常将多个单电池通过串联组合形成燃料电池堆，以满足不同输出电压的要求。图 3.5 是由膜电极与极板组成的燃料电池单体结构示意图。氢气从阳极扩散层到达阳极催化剂层，进一步在催化剂的作用下发生氧化反应，释放出两个氢离子；同时，氧气从阴极扩散层到达阴极催化剂层，同样在催化剂的作用下电离出两个氧离子。随后，阳极板释放出来的 H^+ 通过质子交换膜到达阴极板并与 O^{2-} 结合生成 H_2O。在这个过程中，电子在外电路中传输形成电流回路，如图 3.2 所示。离子反应方程式可表示为

$$O^{2-} + 2H^+ \xlongequal{\quad\quad} H_2O \tag{3.4}$$

另外，在膜电极的制备过程中，催化剂层的制备尤为重要。通常，催化剂层是将一定比例的催化剂(如 Pt/C，其中 Pt 的质量分数一般为 10%～60%)和聚四氟乙烯(质量分数一般为 10%～50%)混合均匀，然后涂覆到扩散层表面，涂覆方式一般包括刮涂或喷涂等方法，工艺流程如图 3.6 所示。在催化剂层的制备过程中，要尽可能控制好涂覆层的厚

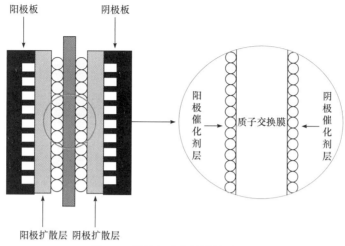

图 3.5　燃料电池单体结构示意图

度和均匀性,以保证催化剂可以最大限度发挥其催化活性,提高催化剂的利用率。最后,加入聚四氟乙烯的催化剂层在 350 ℃左右进行热处理,使催化剂层形成大量的多孔结构。

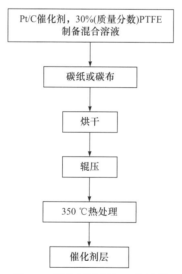

图 3.6　催化剂层制备工艺流程

3. 催化剂层研究现状

催化剂层在燃料电池体系中发挥着不可替代的作用。催化剂层在很大程度上决定质子交换膜燃料电池的电化学性能、耐用性和生产成本等。目前,质子交换膜燃料电池最常用的催化剂为金属 Pt。通常,反应气体 H_2 和 O_2 在 Pt 催化剂表面反应的动力学过程非常快,因此在阴、阳极反应过程中控制步骤一般为扩散过程。在使用酸性电解质的质子交换膜燃料电池中,H_2 和 O_2 在 Pt 催化剂表面的反应可表示为

$$2Pt_{(s)} + H_2 \longrightarrow 2Pt\text{-}H_{吸附} \tag{3.5}$$

$$Pt-H_{吸附} \longrightarrow H^+ + e^- + Pt_{(s)} \tag{3.6}$$

$$Pt-O_2 + H^+ + e^- + Pt_{(s)} \longrightarrow Pt-HO_2 \tag{3.7}$$

式中，$Pt_{(s)}$ 为 Pt 催化剂表面的活性位点；$Pt-H_{吸附}$ 为一个 H 原子吸附在 Pt 的活性位点上。

贵金属铂的高催化活性使燃料电池具有较高的能量输出效率，然而金属铂的高成本限制了燃料电池的进一步发展。因此，如何在保证催化剂层高催化活性的同时降低贵金属铂的使用量成为质子交换膜燃料电池的研究重点。其中，要提高催化剂层的催化效率，首先要提升催化剂层中催化剂的催化活性及耐用性。目前，最有效的方式是开发新型催化剂寻求可替代金属铂的催化剂，并通过催化剂的微观结构优化与成分调控提升其活性面积和改善催化剂层内的离子传输。催化剂层中催化活性材料的制备方法主要包括有机溶胶法和硼氢化钠还原法两种。其中，有机溶胶法制备的催化剂颗粒尺寸小且分散均匀，近年来备受关注。影响催化剂性能的因素主要包括催化剂表面含碳量及其结构、气氛环境等。例如，高结晶度碳材料相比于无序结构碳材料具有更高的耐电化学腐蚀性能，因此在实际应用中高结晶度碳材料具有更长的使用寿命。

在质子交换膜燃料电池中，主要发生的反应是阳极上氢气或其他物质发生氧化反应，阴极上氧气或其他物质发生还原反应，在此过程中，在外电路中形成稳定的电流回路。氧化还原反应虽然在理论上可以达到电化学平衡状态，但是实际上该反应的动力学过程存在较多不稳定因素，特别是气体的氧化还原反应总是在高电动势的情况下才能发生。另外，反应气体易造成电极反应界面不稳定，因此当活性材料的浓度较低时，该反应的反应活性明显降低，甚至会导致反应停止，这种现象严重降低了燃料电池的电能输出效率。研究人员通过对质子交换膜燃料电池的研究，深刻认识到燃料电池催化剂应具有以下特征：高催化活性、高结构/化学稳定性、高导电性及高比表面积。从反应动力学角度来看，燃料电池阴、阳极的反应动力学过程较为缓慢。催化剂的作用主要是降低电极反应的活化能，使反应在平衡电动势附近以高电流密度发生。因此，为了降低阴、阳极反应的活化能，阴、阳极反应过程均需采用高效的催化剂材料，从而加快电化学反应速率。催化剂层中的催化剂应具备以下特点：

(1) 高催化活性。高催化活性是催化剂的基本要求之一，较高的催化活性可有效降低氧化还原反应的活化能，抑制电化学反应过程中的极化现象，进而提高化学能的转化效率。

(2) 良好的分散性能。为了降低催化剂中贵金属的用量，催化剂载体需有适当的孔隙率和气体扩散路径，使催化剂可以均匀分散在载体中，并使其有效催化面积达到最大化。

(3) 优异的导电性能。催化剂既是电化学反应初始发生的引发剂，又是电子传导的媒介。因此，催化剂除了具有良好的分散性能和高的比表面积外，还需具有优异的导电性，为电子提供良好的传输通道。

(4) 化学稳定性。质子交换膜燃料电池中主要采用的是固体电解质，通常固体电解质依靠酸性介质中的质子传输电荷，这就要求催化剂材料具有高的抗酸性。

(5) 具有支撑力的载体。催化剂载体必须具有良好的支撑力和高的导电性，才能为电子的传输提供良好的通道。载体作为惰性支撑物，可将催化剂颗粒均匀附着在载体表面。

优良的催化剂载体既能使催化剂颗粒保持良好的分散性，又能避免催化剂颗粒因团聚而失去催化活性。

(6) 机械稳定性。由于电极制备和电池组装工艺较为复杂，因此在使用过程中催化剂层会存在不可避免的相互碰撞问题，这就要求催化剂结构具有良好的机械稳定性。

从结构角度分类，催化剂层可分为三类：第一类是颗粒堆叠型催化剂，主要由具有催化活性的纳米颗粒组成，目前采用沉积法制备的催化剂材料均属于此类。第二类是柱状阵列型催化剂，由于该类催化剂材料主要由一维纳米线、纳米管等组成，因此具有较高的比表面积，催化剂的利用率也较高。第三类是纤维型催化剂，由于该类催化剂具有大量三维网络结构，因此具有较高的催化活性。

在质子交换膜燃料电池中，高催化活性的催化剂是高性能燃料电池的保障，催化剂层使电池在反应过程中过电势降低，从而加速电化学反应过程。早期开发的质子交换膜燃料电池中使用的催化剂主要以贵金属铂为主，但是其存在催化剂负载量大、利用率低等问题，从而导致生产成本过高，在实际应用中逐渐被淘汰。因此，如何降低贵金属的负载量，提高催化剂活性和利用率是当前各国科学家的研究重点。目前，燃料电池中的催化剂材料以 Pt/C 为主，其中 Pt 的质量分数为 10%～40%。在降低催化剂生产成本的同时，优化碳载体结构及增强碳载体与金属间的相互作用，可有效增强催化剂层的催化活性。

4. 气体扩散层研究现状

在燃料电池中，气体扩散层通常由支撑层和微孔层构成。在反应过程中，为了保持反应物和产物的快速扩散及降低电池内部的欧姆压降，支撑层通常由多孔碳纤维纸、非织造布和碳纤维布等组成，而微孔层通常由导电炭黑和憎水剂构成。气体扩散层主要起支撑催化剂层、收集电流、传导气体和排出反应产物水的作用。因此，气体扩散层应具有良好的透气性、导电导热性及亲疏水性，为反应物和产物提供传输通道。

从扩散原理角度分析，气体扩散层的厚度越小，越有利于离子和气体的扩散，从而提高电流的传输效率。但是，根据实际情况，一般需要考虑催化剂层自身的需求，如氧气的浓度、电流的大小和电压的高低等。因此，应依据所需燃料电池体系的具体情况设计气体扩散层。针对质子交换膜燃料电池的特点，气体扩散层材料需具备以下功能：

(1) 气体扩散层能够起到支撑催化剂层的作用。如前所述，气体扩散层一般由比表面积大的碳材料组成，而催化剂层的主要活性成分为贵金属 Pt 等。在组装燃料电池时，为了提升气体扩散层和催化剂层的工作效率，应确保气体扩散层与双极板之间流场的紧密接触。根据流场结构的不同，对气体扩散层的强度、厚度和成分等的要求也不尽相同。例如，采用蛇形流场的气体扩散层强度往往比采用多孔体和网状流场的强度更大，因此蛇形流场的燃料电池通常表现出更优异的电化学性能。

(2) 气体扩散层要起到气体和水通道的作用。氢气和氧气经过气体扩散层到达催化剂层，然后参与氧化还原反应得到产物水，这就要求气体扩散层起到反应气体和产物水通道的作用。因此，气体扩散层应具有较大的孔隙率，从而提高物质的传输效率。

(3) 气体扩散层要起到传输电子的作用。在反应过程中，阳极扩散层收集氢气氧化产生的电子并将其输送到阴极扩散层,为氧气的还原提供电子。因此,气体扩散层应具有优异的导电性。此外,为了保证氧化还原反应的充分性和尽可能避免不可逆副反应的发生,气体扩散层在横向及纵向均要具备低的电阻和均匀的化学成分。

(4) 气体扩散层能够进行热传输。由于燃料电池在工作过程中自身会产生大量的热,因此对体系温度的控制有严格的要求。为了最大限度延长膜电极的使用寿命,气体扩散层应具备良好的热传输能力,这将有利于燃料电池维持稳定的电能输出。

(5) 气体扩散层应具有较强的耐化学/电化学腐蚀能力。燃料电池在工作条件下,需要确保气体扩散层成分与结构的稳定性,这将有利于燃料电池保持较长的使用寿命和稳定的能量输出。

3.1.4 电池特性

1. 理论电压

电池的可逆电动势即为电池的理论电压,用 U_r 表示,PEMFC 的理论电压可表示为

$$U_r = U_n + U_T \tag{3.8}$$

式中,U_n 为温度 298.15 K 时 PEMFC 的理论电压,该理论电压中考虑了反应气体压力对电池电压的影响;U_T 为标准压力 101.325 kPa 下 PEMFC 的理论电压。

对外做功的有效能量是系统吉布斯自由能变化值,对于发生 2 mol 电子转移的氢气和氧气反应,可用式(3.9)表示:

$$\Delta_r G = (g_f)_{H_2O} - (g_f)_{H_2} - 1/2(g_f)_{O_2} \tag{3.9}$$

式中,$\Delta_r G$ 为反应的摩尔吉布斯自由能变;g_f 为物质的摩尔生成吉布斯自由能。

反应过程中产生的水通常在较低温度下含有少量水蒸气。根据 Larminie 和 Dicks 等对理论电压的描述,其理论电压可表示为

$$U_r = -\Delta_r G/2F \tag{3.10}$$

式中,F 为法拉第常量($96\,485$ C·mol^{-1})。

在 298.15 K 下,根据理想气体的等温方程,压力与可逆电压之间的关系可表示为

$$U_n = U^{\ominus} + (RT/2F)\ln[p_{H_2}(p_{O_2})^{1/2}(1/p_0)^{1/2}/p_{H_2O}] \tag{3.11}$$

式中,$U^{\ominus}$ 为标准状态(温度为 298.15 K、压力为 101.325 kPa)下的电压,其值为 1.229 V;p_x 为物质 x 的分压;p_0 为标准压力;R 为摩尔气体常量(8.314 J·K^{-1}·mol^{-1})。

在标准压力下,温度与电压之间的关系可表示为

$$U_T = \Delta_r S/2F(T - T_{参考}) \tag{3.12}$$

式中,$\Delta_r S$ 为标准压力下的摩尔反应熵变;$T_{参考}$ 为参考温度(298.15 K)。由于反应物 O_2 和 H_2、生成物 H_2O 的焓和熵随温度变化的增量几乎相等,因此在不同温度下,该反应的摩尔吉布斯自由能变可表示为

$$\Delta_r G_T \approx \Delta_r H_{298.15\,K} - T\Delta_r S_{298.15\,K} \tag{3.13}$$

在温度 T 及标准压力下，式(3.12)可简化计算为

$$U_T = \Delta_r S_{298.15\,K} / 2F(T - 298.15) \tag{3.14}$$

若考虑压力与温度的影响，式(3.8)可表示为

$$U_r = -\Delta_r G^\ominus / 2F + (RT/2F)\ln[p_{H_2}(p_{O_2})^{1/2}(1/p_0)^{1/2}/p_{H_2O}] + \Delta_r S_{298.15\,K}/2F(T-298.15) \tag{3.15}$$

2. 温度特性

燃料电池通过氧化还原反应将 H_2、O_2 转换成 H_2O，并在此过程中产生电能。理论上，只要原材料不停止供应，燃料电池就能持续输出电能；而且能量无需多次转换，其能量转换效率可高达 50%。同时，PEMFC 具有环境污染小、噪声低及室温下启动快速等优点。这些特点使得 PEMFC 在便携式发电装置、电动汽车、航空航天与军用设备电源等领域具有广阔的应用前景。PEMFC 中固体电解质膜的性质决定了电池的温度特性。为保证电池在不同温度环境下能够正常工作，膜体本身应具备良好的耐热性、耐酸碱稳定性及较小的欧姆电阻。从热力学角度出发，升高燃料电池的工作温度可使其可逆电动势下降；但从动力学角度出发，工作温度升高会加快电化学反应速率并降低电池内部的电化学极化。因此，在膜含水量充足的条件下，可适当升高 PEMFC 的工作温度来增加质子交换膜的电导率和减小电池的欧姆极化，从而达到提升电能转换效率的目的。另外，升高燃料电池的工作温度也可提高反应气体向催化层的扩散速率，进而降低浓差极化。通常燃料电池性能与温度之间存在较为复杂的关系，一般不能简单认为电池的性能单纯地随温度呈线性变化。

气体扩散层的孔径分布和大小在一定程度上影响了反应气体的扩散和产物水的排出。燃料电池工作时的环境湿度同样影响其他扩散层的孔径分布和大小。例如，在低温增湿时，高温烘干的气体扩散层比低温烘干的气体扩散层具有更优异的电化学性能；而在高温增湿时，采用低温下烘干的气体扩散层组装的膜电极性能更佳。在一定温度变化范围内，升高 PEMFC 的工作温度或增大阴、阳极之间的气体压力，均能提高燃料电池的电能转换效率。

3. 能量转换效率

阳极氧化过程主要包括 H_2 扩散、H^+ 生成和电子迁移等。阴极还原过程则主要包括 O_2 扩散、氧分子的还原及与 H^+ 结合生成 H_2O、反渗透及排出、H^+ 及电子迁移等。因此，燃料电池膜电极上通常同时存在以上几种复杂过程，这就要求膜电极中催化剂层、气体扩散层具有良好的结构稳定性和高的质子交换能力。

燃料电池在工作过程中不涉及机械能的转换，此过程只是将燃料与氧化剂中的化学能通过电化学反应直接转化为电能与热力学能，因此燃料电池不受卡诺循环的限制，并且其电能转换效率明显高于内燃机。通常采用燃料电池输出电能与电化学反应焓变 $\Delta_r H$ 的比值定义其电能转换效率 η_e，即

$$\eta_e = zFU_c/\Delta_r H \tag{3.16}$$

式中，U_c 为工作电压；z 为电化学反应转移电子数。

H_2 与 O_2 结合生成 H_2O 的反应焓变通常有两种计算方式。若以液态水计算，计算结果为高位热值（HHV）；若以水蒸气计算，则为低位热值（LHV）。在标准状态（298.15 K、101.325 kPa）下，氢氧电化学反应的焓变可根据 H_2、O_2 和 H_2O 的热力学值得出：$\Delta H_l = -285.83 \text{ kJ} \cdot \text{mol}^{-1}$ 或 $\Delta H_g = -241.82 \text{ kJ} \cdot \text{mol}^{-1}$，因此，PEMFC 的转换效率分别为

$$\eta_e(\text{HHV}) = U_c/1.48 \quad \text{或} \quad \eta_e(\text{LHV}) = U_c/1.25 \tag{3.17}$$

质子交换膜燃料电池在充放电过程中同时发生热力学能的转换，其热量通常有三个来源：①电化学反应热；②焦耳热；③相变热。因此，PEMFC 产生的废热为上述三种热的总和，热力学能转换效率可表示为

$$\eta_T = 1 - \eta_e \tag{3.18}$$

为了满足当今社会发展的能源需求，提升膜电极的性能及功率密度势在必行，这不仅可以减小燃料电池的体积，而且能有效降低燃料电池的生产成本。近年来，随着电极材料制备技术的改善与进步，膜电极的功率密度已从几年前的 $0.35 \text{ W} \cdot \text{cm}^{-2}$@0.7 V 提升到目前的 $0.8 \sim 1.0 \text{ W} \cdot \text{cm}^{-2}$@0.7 V，并且在电极稳定性及耐久性等方面也有所提高。

4. CO 的影响

目前，由于工业制氢的基础设施尚未普及，将天然气等碳氢化合物重整制氢的方法逐步应用到 PEMFC 体系中。重整气中通常含有浓度为 1%左右的 CO 有毒气体，CO 极易吸附在 Pt 催化剂的活性中心上，造成催化剂中毒，影响其催化效率，这也是导致以重整气为燃料的 PEMFC 电压下降的主要原因之一。因此，必须清除重整气中的 CO 以保证重整气中碳氢化合物气体的纯度。另外，开发新型具有抵抗 CO 中毒的催化剂也是此领域的主要研究方向之一。目前研究人员已发现铂金多元合金催化剂在燃料电池催化剂层中表现出良好的催化效果，但实际应用效果还有待进一步验证。此外，重整气中 CO 的存在并不是导致阳极催化剂性能下降的唯一因素，其还受到燃料中其他气体(如 CO_2)的影响。当将含有 CO_2 与不含 CO_2 的情况进行比较时可以发现，含有 CO_2 的燃料电池电压仍下降了大约 20 mV，其原因是 CO_2 与 H_2 发生反应生成 CO[式(3.19)]，进而导致阳极催化剂中毒。

$$CO_2 + H_2 \rightleftharpoons CO + H_2O \tag{3.19}$$

为了解决 CO 的中毒现象，较好的方法是额外给阳极提供一定量的空气。例如，在重整气中含有 10^{-4} 的 CO 的情况下，当电流密度为 100 $\text{mA} \cdot \text{cm}^{-2}$ 时，PEMFC 的电压几乎降为 0，但在电池阳极加入 4%的空气后，燃料电池的性能能够接近纯氢燃料电池的电化学性能。

5. 抗腐蚀性

要想实现燃料电池的商业化应用，解决电池寿命短和成本高的问题是关键。PEMFC

的核心部件为膜电极，其耐久性及抗电化学腐蚀性对燃料电池的循环寿命有较大影响。因此，研究膜电极的衰减机理及延长膜电极的循环寿命，对实现 PEMFC 的商业化起着至关重要的作用。在实际工作中，PEMFC 会产生高的过电势，这会导致气体扩散层中微孔层的碳粉发生碳腐蚀和氧化，使气体扩散层和电极界面多孔层的离子传输阻力增加、气体扩散层的质量减小及微孔层疏水性降低。

3.1.5　膜电极的主要科学问题

贵金属 Pt 作为 PEMFC 中主要催化剂之一，具有催化性能稳定、催化效率高等优点，但高成本限制了其商业化的快速发展。因此，当前科研工作者一直关心一个重要的问题，即如何在降低贵金属 Pt 催化剂使用量的同时依旧能够保持燃料电池性能的稳定性。目前，随着催化技术的快速发展和搭载型 Pt 催化剂的广泛使用，贵金属 Pt 催化剂的使用量大幅降低。例如，将贵金属 Pt 催化剂均匀沉积在高比表面积的碳纸、碳布表面，这种碳载型 Pt 催化剂中 Pt 含量虽然较少，但 Pt 颗粒分布均匀且催化效率几乎不变，因此其在燃料电池领域具有较大的应用前景，如图 3.7 所示。

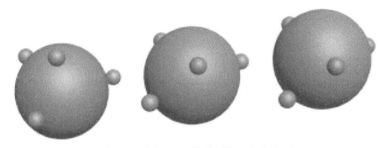

图 3.7　碳载型 Pt 催化剂的理想化模型

脉冲电沉积法是在多孔电极上电沉积 Pt 以获得均匀负载的 Pt 催化剂层。研究发现，Pt 催化剂易受到多孔电极的亲疏水性、多孔结构及导电性等方面的影响。另外，该方法制备的催化电极的催化性能在很大程度上受到脉冲参数的影响。因此，采用脉冲电沉积法时，需要对脉冲参数及催化电极材料的成分、配比和尺寸大小等参数进行详细研究。例如，研究者通过研究 Pt 负载量分别为 0.5 $mg \cdot cm^{-2}$、1.0 $mg \cdot cm^{-2}$ 和 1.5 $mg \cdot cm^{-2}$ 的 PEMFC 单体电池的氧电极极化曲线发现，1.5 $mg \cdot cm^{-2}$ 的 Pt 催化电极表现出较差的催化活性，这是由于 Pt 含量增多导致电极的电阻增大，同时也阻止了 O_2 进一步到达催化剂活性位点。因此，贵金属 Pt 负载量的降低在一定程度上有利于提高催化剂的催化活性。

实际情况下，鉴于安全方面的考虑，人们通常利用甲醇重整制氢来补充反应气体，而非直接使用 H_2 对电池进行燃料补给。然而，通过甲醇重整制氢得到的重整气中往往含有少量的 CO 气体，导致 Pt 催化剂中毒。因此，通常在重整过程中加入过量水蒸气以去除有害的 CO 气体。

$$CO + H_2O \longrightarrow H_2 + CO_2 \tag{3.20}$$

此方法去除 CO 的效率较低，并且不能完全去除 CO。因此，更好的解决办法是直接使用抗 CO 中毒的新型催化剂。例如，Pt-Ru 合金催化剂，Ru 的加入使水分解产生高活性的含氧物质，进而氧化吸附态的 CO；也有研究者认为，Ru 的掺杂降低了 CO 在 Pt 表面的吸附能，从而有效缓解了催化剂 CO 中毒问题。除 Ru 外，掺杂低成本的 Mo、W 及其氧化物等，也能在一定程度上有效提高 Pt 催化剂对 CO 的抵抗性。然而，目前研究的合金阳极催化剂依然无法满足燃料电池的使用标准，因此如何有效解决催化剂 CO 中毒问题依旧是 PEMFC 领域研究的难点。膜电极研究中还存在另一个关键科学问题，即燃料电池通常在苛刻的环境中工作，极易导致部分 O_2 发生如下反应：

$$O_2 + 2e^- + 2H^+ \rightleftharpoons H_2O_2 \tag{3.21}$$

此外，在一些金属离子(如 Fe^{2+})的作用下，H_2O_2 可分解为高活性的羟基自由基，从而对膜电极造成较大影响，如图 3.8 所示。因此，如何稳定膜电极结构、避免羟基自由基对电极造成影响也是提高电池性能的关键科学问题之一。金属 Pt 极易被羟基自由基氧化，从而导致催化剂材料迁移、聚集和脱落。为解决此问题，可采用具有独特结构的聚合物材料对贵金属 Pt 颗粒进行固定。研究表明，多孔聚合物、质子导体聚合物和电子导体聚合物对催化剂的固定均有不错的效果，这些材料可大幅缓解贵金属 Pt 催化剂的脱落问题，并提高电极结构及性能的稳定性。另外，利用多孔碳等无机材料稳定 Pt 和选择更稳定的载体也可达到类似的效果。但如何在稳定电极的同时不减少气-液-固三相界面反应区的面积并逐步减少 Pt 催化剂的用量，仍是 PEMFC 发展过程中需要进一步改善的问题之一。

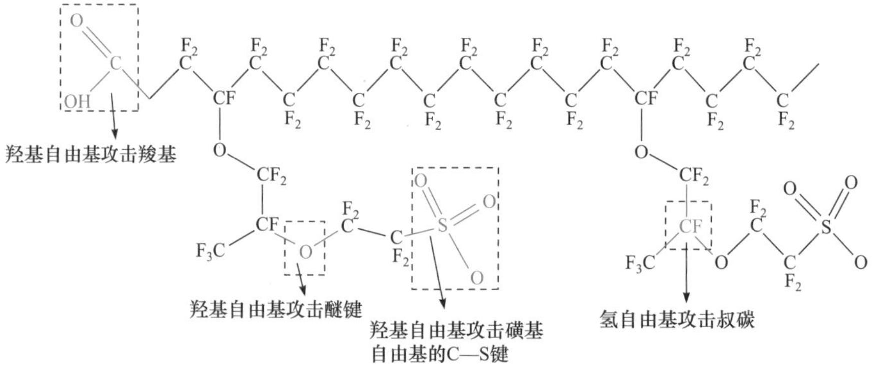

图 3.8   自由基攻击 Nafion 膜机理

3.2   熔融碳酸盐燃料电池

3.2.1   概述

熔融碳酸盐燃料电池(MCFC)是一种以氢气或天然气等气体作为燃料，熔融碳酸盐作为电解质，氧气或空气与二氧化碳的混合气作为氧化剂的高温燃料电池。MCFC 具有以下优点：①在工作温度下，燃料可在电池堆内部进行重整，这既可降低生产成本，又可提高工作效率；②器件结构相对简单，对电极、隔膜和双极板的制备工艺要求较低，并且组装过程较为方便；③电池反应对催化剂的要求较低，可使用价格低廉的非贵金属类催化剂。然而，MCFC 也存在一些缺点：①熔融碳酸盐电解质的腐蚀性很强，容易腐蚀电极材料，影响电池使用寿命；②在 MCFC 系统中，二氧化碳循环会增加系统的复杂性；③MCFC 的启动时间较长，作为备用电源具有一定的局限性。

3.2.2　结构及工作原理

1. 结构

MCFC 单电池由阴极、阳极和碳酸盐电解质层共同组成，电化学反应主要发生在气体-电解质-电极材料的界面上，其结构如图 3.9 和图 3.10 所示。具体来说，单电池通常采用镍-铬合金或镍-铝合金作为阳极，氧化镍作为阴极，碳酸锂和碳酸钾或碳酸钠的混合物作为电解质，铝酸锂作为电解质载体隔膜。其中，碳酸盐电解质层不仅可以传输离子，

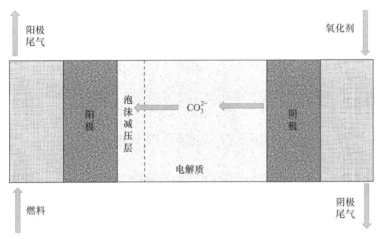

图 3.9　MCFC 单电池的结构示意图(一)

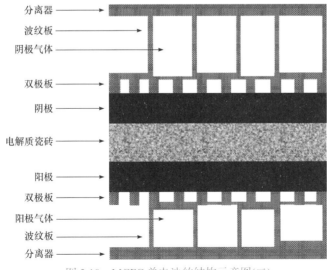

图 3.10　MCFC 单电池的结构示意图(二)

还可以阻隔阴、阳极。一般碳酸盐的熔点约为 500 ℃，而 MCFC 的工作温度通常为 650 ℃，因此在电池运行过程中，碳酸盐呈熔融状态。而且，在高温条件下氧气和氢气的活性有所提高，这有助于加快电化学反应进程。在 MCFC 中，可采用氧化镍作为催化剂，这可以避免出现类似铂催化剂中毒的现象。

为了获得更高的功率和电压，可以将单个 MCFC 电池进行串联，形成电池堆。MCFC 电池堆的结构如图 3.11 所示，其物理、几何和运行参数列于表 3.1 和表 3.2。一套完整的 MCFC 发电系统通常由电池组、燃料预处理系统、电能转换系统和故障检测系统等部分组成(图 3.12)。在这些系统的协同作用下，MCFC 不断产生水和热，同时为外部装置供电。

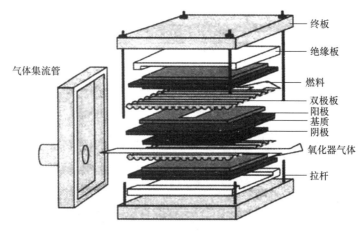

图 3.11　MCFC 电池堆的结构示意图

表 3.1　电池堆组件的物理和几何参数

组件	材料	面积/cm²	厚度/mm	孔隙率/%	平均孔直径/μm
阴极	Ni	226	0.4	60～63	18～25
阳极	Ni-Cr	226	0.4	60～63	18～25
隔膜	α-LiAlO$_2$	375	0.6～0.8	53～57	0.36
双极板	不锈钢316	375	1.0	—	—

表 3.2　电池堆的运行参数

参数	产品规格	参数	产品规格
电池数目	52 个	燃料气	$H_2 + CO_2$
设定功率	1000 W	反应物气体压力	0.1 MPa
实现功率	1025.5 W	反应物气体利用率	20%
操作温度	650 ℃	电解质	$Li_2CO_3 + K_2CO_3$
氧化剂	$O_2 + CO_2$		

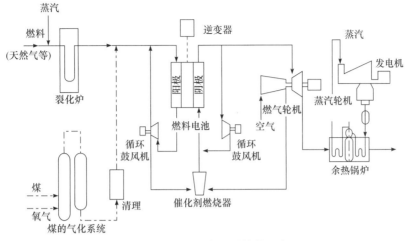

图 3.12　MCFC 发电系统的组成

2. 工作原理

1) 电池反应

MCFC 的工作原理如图 3.13 所示，电池反应过程为

阳极反应：
$$H_2 + CO_3^{2-} \longrightarrow H_2O + CO_2 + 2e^- \tag{3.22}$$

阴极反应：
$$\frac{1}{2}O_2 + CO_2 + 2e^- \longrightarrow CO_3^{2-} \tag{3.23}$$

总反应：
$$H_2 + \frac{1}{2}O_2 + CO_2(阴极) \longrightarrow H_2O + CO_2(阳极) \tag{3.24}$$

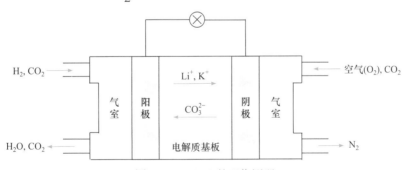

图 3.13　MCFC 的工作原理

在 MCFC 工作过程中，氧气和二氧化碳在电池阴极发生反应，生成碳酸根离子；在电池阳极，碳酸根离子与氢气反应，生成水和二氧化碳。从总的电池反应方程式可以看出，二氧化碳既是阴极反应的反应物，又是阳极反应的产物。因此，若能将阳极产生的二氧化碳收集起来导入阴极再利用，在一定程度上可以减少二氧化碳气体的排放。

2) 二氧化碳供应

对于电池反应，二氧化碳的供应来源包括以下几个方面：

(1) 二氧化碳作为阳极反应的产物，可以借助循环装置使其循环到阴极进行重复利用。

(2) 阳极反应后残留的可燃性气体再燃烧产生的二氧化碳。一般情况下，参与阳极反应的气体是氢气或其他可燃性气体，在反应过程中，由于阳极燃料不能完全与碳酸根离子发生反应，因此会有部分残留的可燃性气体，它们经过再燃烧后会产生二氧化碳，进而作为原料供给到阴极。

(3) 使用二氧化碳原料，通常可在阴极一端直接通入二氧化碳气体。此方法虽然简单方便，但是在阳极会产生大量二氧化碳气体，如果直接排放到空气中，会造成大气污染。

3.2.3 关键材料及制备技术

MCFC 的关键组成包括阳极、阴极、电解质隔膜和双极板，下面分别介绍其相应的材料。

1. 电极材料

1) 阳极材料

金属镍是 MCFC 常用的阳极材料，但是金属镍在高温或组装电池的压力条件下容易发生蠕变。为了解决该问题，研究者通过向金属镍中加入铬、铝等金属制备镍-铬合金或镍-铝合金。但是，镍基合金的抗蠕变能力取决于合金中镍与其他元素的比例，若合金中其他元素含量过少，则会增加阳极发生蠕变的概率，而含量过多可能会引起其他副反应。因此，合金中各组分种类和比例的调控是保证镍基阳极材料稳定性的关键。

2) 阴极材料

MCFC 阴极材料应具有电导率高、结构强度高和溶解度低(在酸性熔融碳酸盐电解质中)等特征。氧化镍是 MCFC 常用的阴极材料，它可以在电池升温过程中由金属镍氧化形成。然而，氧化镍会缓慢溶解在电解质中变成镍离子，这些镍离子穿过隔膜沉积在阳极表面，形成树枝状沉积物。随着镍沉积量的增加，树枝状的镍会刺穿电解质隔膜层，致使阴极和阳极直接接触，最终导致 MCFC 发生短路。氧化镍的溶解机理如下所示：

$$NiO + CO_2 \longrightarrow Ni^{2+} + CO_3^{2-} \tag{3.25}$$

$$Ni^{2+} + CO_3^{2-} + H_2 \longrightarrow Ni + CO_2 + H_2O \tag{3.26}$$

由上述反应式可知，氧化镍的溶解速度与二氧化碳及电解质成分密切相关。研究表明，向电解质中加入碱金属盐类、改变熔融盐电解质的组分配比或降低气体的工作压力等方法可以抑制氧化镍阴极的溶解反应。除氧化镍外，钴酸锂、锰酸锂和氧化铜等也经常用作 MCFC 的阴极材料。

MCFC 电极一般采用带铸法制备，即将电催化剂粉料、活性材料粉末、黏合剂和增塑剂按照一定比例混合均匀，加入乙醇和正丁醇作为分散剂，搅拌得到浆料，然后通过带铸机进行铸膜。通过上述方法可制备镍、镍-铬阳极和钴酸锂阴极，具体参数如下所述。镍阳极：厚度约 0.4 mm，孔径约 5 μm，孔隙率 70%；镍-铬阳极：厚度为 0.4～0.5 mm，孔径约 5 μm，孔隙率约 70%；钴酸锂阴极：厚度为 0.4～0.6 mm，孔径约 10 μm，孔隙率为 50%～70%。

2. 隔膜材料

隔膜是连接阴、阳极的重要部分，要求其具备机械强度高、离子导电性好且耐高温熔融盐腐蚀等性质。此外，隔膜在熔融电解质中必须能够阻挡气体通过。在 MCFC 中，氧化镁是一种常用的隔膜材料，但它在熔融碳酸盐中会发生部分溶解，导致隔膜的机械强度变差，从而影响 MCFC 的性能。与氧化镁相比，铝酸锂(LiAlO$_2$)在熔融碳酸盐中具有较强的耐腐蚀性，因而成为 MCFC 中研究较为广泛的隔膜材料。

铝酸锂有 α(六方)、β(单斜)和 γ(四方)三种晶形，分别呈现球状、针状和片状形貌。在这三种晶形中，α 型和 γ 型铝酸锂可用作 MCFC 的电解质载体。制备铝酸锂通常需要高温烧结，具体过程如下：将氧化铝和碳酸锂按照 1 : 1(物质的量比)混合，经过长时间球磨，使两者混合均匀，然后在 600~700 ℃条件下进行煅烧，即可得到铝酸锂粉料，其反应过程如式(3.27)所示：

$$Al_2O_3 + Li_2CO_3 = 2LiAlO_2 + CO_2 \tag{3.27}$$

通常反应温度在一定程度上会影响产物的晶形，当温度为 700 ℃时，上述反应会生成较多的 α 型铝酸锂和少量的 γ 型铝酸锂。

制备隔膜一般采用流延法，其制备流程如图 3.14 所示，具体过程如下：首先通过球磨将陶瓷粉体均匀分散在乙醇或正丁醇中，然后将一定比例的增塑剂和黏结剂加入上述陶瓷粉体中进行二次球磨，得到均匀的浆料，经过脱气处理，置于流延机上进行流延，干燥后可得到柔性薄膜。

图 3.14　流延法制备隔膜流程图

此外，采用电沉积、带铸和热压等方法也可以制备隔膜材料。其中，带铸法是制备电解质隔膜载体最常用的方法。该方法制备隔膜载体的过程与电极制备类似，具体过程如下：将铝酸锂原料与增塑剂、黏结剂和分散剂按照一定比例混合，用正丁醇和乙醇作为分散剂，混合均匀形成浆料，然后将浆料通过带铸机铸膜，多次重复以上过程便可得到多张薄膜，最后将多张薄膜进行叠合，经过热压可得到厚度约 0.5 mm 的铝酸锂薄膜。采用该方法制备的铝酸锂隔膜展现出优异的性能，并且可重复性较好，在批量生产中具有一定的优势。

在 MCFC 中，要求隔膜中的电解质处于完全充满的状态，可以防止燃料气和氧化剂通过孔隙发生扩散。电解质在隔膜与电极之间的分配与它们自身结构中孔的毛细作用力有关，并遵循以下公式：

$$\sigma_c\cos\theta_c/r_c = \sigma_e\cos\theta_e/r_e = \sigma_a\cos\theta_a/r_a \tag{3.28}$$

式中，r 为直径；θ 为接触角；σ 为表面张力；下标 c 表示阴极，a 表示阳极，e 表示电解质隔膜。

　　在电池系统中，为使隔膜能够充分吸收电解液，隔膜应具有较小的孔径；对于阴极，为了促进氧的传输，它的孔径应该相对较大，而阳极的孔径则应处于两者之间。电解质在 MCFC 电极与隔膜中的分布如图 3.15 所示。在 MCFC 工作过程中，电解质盐与电极材料因发生腐蚀反应而消耗，而且在高温条件下也会出现蒸发流失，这导致隔膜中的电解质处于一种未充满的状态，最终造成氧化剂与燃料发生"互窜"，严重时将使电池失效。因此，在电池运行过程中，必须减少电解质盐的流失，并及时补充损失的电解质。

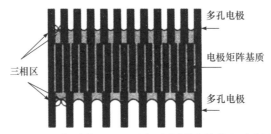

图 3.15　电解质在 MCFC 电极和隔膜中的分布示意图

3. 双极板材料

　　双极板也是燃料电池的重要组成部分，它用于分隔氧化剂和还原剂，并起传输气体和导电的作用。目前，316L 和 316S 不锈钢是最常用的双极板材料。一般来说，对于大功率的燃料电池，双极板采用冲压成型的加工方法，而小功率的则采用机械加工方法。目前使用的双极板材料往往面临腐蚀的问题，其腐蚀过程一般遵循式(3.29)：

$$Y = ct^{1/2} \tag{3.29}$$

式中，Y 为腐蚀层的厚度；c 为常数；t 为时间。腐蚀层的厚度与时间的 1/2 次方成正比。通常双极板材料发生腐蚀的具体反应如下：

$$M + \frac{1}{2}Li_2CO_3 + \frac{3}{4}O_2 \Longrightarrow LiMO_2 + \frac{1}{2}CO_2 \qquad (M = Fe, Cr) \tag{3.30}$$

$$Cr + K_2CO_3 + \frac{3}{2}O_2 \Longrightarrow K_2CrO_4 + CO_2 \tag{3.31}$$

　　可见，腐蚀过程会给双极板材料造成不利的影响。首先，腐蚀过程会消耗电解质，尤其是在靠近双极板的一端，电解质损失更为严重。其次，随着腐蚀过程的发生，双极板的电阻会不断增大，导致其电导率明显降低。最后，腐蚀过程还会导致双极板的厚度减小，使其机械性能变差。因此，开展双极板的防护工作具有重要意义。目前，研究者已开发出多种方法用于减缓双极板的腐蚀速率。其中，最常见的方法是在双极板表面包覆一层耐腐蚀的合金，或者直接电镀一层金属铝或钴等。这些物质在双极板表面形成一层致密的氧化物保护层，从而起到减缓腐蚀的作用。除不锈钢材质的双极板外，导电性好、耐腐蚀性强的石墨板也是理想的双极板材料。

3.2.4　影响熔融碳酸盐燃料电池性能的因素

1. 压力

　　在 MCFC 中，压力与可逆电动势的关系如下所示：

$$\Delta U_p = RT/(2F)\ln[(p_{a1}p_{c2}^{3/2})/(p_{a2}p_{c1}^{3/2})] \tag{3.32}$$

式中，下标 a 和 c 分别表示阳极和阴极。当阴、阳极反应过程中压力相等时，式(3.32)可简化为

$$\Delta U_p = RT/(4F)\ln(p_2/p_1) \tag{3.33}$$

当温度为 650 ℃时，式(3.33)可以进一步简化为

$$\Delta U_p = 46\lg(p_2/p_1) \tag{3.34}$$

若提高 MCFC 的工作压力，反应气体的分压随之增大，气体的溶解度和物质的传输速率也会相应提高，最终使得电池电压升高。但是，压力增大会引起碳沉积和甲烷化反应等问题，具体反应过程如式(3.35)～式(3.38)所示。

$$2CO \longrightarrow CO_2 + C \tag{3.35}$$

$$CO + 3H_2 \longrightarrow CH_4 + H_2O \tag{3.36}$$

$$CH_4 \longrightarrow C + 2H_2 \tag{3.37}$$

$$CO_2 + H_2 \rightleftharpoons CO + H_2O \tag{3.38}$$

一般来说，碳的沉积会堵塞阳极气体进出的通道，从而影响反应正常进行。尽管氢气是清洁能源，但是每生成一个甲烷分子，就会消耗三个氢气分子，这不仅会造成氢气的极大浪费，也会使 MCFC 的发电效率降低。根据以上碳沉积和甲烷化反应方程式可知，在燃料气中添加水和二氧化碳来调节平衡气体的组成，可以抑制碳沉积和甲烷生成。图 3.16 展示了 MCFC 工作压力对单体电压的影响，当二氧化碳含量较高时，MCFC 单体电压较高，并且随工作压力增加，电压进一步升高。因此，提高 MCFC 的工作压力有助于改善燃料电池性能。但是，当使用氧化镍作为阴极，工作压力为 1 atm 时，MCFC 的寿命可达到 25 000 h，而当工作压力增加到 7 atm 时，MCFC 的寿命却减少到只有 3500 h。因此，选择合适的工作压力对维持 MCFC 的使用寿命至关重要。

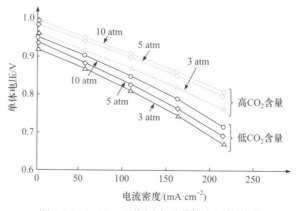

图 3.16　MCFC 工作压力对单体电压的影响

2. 温度

温度在一定程度上影响 MCFC 的可逆电动势。水气转换反应通常是快速平衡反应，

当温度升高时，H_2O 和 CO 的分压增大，反应的平衡常数 K 随之增加，燃料气体的平衡组成也随之变化，进而改变 MCFC 的可逆电动势。

3. 反应气体组分和利用率

在 MCFC 工作状态下，随着反应气体的消耗，反应气体的分压将逐渐减小，MCFC 的电压也随之降低。在 MCFC 中，反应气体通常可分为氧化剂组分和燃料气组分。在阳极中，一氧化碳与水蒸气发生水气转换反应，而在阴极中，则会消耗二氧化碳和氧气，这些反应过程都比较复杂。一般来说，若提升了反应气体的利用率，则燃料电池的性能降低。其中，氧化剂利用率对 MCFC 电堆的平均单体电压影响如图 3.17 所示，当氧化剂利用率从 20%升高到 50%时，平均单体电压从 0.74 V 下降到 0.71 V，降低了 30 mV。

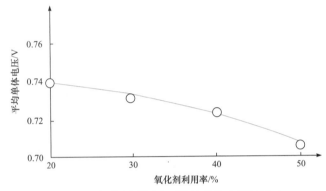

图 3.17　氧化剂利用率对平均单体电压的影响

另外，燃料气利用率对 MCFC 的电压也有一定的影响(图 3.18)。从图中可知，当燃料气利用率从 20%升高到 60%时，MCFC 电堆的单体电压平均降低 44 mV。而且，当单体电压较高时，反应物气体燃烧不够充分，利用率往往比较低。因此，根据氧化剂和燃

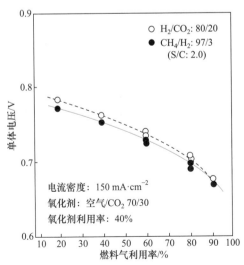

图 3.18　燃料气利用率对单体电压的影响

料气利用率对单体电压的影响曲线，MCFC 一般选取燃料气利用率为 75%～85%、氧化剂利用率约为 50% 的电池系统。

4. 杂质效应

MCFC 中主要的燃料来源为煤气，而煤气是以煤为原料经过提炼得到的。因此，煤气通常含有煤中的一些杂质，如硫化物、卤化物、氮化物、碳氢化合物、微量金属和固体颗粒。不同杂质对 MCFC 性能的影响如表 3.3 所示。

表 3.3　煤气中杂质对 MCFC 的影响

分类	杂质	潜在影响
固体颗粒	灰尘，煤粉	堵塞气体通道
硫化物	H_2S, COS, CS_2, C_4H_4S	与电解质发生反应
卤化物	HCl, HI, HF, HBr, $SnCl_2$	与电解质发生反应(腐蚀)
氮化物	NH_3, HCN, N_2	通过 NO_x 与电解质发生反应
微量金属	As, Pb, Hg, Cd, Sn, Zn, H_2Se	沉积于电极，与电解质发生反应
碳氢化合物	C_6H_6, $C_{10}H_8$, C_4H_{10}	积碳

1) 硫化物

通常硫化物(如硫化氢和硫氧化物)对 MCFC 的性能影响非常大。在 MCFC 工作过程中，硫化氢吸附在镍的表面，不仅抑制电化学反应的进行，还会阻止水气转换反应的发生。此外，硫化氢还可被氧化成硫氧化物，然后与电解质中的碳酸根离子发生反应，造成电解质的消耗。当电流密度增大时，硫化氢对电池的电压影响更大。因此，在使用煤气作为燃料气时，要预先对其进行脱硫处理，使其中含硫量低于 1×10^{-5}(体积分数)。

2) 卤化物

燃料气中的卤化物(如氯化氢、氟化氢)会严重腐蚀阳极金属器件，对燃料电池产生较大的危害。此外，氯化氢和氟化氢还与碳酸盐反应生成二氧化碳、水及碱性卤化物等，造成碳酸盐电解质的消耗。一般情况下，燃料中卤化物含量应低于 5×10^{-7}(体积分数)。

3) 固体颗粒

固体颗粒(包括灰尘和煤粉)对 MCFC 的危害极大。一般情况下，它们会阻塞阳极、阴极及电解质中的孔道，阻挡燃料和氧化剂气体传输，当阻塞情况严重时，燃料电池无法正常工作。

5. 电流密度

电流密度在一定程度上也会影响 MCFC 的性能。随着电流密度的增大，燃料电池的电阻和极化都相应增加，导致 MCFC 的电压降低。

6. 运行时间

在 MCFC 运行前 20 000 h 中，电池内部的腐蚀会造成欧姆电阻增大，从而导致电池极化电压增加；随着运行时间的继续增加，电解质板的孔隙结构可能也会发生变化，导致电池内阻进一步增大，最终使电池性能下降。目前，电解质损失和氧化镍溶解等因素是造成 MCFC 电堆寿命下降的主要原因，因此解决上述问题是实现 MCFC 商业化应用的重要前提。

3.2.5 未来发展

目前，全球专家学者对 MCFC 的关键材料与技术已经开展了广泛而深入的研究工作，并且在这个过程中涌现出很多出色的技术开发商。尽管 MCFC 已经取得了较好的研究进展，但是 MCFC 制造成本较高、燃料气利用率较低等问题限制了其进一步发展。基于此，对 MCFC 未来的发展提出以下展望。

1. 降低成本

目前，MCFC 发展进入综合试验阶段，试验系统的规模从 250 kW 到 2 MW 不等。但是，这些系统往往比较复杂，制造成本较高。通常采用单位功率的成本来定义系统成本，用户可根据该指标衡量是否使用该系统，制造商也可用它来估算投资额。在计算 MCFC 的制造成本时，硬件和工程等成本基本是确定的，但是也存在一些无法确定的外部因素(如厂址选择、地域性价格等)。

2. 提高性能

单电池和电池堆性能通常由能斯特方程、欧姆极化和电极反应极化共同决定。其中，热力学因素是由燃料电池反应系统本身决定的，它受外部条件影响很小，一般不用于优化电池性能。相比之下，欧姆极化和电极反应极化可通过改进电极设计和优化制造工艺等方式来改善，从而达到提升电池性能的目的。例如，减小电极厚度，可使两电极的欧姆损耗在原来的基础上再降低 50%。另外，也可通过适当升高工作温度减小或消除电极极化，但是与阳极极化相比，减小阴极极化的可能性更大。

3. 电池堆网络化

电池堆网络化是 20 世纪 90 年代出现的技术。在常规 MCFC 系统中，电池堆对反应气体来说通常是并联的，然而在电池堆网络化设计中，电池堆是串联的。通过在电池堆之间增加相对较冷的氧化气体，可以大幅度降低 MCFC 系统的冷却需求。

总之，MCFC 利用煤制天然气、沼气等作为燃料，通过电化学反应将这些燃料中的化学能转换成电能，从而满足全球范围内对电力能源的需求。因此，MCFC 具有较好的实际应用前景。

3.3 固体氧化物燃料电池

3.3.1 概述

固体氧化物燃料电池(SOFC)是一种在中高温条件下通过电化学反应将燃料和氧化剂

中的化学能直接转化成电能的能量转换装置。传统热力发电系统的工作原理如下：首先，化石燃料燃烧产生大量的热能；然后，蒸汽推动电机叶片工作，将热能转换为机械能；最后，电机叶片将机械能转换为电能，供给负载工作。SOFC 与传统热力发电系统的工作原理有所不同(图 3.19)，并且比传统的热力发电更为简便。

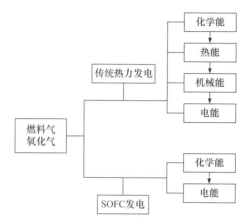

图 3.19　SOFC 发电与传统热力发电模式比较

作为新兴的发电模式之一，SOFC 具有以下特点：

(1) 能量转换效率高。传统热力发电要经过化学能、热能、机械能和电能的转换，而 SOFC 在发电过程中可直接将化学能转换为电能。因此，SOFC 在发电过程中的能量损失较少，发电效率一般高达 60%。而且，当 SOFC 实现热电联供时，其综合能量转换效率能够达到 85%。

(2) 功率密度高。SOFC 的结构紧凑，功率密度比其他燃料电池更高，一般每平方米电堆的功率密度能够达到兆瓦级别。

(3) 环境友好。由于 SOFC 在工作时不涉及燃烧过程，因而不会产生 SO_2、NO 和 NO_2 等对环境有污染的气体。

(4) 模块化设计。SOFC 的系统可以进行模块化设计，其发电水平由电堆的功率及组数决定，可以根据实际需求自由进行模块化安装及灵活调节整体发电水平。因此，这种发电模式在电力发电系统中具有较好的应用前景，受到了人们的广泛关注。

(5) 可靠性较高。SOFC 的负载响应能力比较强，在实际运作过程中，即便负载有所变化，这种发电模式也能对负载进行可靠的响应，因此在实际电力运作过程中的安全性较高，实际应用潜力较大。

(6) 燃料来源广泛。由于不涉及一氧化碳毒化电极的问题，因此 SOFC 对燃料的要求比较低，并且选择范围比较广泛。一般来说，天然气、石油液化气和煤气等都可作为 SOFC 的燃料。

基于 SOFC 的独特优势，许多国家投入了大量资金研究 SOFC 的核心技术难题。我国对此也非常重视，已经提供了大量科研经费推动其研发与产业化发展。

3.3.2 结构与工作原理

1. 结构

SOFC 具有多层的固体结构,其单体电池由连接体层、阳极层、电解质层和阴极层组成。层与层之间的电池材料通常利用煅烧、压片等方式使其紧密连接在一起。因为具有典型的全固态结构,所以 SOFC 通常可以进行多样式设计,常见的有平板式、管式和瓦楞式。下面对其进行简要介绍。

1) 平板式 SOFC

平板式 SOFC 的制备工艺及电池结构比较简单,是 SOFC 中常用的结构模式。平板式 SOFC 的制备工艺如下:首先,将阳极层、电解质层和阴极层通过烧结连接形成"三明治"状的层层平板结构。然后,在两个平板之间放置双面刻上气道的连接板,经过串联组装就可以得到平板式 SOFC(图 3.20)。然而,平板式 SOFC 的高温密封过程比较复杂,所以其热循环性能通常较差。因此,高温密封材料的设计开发是平板式 SOFC 面临的主要技术难题之一。

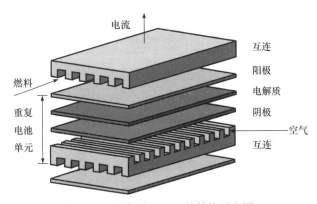

图 3.20 平板式 SOFC 的结构示意图

2) 管式 SOFC

管式 SOFC 发展比较早,也是目前最重要的 SOFC 模式之一。通常,管式 SOFC 无需高温材料密封,组装也较为方便,而且还可通过自身的结构将燃料气和氧化气分隔开来(图 3.21)。由于管式 SOFC 能够通过并联或串联的方式组装成大规模的燃料电池组,因此其技术和应用发展较快。然而,因为管式 SOFC 的电流传输路径比较长,欧姆损耗较为严重,所以其功率密度低于平板式 SOFC。此外,管式 SOFC 工作温度通常在 1000 ℃左右,高温条件限制了其连接材料的选择。

3) 瓦楞式 SOFC

瓦楞式 SOFC 的结构与平板式 SOFC 的结构类似,主要区别在于瓦楞式 SOFC 结构中的夹层由平板形制成了瓦楞形(图 3.22)。瓦楞式 SOFC 的结构优势在于其体积小,不需要支撑材料。而且,瓦楞式 SOFC 自身结构具备所需的气体通道,内阻较小,功率密度和效率都比较高。然而,瓦楞式 SOFC 的制备工艺比较复杂,其研发仍然处于实验室阶段,尚未实现工业化应用。

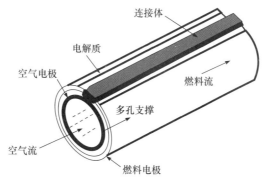

图 3.21　管式 SOFC 的结构示意图

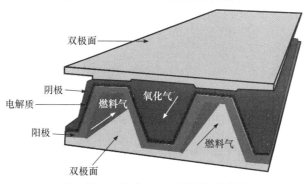

图 3.22　瓦楞式 SOFC 的结构示意图

2. 工作原理

以 H_2 作为燃料，SOFC 的工作原理如下：

$$H_2 + \frac{1}{2}O_2 \longrightarrow H_2O \tag{3.39}$$

理论上，只要在阳极和阴极分别不断输入氢气和氧气，SOFC 就能一直工作并输出电能。根据电解质材料的差异，SOFC 可以分为氧离子传导型和质子传导型。其中，氧离子传导型 SOFC 的反应过程如式(3.40)和式(3.41)所示：

$$H_2 + O_O^X \longrightarrow V_O^{\cdot\cdot} + H_2O + 2e^- \tag{3.40}$$

$$\frac{1}{2}O_2 + V_O^{\cdot\cdot} + 2e^- \longrightarrow O_O^X \tag{3.41}$$

而质子传导型 SOFC 的反应过程如式(3.42)和式(3.43)所示：

$$H_2 + 2O_O^X \longrightarrow 2OH_O^{\cdot} + 2e^- \tag{3.42}$$

$$H_2O + O_O^X + V_O^{\cdot\cdot} \longrightarrow 2OH_O^{\cdot} \tag{3.43}$$

式中，O_O^X 为晶格氧离子；$OH_O^{\cdot}$ 为质子载流子；$V_O^{\cdot\cdot}$ 为氧空位。

3.3.3　关键材料及制备技术

1. 阳极材料

SOFC 的阳极又称为燃料极，燃料在此发生电化学氧化反应。阳极材料在 SOFC 中发挥着重要的作用，是 SOFC 不可或缺的组成部分。SOFC 的阳极材料需要满足以下几个条件：①在还原性气氛中具有较好的化学稳定性；②有较高的电导率，一般情况下，燃料极的电导率要求为 100 S·cm⁻¹，但是如果集流体设计合适，对其电导率的要求可以降低到 1 S·cm⁻¹；③具备较好的氧离子传导性及良好的催化活性；④为了满足 SOFC 稳定性的要求，SOFC 的阳极材料与电介质层在烧结和运行过程中要具备较好的热匹配性及化学相容性。

目前，石墨、过渡金属等由于具有较高的电导率而用作 SOFC 的阳极材料，但是它们往往存在一些问题。例如，石墨作为 SOFC 的阳极材料容易发生电化学腐蚀；金属 Fe 在 SOFC 运行过程中容易被氧化成 Fe_2O_3；金属 Co 价格昂贵不适合实际应用；金属 Pt 在电池运行过程中会产生水蒸气，致使 SOFC 的阳极层与电解质层发生剥离。相比较而言，金属 Ni 基复合阳极表现出较佳的效果，具有较好的应用前景。下面对其作简要介绍。

1) Ni-YSZ 金属陶瓷

1964 年，Spacil 首次提出了复合金属陶瓷材料，它具有强度高、抗氧化、耐腐蚀和耐磨损等优点。通常金属陶瓷结构中要确保具有连续电子导向的金属成分的含量最少，并且氧化锆颗粒之间也要形成连续相。在金属陶瓷结构中，陶瓷的作用主要是分散金属颗粒并保持阳极结构的多孔性。因此，选用金属陶瓷复合材料作为 SOFC 的阳极材料在一定程度上可以缓解 SOFC 在高温下长时间运行导致多孔金属材料致密化的问题。

通常金属 Ni 的热膨胀系数远高于 YSZ(Y_2O_3 稳定 ZrO_2 材料)，将两者复合后可降低其综合热膨胀系数。此外，在电池实际工作过程中，Ni-YSZ 复合材料还可以极大地分散阳极材料与电解质层之间的应力，从而降低材料结构破坏的可能性，并提高复合材料之间的相容性。要得到 Ni-YSZ 金属陶瓷，首先需要制备 NiO-YSZ 复合材料。在 NiO-YSZ 体系中，YSZ 质量分数为 50%左右时，可以形成连续的网络结构。当采用这种网络结构负载 NiO 颗粒时，可提高 NiO 的分散程度，从而达到 NiO 颗粒在基体中均匀分布的目的。同时，这种结构也可以抑制烧结过程中 Ni 粒子的长大，保证制备的 NiO-YSZ 材料具有较好的结构稳定性。

一般来说，NiO-YSZ 阳极的制备工艺如图 3.23 所示，制备方法通常包括沉积技术、成型技术和涂层技术。其中，沉积技术有化学气相沉积(chemical vapor deposition，CVD)和等离子喷涂；成型技术包括轧膜成型和流延成型；涂层技术包括泥浆涂层和丝网印刷。

NiO-YSZ 薄膜的制备过程如下：使用 $Ni(NO_3)_2 \cdot 6H_2O$ 作为原料，先在 150 ℃预烧 1 h，再分别经 300 ℃烧结 1 h、500 ℃烧结 2 h、800 ℃烧结 2 h 后研磨过筛(120～360 目)得到 NiO 粉料；然后将其与商业 YSZ 粗粉、成孔剂混合均匀，在 20 MPa 压力下干压 2 min 成型；最后将所压薄膜在 1350 ℃恒温烧结 2～6 h 得到 NiO-YSZ 薄膜。之后，将 NiO-YSZ 薄膜置于氢气(5%～50%，体积分数)-氮气气氛中，在 800～950 ℃常压下还原 1～3 h，即可得到 Ni-YSZ 阳极薄膜。NiO 和 YSZ 的原料配比在一定程度上影响 Ni-YSZ 金属陶瓷的性能(表 3.4)。在还原性气氛中，Ni-YSZ 金属陶瓷的综合性能指标如表 3.5 所示。值得注意的是，在还原过程中，NiO 被还原成 Ni，而生成的氧气在阳极中形成孔洞，这些气孔也影响 SOFC 的性能。为了得到合适的气孔结构，一

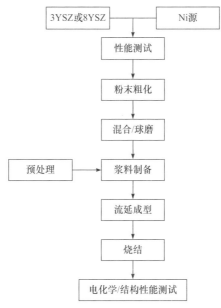

图 3.23　NiO-YSZ 阳极制备工艺流程

般在混合配料中加入成孔剂，常用的有碳材料(如石墨和活性炭)和易分解的有机物(如淀粉和甲基纤维素)/无机物(如碳酸盐)材料。由于作用原理的差异，不同类型的成孔剂使阳极形成不同的孔结构。一般情况下，碳材料成孔剂形成窄长的细孔，孔径分布为 5～15 μm，长度几十微米；而有机物成孔剂通常形成封闭的大孔，孔径分布为 10～40 μm；无机盐成孔剂通常得到尺寸分布均匀的微孔。

表 3.4　原料配比与 Ni-YSZ 性能的关系

试验编号		1	2	3	4	5
NiO(质量分数)/%		40	50	56	40	40
YSZ (质量分数)/%	粗粉	60	50	44		
	细粉				60	60
成孔剂 (质量分数)/%	淀粉	10		10	10	
	活性炭粉		10			
	炭黑					10
烧结温度/℃		1350	1350	1350	1350	1350
恒温时间/h		2～6	2～6	2～6	2～6	2～6
显气孔率/%		36	36	44.6	41.9	43.1
烧成收缩率/%		16.38	16.38	5.56	13.14	16.23
渗透率/ $[10^{-8}\,m^8(STP)\cdot m^{-2}\cdot s^{-1}\cdot Pa^{-1}]$		3.7	3.7	6.7	7.8	4.3
电导率/(S·cm^{-1})		很小	86.5	554	277	254
机械强度/MPa		>60	>60	>60	>60	>60

表 3.5 Ni-YSZ 金属陶瓷的性能指标

性能指标	数值
Ni 的熔点/℃	1453
密度[30%(体积分数)Ni]/(g·cm^{-3})	6.87
电导率[1000 ℃，30%(体积分数)Ni，30%(体积分数)孔]/(S·cm^{-1})	500
热膨胀系数[30%(体积分数)Ni，30%(体积分数)孔]/(10^{-6} K^{-1})	12.5
强度[25 ℃，30%(体积分数)Ni，30%(体积分数)孔]/MPa	100

2) 其他阳极材料

除 Ni-YSZ 材料外，采用金属 Co、Cu、Fe、Ag 和 Mn 取代金属 Ni 也可制备类似的金属陶瓷材料，并作为 SOFC 的阳极材料。Co-YSZ 用作 SOFC 阳极材料有很多优势，如在还原气氛中性质稳定且催化性能优异。但是，Co-YSZ 陶瓷材料也有自身的劣势，如 Co 价格相对昂贵并且氧化电势较高。Craciun 等在 YSZ 基体中使用 Cu 取代 Ni，当采用质量分数为 40%的 Cu-YSZ 作为 SOFC 的阳极材料时，SOFC 的功率密度达到 50 mW·cm^{-2}，电流密度为 210 mA·cm^{-2}。而且，Cu-YSZ 阳极材料的性能比较稳定且寿命较长，在 800 ℃运作一周后，电池性能基本保持不变。由于 Cu 比 Ni 更具有化学惰性，将其作为阳极组分用于甲烷类燃料电池时，很难形成碳的沉积。此后，人们发现掺杂 CeO$_2$ 可以进一步提升 Cu-YSZ 阳极材料的性能，当加入质量分数为 20%的 CeO$_2$ 后，SOFC 的功率密度可高达 142 mW·cm^{-2}，电流密度可提升至 500 mA·cm^{-2}。

2. 阴极材料

在 SOFC 中，由于阴极提供氧化气，因此阴极又称为空气电极。SOFC 最常用的阴极材料为稀土钙钛矿氧化物，其中最具有代表性的是锰酸镧(LaMnO$_3$)。LaMnO$_3$ 是一种利用阳离子空位传导电子的 P 型半导体材料，具有立方钙钛矿结构。LaMnO$_3$ 的性能指标如表 3.6 所示。

表 3.6 LaMnO$_3$ 的性能指标

性能指标	数值
熔点/℃	1880
密度/(g·cm^{-3})	6.57
热导率/(W·cm^{-1}·K^{-1})	0.04
电导率(700 ℃)/(S·cm^{-1})	0.1
热膨胀系数(25～1100 ℃)/(10^{-6} K^{-1})	11.2
反应标准焓变/(kJ·mol^{-1})[La$_2$O$_3$(s)+MnO(s)+O$_2$(g), 1064～1308 K]	−168
反应标准熵变/(J·mol^{-1}·K^{-1})[La$_2$O$_3$(s)+MnO(s)+O$_2$(g), 1064～1308 K]	−65
强度[25 ℃，30%(体积分数)孔]/MPa	25

在室温条件下，未掺杂的 $LaMnO_3$ 晶体属于正交晶系。当温度升高时，Mn^{3+} 氧化为 Mn^{4+}，使 $LaMnO_3$ 从正交相转变为菱形相。此外，若 Mn^{4+}(或氧)含量高到一定程度 ($LaMnO_{3+\delta}$，$\delta>0.1$)，这种材料在室温下也呈菱形相。在氧化性气氛中，$LaMnO_3$ 中的氧含量过量，并且其过量值与反应温度有关；而在还原性气氛中，材料中形成氧空位，并且在被高度还原后，$LaMnO_3$ 通常发生不可逆转变，最终分解生成 La_2O_3 和 MnO。一般来说，$LaMnO_3$ 结构中阳离子空位的生成可以使它变成 P 型半导体。研究表明，元素和氧化物的掺杂使 $LaMnO_3$ 结构中产生更多的阳离子空位，这有助于提高 $LaMnO_3$ 的电导率和热膨胀系数等性能，并且这些性能参数与材料的组分和掺杂条件密切相关(表 3.7 和表 3.8)。

表 3.7 掺杂 $LaMnO_3$ 材料的电导率和活化能

掺杂物	含量(摩尔分数)/%	电导率(1000 ℃)/(S·cm^{-1})	活化能/(kJ·mol^{-1})
SrO	10	130	15.4
SrO	20	175	8.7
SrO	50	290	4.5
CaO	25	165	11.6
CaO	45	240	7.9
NiO	20	100	18.6
SrO, Cr$_2$O$_3$	10, 20	25	13.5
SrO, Co$_2$O$_3$	20, 20	150	—

表 3.8 掺杂 $LaMnO_3$ 材料的热膨胀系数

组成	热膨胀系数/(10^{-6} K^{-1})
La$_{0.9}$Sr$_{0.1}$MnO$_3$	12.0
La$_{0.5}$Sr$_{0.5}$MnO$_3$	13.2
La$_{0.9}$Ca$_{0.1}$MnO$_3$	10.1
La$_{0.5}$Ca$_{0.5}$MnO$_3$	11.4
La$_{0.9}$Y$_{0.1}$Sr$_{0.5}$MnO$_3$	10.5
La$_{0.7}$Sr$_{0.3}$Mn$_{0.7}$Cr$_{0.3}$O$_3$	14.5
La$_{0.8}$Sr$_{0.2}$Mn$_{0.7}$Cr$_{0.3}$O$_3$	15.0

SOFC 的阴极材料通常采用粉体加工工艺制备。其中，阴极材料粉体的制备方法有固相合成法和溶胶-凝胶共沉淀法。对于平板式结构的 SOFC，可直接将阴极材料沉积在已制备的阳极/电解质层上；对于管式结构的 SOFC，一般先挤压成型得到多孔的阴极管材料，然后在高温下烧结得到。值得注意的是，在阴极管上沉积其他组元时，致密电解质层与连接体层的高度融合是材料制备过程中最关键的问题。通常电化学沉积法和物理沉积法是两类常用的沉积方法。其中，电化学沉积法制备工艺简单、成本低廉，并且

可以得到薄且稳定的材料界面，因此是最常用的沉积方法。此外，一些物理沉积法也可用于制备 SOFC 的阴极材料，如真空等离子喷涂法。由于阴极性能与材料的比表面积、孔隙率和微观形貌有密切的关系，因此制备工艺的选择对 SOFC 阴极材料的实际性能影响较大。

3. 电解质材料

在 SOFC 中，电解质紧密连接阳极和阴极，并起传导离子的重要作用。一般情况下，SOFC 的电解质材料需同时具备以下条件：良好的化学稳定性、较高的离子电导率和优良的化学相容性等。目前，SOFC 中常用的电解质材料有 ZrO_2、CeO_2 及钙钛矿型电解质(ABO_3)等。下面分别对其作简要介绍。

1) ZrO_2 电解质

ZrO_2 是目前 SOFC 中最常用的电解质材料，它具有单斜相、四方相和立方相三种晶形。三种晶形的 ZrO_2 的物理性能如表 3.9 所示。通常纯 ZrO_2 在 1100 ℃时发生从单斜相到四方相的转变，由于该过程体积变化较大，因此很难将其制备成坚实致密的结构。

表 3.9 三种晶形的 ZrO_2 的物理性能

参数	晶形		
	立方	四方	单斜
熔点/℃	2500~2600	2677	—
密度/(g·cm^{-3})	5.68~5.91	6.10	5.56
硬度/GPa, HV500 g	7~17	12~13	6.6~7.3
折射率	2.15~2.18	—	—

为此，人们通过掺杂来减小这种体积变化。通常在 ZrO_2 晶体中掺杂适量的立方晶系的氧化物(如 Y_2O_3)能够得到稳定的固溶体(YSZ)。这种固溶体材料因具有较高的离子电导率和优异的化学相容性而备受关注，其熔点、密度、电导率、热导率、热膨胀系数和抗弯强度等性能如表 3.10 所示。然而，ZrO_2 电解质通常只适合在高温($T>850$ ℃)下使用，当温度降低到 500~700 ℃时，电解质的内阻明显增大，最终导致离子电导率明显下降。

表 3.10 ZrO_2 和 Y_2O_3 形成的稳定固溶体材料的性能

性能指标		数值
熔点/℃		2680
密度/(g·cm^{-3})	未掺杂的 ZrO_2，单斜相	5.56
	YSZ[8%(摩尔分数)Y_2O_3]	5.90
电导率/(S·cm^{-1})	YSZ[9%(摩尔分数)Y_2O_3](1000 ℃)	0.12
	YSZ[9%(摩尔分数)Y_2O_3](600 ℃)	0.006
热导率/(W·cm^{-1}·K^{-1})		0.02

续表

性能指标		数值
热膨胀系数 /(10⁻⁶ K⁻¹)	未掺杂的 ZrO_2，单斜相(20~1180 ℃)	8.12
	YSZ[8%(摩尔分数)Y_2O_3](100~1000 ℃)	10.8
标准焓变(25 ℃)/(kJ · mol⁻¹)		−1097.5
标准熵变(25 ℃)/(J · mol⁻¹ · K⁻¹)		50.4
抗弯强度/MPa	YSZ[8%(摩尔分数)Y_2O_3]，25 ℃	300
	YSZ[8%(摩尔分数)Y_2O_3]，1000 ℃	225
断裂韧性(YSZ，25 ℃)/(MN · m⁻³ᐟ²)		3

2) CeO_2 电解质

为了满足较低温度下的工作需求，研究人员开发了立方相 CeO_2 用作 SOFC 的电解质材料，它的优势在于晶形不随温度而改变。然而，微米尺度的纯 CeO_2 电解质的导电性极差。为此，人们通过向其结构内掺杂离子引入氧空位，从而增强其电子传导能力。目前，可用于 CeO_2 掺杂的化合物很多，常见的有 La_2O_3、Sm_2O_3、Y_2O_3、Gd_2O_3、SrO 和 CaO 等。掺杂后 CeO_2 复合材料的离子电导率和活化能如表 3.11 所示。

表 3.11　掺杂后 CeO_2 复合材料的离子电导率和活化能

掺杂物	含量(摩尔分数)/%	离子电导率(800 ℃) /(10⁻² S · cm⁻¹)	活化能/(kJ · mol⁻¹)
La_2O_3	10	2.0	—
Sm_2O_3	20	11.7	49
Y_2O_3	20	5.5	26
Gd_2O_3	20	8.3	44
SrO	10	5.0	77
CaO	10	3.5	88

掺杂后，CeO_2 基电解质中 Ce^{4+} 到 Ce^{3+} 的转化与低氧分压有关。随着氧分压的降低 (800 ℃，10^{-12} atm 以下)，掺杂 CeO_2 电解质中出现电子电导的现象，这将在很大程度上影响该电解质在 SOFC 领域的应用。此外，为了限制 CeO_2 在还原性气氛中被还原，可在 CeO_2 固溶体外面包裹一层 YSZ 薄膜(约 2 μm 厚)。CeO_2 与 YSZ 可形成有限固溶体。其中，Sm 掺杂的 CeO_2 与 YSZ 形成的固溶体作为电解质在高的开路电压下可实现 U-I 曲线较为缓慢的衰减。

3) 钙钛矿型电解质

ABO_3 是一种立方晶系的钙钛矿型氧化物。此类材料的结构往往比较稳定，导电性较好，内部的氧离子也可以在材料中快速地扩散。但是，ABO_3 电解质用于 SOFC 时，一般在低温条件下适用。$LaGaO_3$、$BaCeO_3$ 是两种最常见的钙钛矿型电解质。在 $LaGaO_3$ 中，A 位点的 La^{3+} 可被 Ca^{2+}、Sr^{2+} 或 Ba^{2+} 等离子取代。其中，Sr^{2+} 取代 La^{3+} 后可显著提高电解质的离子电导率。此外，B 位点的 Ga^{3+} 可被 Mg^{2+}、Co^{2+} 和 Fe^{2+} 等离子取代。其中，Mg^{2+} 取代 Ga^{3+} 对电解质材料离子电导率的提升效果最为显著。虽然钙钛矿型电解质材料在 SOFC 中具有较大的应用潜力，但其制备工艺较复杂，生产成本较高。因此，进一步优化生产工艺、提高稳定性和降低生产成本是 ABO_3 今后的主要发展方向。

4. 连接材料

SOFC 中的连接材料又称连接体，它不仅连接各个电池组元，而且起到隔离阳极燃料气和阴极氧化气的作用。因此，连接体应具有较高的稳定性、良好的化学相容性及优异的气密性。连接体通常可分为陶瓷连接体和金属连接体，下面对其作简要介绍。

1) 陶瓷连接体

$LaCrO_3$ 陶瓷材料是最常用的陶瓷连接体，它具有立方密堆积钙钛矿型结构。$LaCrO_3$ 作为连接材料有很多优点，如较高的电导率、优异的稳定性和与其他组件良好的匹配性等。在室温条件下，$LaCrO_3$ 属正交晶系；当温度升高到 240～290 ℃时，材料从正交相转变成菱形相；当温度继续升高到 1000 ℃时，其结构从菱形相转变成六角相；当温度进一步升高到 1650 ℃时，其结构转变成立方相。$LaCrO_3$ 的相变也伴随着材料的热膨胀性能和导电性等的变化。$LaCrO_3$ 材料的性能指标如表 3.12 所示。

表 3.12　$LaCrO_3$ 材料的性能指标

性能指标		数值
熔点/℃		2510
密度/(g·cm⁻³)		6.74
热导率/(W·cm⁻¹·K⁻¹)	200 ℃	0.05
	1000 ℃	0.04
电导率(1000 ℃)/(S·cm⁻¹)		1.0
热膨胀系数/(10^{-6} K⁻¹)	25～240 ℃	6.7
	25～1000 ℃	9.2
反应标准焓变($Cr_2O_3 + La_2O_3$)/(kJ·mol⁻¹)		−67.7
反应标准熵变($Cr_2O_3 + La_2O_3$)/(J·mol⁻¹·K⁻¹)		10
抗弯强度/MPa	25 ℃	200
	1000 ℃	100

$LaCrO_3$ 材料也存在一些缺点，如机械加工性能较差、生产成本较高和导热性较差等。为了优化 $LaCrO_3$ 材料的性能，研究开发了许多制备方法。$LaCrO_3$ 的制备方法与 SOFC 的结构密切相关。通常管式 SOFC 中可使用电化学气相沉积法，而平板式 SOFC 中可采用化学气相沉积法、等离子喷涂法、干压及流延成型法。

2) 金属连接体

与陶瓷连接体相比，金属材料作为平板式 SOFC 的连接材料具有许多优势，如较好的力学性能、良好的化学相容性、较高的导电性及较低的成本。但是，金属连接体面临的最大挑战是高温下金属的腐蚀问题。为解决此难题，人们通常从优化电解质材料和提高金属抗氧化能力两个方面进行研究。目前，SOFC 中的金属连接体材料一般选用 Ni、Cr 与 Fe 形成的金属合金。表 3.13 为几种高温合金连接体材料的相关性能评价。

表 3.13　几种高温合金连接体材料的相关性能评价

合金材料	物理性质(1000 ℃)					长期稳定性				制备		
	抗拉应力	韧性	抗蠕变强度	氧化层电导性	热膨胀匹配性	空气	煤气	天然气	高温脆化	成型	焊接	钎焊
AC66	2	1	2	1	4	2	1	3	1	1	1	1
HA230	2	1	2	1	2	2	2	2	1	1	1	1
HA214	2	1	2	4	4	4	1	1	3	1	1	1
Incoloy MA956	1	1	2	1	4	2	1	1	1	1	1	1
Cr-Co	1	3	1	2	1	4	2	4	1	3	4	1
Cr-Fe	1	2	1	2	1	2	4	4	1	2	2	1

注：数字 1～4 表示合金连接体的性能逐渐减弱。

　　通常向金属中添加不同的金属组分可改变金属合金的物化性能。为了优化合金连接体材料的性能，泰松齐和植田雅已探讨了 Cr-W-M-Fe/Cr-W-M-B-Fe(M 为 Y、Hf、Ce、La、Nd 和 Dy 等)系列合金材料的性能，研究发现，添加额外金属组分可明显改善材料的整体性能。例如，添加 Al 可提升其抗氧化性能，添加 Co 可提高其高温力学性能，添加 Ti、Zr 和 Hf 等金属可明显降低其电阻率。

　　5. 密封材料

　　为了保证 SOFC 正常运作，密封材料必不可少。密封材料必须具有较好的气密性，不仅要保证阳极燃料气和阴极氧化气不直接接触，还要防止气体泄漏避免引发电池安全问题。此外，密封材料也要保证有较好的电绝缘性，防止 SOFC 组分之间的电接触。如果 SOFC 的密封材料存在问题，不仅会降低燃料的利用率，还可能导致 SOFC 失效，严重时会造成电池爆炸等后果。不同模式的 SOFC 对其密封材料的使用要求不同。通常平板式 SOFC 在连接体与单电池之间、单电池与基座之间均需利用密封材料实现燃料气与氧气的隔绝。因此，平板式 SOFC 需要密封的区域较大，需要消耗的密封材料较多，并且对密封材料的密封性要求较高。管式 SOFC 由于其特殊的结构，仅需在端口的连接处进行密封处理。因此，管式 SOFC 中密封材料的使用量相对较少。目前，SOFC 的密封材料主要包括玻璃陶瓷、金属和云母三大类。下面分别对其作简要介绍。

　　1) 玻璃陶瓷密封材料

　　玻璃陶瓷由结晶相和玻璃相结构共同组成。玻璃陶瓷材料的整体性质与其结晶相和玻璃相各自的性质及含量密切相关，但主要由结晶相类型、晶粒尺寸和晶相含量等因素共同决定。一般情况下，玻璃陶瓷材料中结晶相的含量为 50%～90%，而玻璃相的含量为 10%～50%。当玻璃相的含量较大时，玻璃相作为连续基体，结晶相在玻璃相中均匀分布；而当玻璃相的含量较小时，玻璃相则稀疏分散在结晶相中，呈现出连续的网络状结构。如果玻璃相的含量很低，它便以薄膜的状态存在于结晶相中。玻璃陶瓷密封材料是 SOFC 最常见的密封材料，具有封接简便、成本低廉和可大规模制备等优点。在实际应用过程中，玻璃陶瓷材料不仅要具有充分的流动性来达到较好的密封效果，还应具有较好的机械性能。因此，对于玻璃陶瓷密封材料，玻璃化转变温度和热膨胀系数是决定其性能和应用的两大指标。Ley、Lara、Larsen 和 Fergus 等对玻璃陶瓷密封材料的这两个指标进行了深入的研究。此外，化学稳定性对玻璃陶瓷密封材料的实际应用至关重要。通常硅酸盐玻璃的化学稳定性比磷酸盐和硼酸盐玻璃更好。而且，基于 $BaO\text{-}Al_2O_3\text{-}SiO_2$ 体系的玻璃陶瓷密封材料在 SOFC 中应用最为广泛。

2) 金属密封材料

由于一般的金属材料在高温条件下易腐蚀变质，Au、Ag 等化学性质比较稳定的金属可用作 SOFC 的密封材料；但是这些材料的成本较高，难以实现大规模应用。此外，由于金属材料本身是良好的导体，在 SOFC 电堆的安装和配置过程中，必须将金属密封材料与绝缘材料配合使用以防止组分之间发生电接触。因此，生产成本和组装工艺是限制金属密封材料在 SOFC 中的实际应用的两大因素。

3) 云母密封材料

目前，云母作为密封材料也广泛用于 SOFC 中。白云母和金云母是常用的云母密封材料，其中白云母可直接使用也可制备成白云母纸再使用，而金云母只能制成金云母纸使用。通常这类密封材料的使用比较简便。密封过程中，在相互重叠的云母片或云母颗粒上施加一定的应力就可以实现较好的密封效果。

3.3.4 系统设计

SOFC 系统中，输入的是燃料和空气，输出的是电、尾气、蒸汽和热水。SOFC 的发电系统通常包含辅助装置，用于辅助并优化系统，从而提高系统的工作效率。一般来说，根据系统大小、燃料种类、用途及运行压力的差异可以选择不同的辅助装置。常见的 SOFC 系统主要包括常压式 SOFC 发电系统和加压式 SOFC/涡轮机混合系统。下面对其作简要介绍。

1. 常压式 SOFC 发电系统

常压式 SOFC 发电系统如图 3.24 所示，该发电系统最早由西门子-西屋电气公司利用管式 SOFC 设计制造。为了尽可能避免硫化物对阳极 Ni 催化剂的毒害，燃料进入 SOFC 反应堆前需要先进行脱硫处理，使硫含量降低到 0.1 ppm(1 ppm=10^{-6})以下。脱硫时，首先在催化反应器中通入 H_2，它可以与硫发生反应生成 H_2S；然后在含有 ZnO 的反应器中升温至 450 ℃，将 H_2S 吸收；最后在室温下使用活性炭吸附法除去上述硫化物。由于 SOFC 的尾气可进行循环再利用，因此这种系统的循环模式可以在一定程度上提高燃气的利用率。

SOFC 电池堆输出直流电，为了满足实际用电需求，需要将直流电通过转换器转换为交流电。其中，转换器的效率通常为 94%～98%。尽管大多数转换器工作时会产生无用功，但是这些无用功在交流电网中的存在较为普遍。

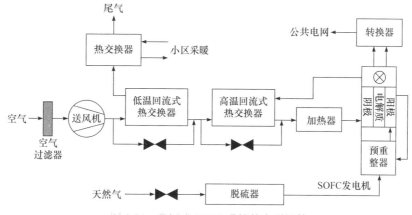

图 3.24　常压式 SOFC 系统的主要组件

2. 加压式 SOFC/涡轮机混合系统

燃气涡轮机与加压式 SOFC 电池堆的结合可保证较高的发电效率(60%～75%)。燃气涡轮机的结构如图 3.25(a)所示。首先，空压机工作并将空气压缩至 3～30 bar；然后，燃

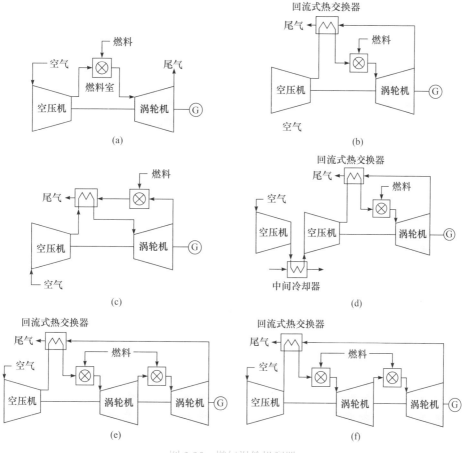

图 3.25　燃气涡轮机配置

料与压缩的空气在燃烧室中发生燃烧反应。燃烧室中产生 800～1300 ℃的气体在涡轮机中发生膨胀,在此过程中热能转换为机械能。气体膨胀做功后,尾气温度最终下降到 250～600 ℃。一般情况下,涡轮机的进气压力和排气压力的比值越大,最终的排气温度越低。通常对于整个 SOFC 系统的发电效率,小型涡轮机可达 20%,大型涡轮机可达 35%。

图 3.25(b)～(f)是几种 SOFC/涡轮机混合系统的结构示意图。在图 3.25(b)中,系统使用回流式热交换器,减少了燃料的使用量,系统发电效率高达 40%,但其成本较高。图 3.25(c)系统则利用间接点火涡轮机,用 SOFC 发电机替代传统的燃烧室,系统可在常压下运行,极大地降低了成本。图 3.25(d)中,系统在连续压缩机之间使用中间冷却器,提高了压缩效率。图 3.25(e)在涡轮机一侧加热涡轮机之间的尾气以实现理想的等焓膨胀。图 3.25(f)中使用双轴涡轮发电机,获得更加灵活的部分负荷性能。SOFC/涡轮机混合系统的效率与系统的结构、大小、有无辅助加热设备,以及 SOFC 和燃气涡轮机的自身技术性能等有关。

3.3.5　发展方向

目前,SOFC 的发电技术还未达到低成本、高效率的商业化应用阶段。SOFC 的功率不同,其应用领域也有所不同(图 3.26)。低功率的小型 SOFC 可用于便携式设备领域;中等功率的 SOFC 系统可应用于交通运输、家庭用微型热电联供系统和军事领域等;大型 SOFC 技术可以用于化工、冶金及大型设备供电系统。

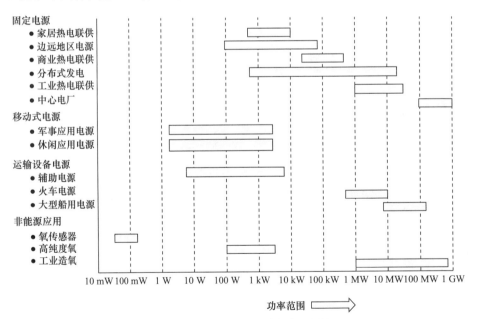

图 3.26　SOFC 系统的潜在应用领域

通常 1～10 kW 的 SOFC 系统可用于家用电器供电,如果达到一定的技术和经济指标,这种 SOFC 系统将有相当大的潜在市场。但是,目前 SOFC 系统最大的应用市场是分布式发电和热电联供，主要用于柴油机和小型涡轮机，输出功率为 10 kW 到几兆瓦。当 SOFC 的功率超过 1 MW 后，可增加涡轮机发电的效率并减少污染物的排放。当大型 SOFC 系统与燃气涡轮机有效组合后，其燃料转化为电的效率甚至可高达 70%。因此，通过确定合适的 SOFC 应用领域，提高系统的稳定性和寿命，并降低系统的成本是非常重要的。

综上所述，SOFC 系统作为一种绿色高效的发电装置，具有较大的潜在应用市场，可用于从几十瓦的小型便携式发电设备到大型兆瓦级别的发电系统，并且在未来大型储能领域也具有广阔的应用前景。提高 SOFC 的供电水平和供电稳定性，并降低其生产成本将是 SOFC 未来的发展方向。

3.4　碱性燃料电池

3.4.1　概述

碱性燃料电池(AFC)是首先被开发并得到实际应用的燃料电池。早在 1902 年，AFC 就被成功设计出来，但受限于当时的研究水平，该类燃料电池并未实现商业化。直到 20 世纪 40～50 年代，英国剑桥大学的培根对 AFC 进行了进一步的研究，提出了多孔结构电极的概念，从而有效增加了电极反应界面的面积。1960 年，美国国家航空航天局开始将 AFC 应用于载人飞船及人造卫星等领域，AFC 不仅可以为载人飞船提供动力，它的反应产物还能为宇航员提供饮用水，事实证明该类电池具有高功率和高能量密度等诸多优势。AFC 具有以下特点：

(1) 适用范围广。AFC 可在宽温度(80～230 ℃)和宽压力(2.2×10^5～45×10^5 Pa)范围内正常运行，且运行效率优于酸性电解质燃料电池，如质子交换膜燃料电池、固体氧化物燃料电池和磷酸燃料电池等。

(2) 转换效率较高。氧的还原反应在碱性环境中比酸性环境中更容易，活化过电势较低。因此，AFC 工作电压可达 0.88 V，活性损耗非常低，电能转换效率为 60%～70%。

(3) 制作成本低。AFC 中电极可使用非贵金属类催化剂，且电池本体可用廉价的耐碱塑料。从经济角度出发，AFC 更适合商业化应用。

然而，AFC 也存在如下问题：

(1) 在电池运行中产生的 CO_2 气体与碱性电解质反应生成碳酸盐，这将降低电能输出效率。而且，碳酸盐的沉积量增加会堵塞电极孔道，最终导致电池性能恶化。

(2) AFC 中循环电解液的使用增加了电解液泄漏的风险。KOH 是 AFC 常用的电解质，它具有自然渗透性，可能会透过密封装置泄漏出来，最终造成环境污染。更严重的是，如果电解液被过度循环利用或单元电池没有完善的绝缘措施，两电池单元之间就会存在内部电解质短路的风险。

(3) AFC 系统中一般需要安装冷却装置以维持其较低的工作温度，这增加了系统的复杂性。

3.4.2 结构与工作原理

碱性燃料电池通常采用碱性物质作为电解质，如 KOH 或 NaOH 水溶液。电池运行时，电池内部通过导电离子 OH^- 进行电荷传输。电解液浓度与电池工作温度有关，如在较低温度时，可使用质量分数为 35%~40% 的 KOH 溶液；而温度较高(220 ℃)时，则通常采用质量分数为 85% 的 KOH 溶液。碱性燃料电池采用氢气作为燃料，纯氧或脱 CO_2 的空气作为氧化剂，选择对氢气具有催化活性的 Pt-Pd/C、Pt/C 或 Ni 等作为阳极催化剂，选择对氧气电化学还原具有催化活性的 Pt/C、Ag 等作为阴极催化剂。

1. 结构

AFC 单体主要由氢气气室、阳极、电解质、阴极和氧气气室等部分构成。AFC 电堆是特定数目和大小的 AFC 单体的集合，它们之间通过端板连接或全体黏合共同构成。下面对 AFC 的部分构件进行详细介绍。

1) 阳极与阴极

AFC 可使用纯氢作为燃料，但是纯氢往往价格高且储量低，因此人们通常采用生物质催化热解制取的富氢气体替代纯氢，但其中的杂质会对电池的性能产生一定的影响。从存储与运输方面考虑，人们又提出用液体燃料取代纯氢，目前使用的液体燃料主要有肼、液氨、甲醇和烃类等。其中，肼在阳极易分解为氮气和氢气，导致电池性能不佳，并且肼既有剧毒价格又较高，最终人们放弃了将肼作为 AFC 中液体燃料的这项研究。

AFC 既可用空气作为氧化剂，又可用纯氧作为氧化剂。在相同的压力下，空气作氧化剂的输出电流密度比纯氧低一半左右。另外，空气含有杂质，如 CO_2 和 SO_2 等，它们对电池的性能均会产生一定的影响。

2) 催化剂

催化剂在燃料电池中不可或缺，虽然同为催化剂，但阴极和阳极的催化剂却有所不同。阳极催化剂主要采用贵金属催化剂、合金或多金属催化剂、镍基催化剂或氢化物催化剂等。氢气分子分解为氢原子的过程所需能量较大，约为 320 kJ·mol^{-1}，因此能与氢原子发生吸附作用的电极需要具备对氢原子的亲和力较大且吸附氢原子的吸附热大于 160 kJ·mol^{-1} 等条件。能够满足这些条件的电极多为金属电极，如 Pt、Pb、Fe 和 Ni 等。人们虽已研发出多种非贵金属催化剂，但截至目前，性能最好的依然是贵金属催化剂，其催化性能远超非贵金属催化剂。虽然非贵金属催化剂存在价格优势，但从价格和性能方面综合考虑，贵金属催化剂的地位仍不可撼动。早期，人们采用高负载量的贵金属催化剂作为碱性燃料电池的阳极，如美国国际燃料电池(IFC)公司选用的阳极材料为 Pt-Pd 贵金属合金(80%Pt，20%Pd)，其质量密度为 10 mg·cm^{-2}。现在，人们通过将贵金属负载到新型载体材料上，在保证催化活性的前提下，大幅减少了贵金属的负载量，甚至降至原来的 1/20~1/100。目前，在航天领域应用的碱性燃料电池一般都采用贵金属催化剂。

鉴于贵金属催化剂昂贵的价格，现在陆续研发出一系列复合金属催化剂以降低电池成本。例如，在研制地面使用的 AFC 时，由于一般不使用纯氢和纯氧作燃料和氧化剂，因此需要进一步提升催化剂的电催化活性、加强催化剂的稳定性及减少贵金属催化剂的用量。为了满足上述要求，通常可选用二元或三元 Pt 基复合催化剂，如 Pt-Ag、Pt-Pd、Pt-Ni、Pt-Ru、Ir-Pt-Au、Pt-Pd-Ni、Pt-Co-W、Pt-Ni-W、Pt-Co-Mo、Pt-Mn-W 和 Pt-Ru-Nb 等。

AFC 通常在室温下操作，无需加湿系统且电催化剂和电解质的成本相对较低，因此 AFC 商业化前景巨大。为扩大 AFC 应用领域并降低催化剂成本，人们最近研发出一类高效的非贵金属阳极催化剂，即雷尼镍。雷尼镍通常由一种活泼的金属(如镍)和一种不活泼的金属(如铝)混合得到类似合金的混合物，然后用强碱处理，将铝反应掉，即可得到一种大比表面积的多孔材料。整个合成过程不需要高温烧结，并且可通过改变两种金属的比例和用量调控材料孔径的大小。雷尼镍活性极强，在空气中容易着火。为保证电极的透液阻气性，一般将镍电极做成两层，使其在靠近液体侧保持润湿的多孔结构，同时在靠近气体侧有更多的微孔；即近气侧的孔径通常大于 30 μm，而近液侧的孔径一般小于 16 μm，电极厚度约为 1.6 mm，以利于吸收电解液。另外，为保证气-液界面处在合适的位置，需严格控制气体与电解质间的压力差，从而有效保证反应区稳定在大孔层内。

阳极金属催化剂昂贵的价格是制约 AFC 实现商业化的最大阻碍。因此，必须研究出一种价格低廉且容易制备的催化剂。AB_5 型稀土储氢合金材料在室温下便具有可逆析氢的优异电化学性能，还具有在碱性电解质中性质稳定、原料来源广泛和价格低廉等诸多优点。目前，人们将其广泛应用于镍氢电池的负极材料中。AFC 阳极活性材料处于质量分数为 30%～40% 的 KOH 水溶液环境中，这与镍氢电池负极材料的工作条件极其相似，因此可将 AB_5 型储氢合金作为 AFC 的阳极材料。然而，研究结果表明，将其作为阳极材料后，初始活性很高，但是随着时间的延长，活性很快下降，因此需要进一步提高催化剂稳定性以满足实际需要。

2. 工作原理

碱性燃料电池的工作原理见图 3.27。

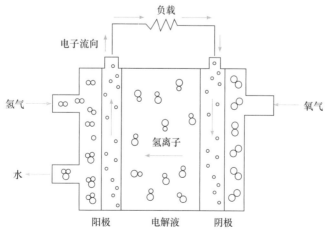

图 3.27　碱性燃料电池的工作原理

在阳极，H_2 与电解液中的 OH^- 在电催化剂的作用下，发生氧化反应生成 H_2O。另外，产生的电子通过外电路到达阴极，阴极处的 O_2 在电催化剂的作用下得到电子生成 OH^-，并通过电解液迁移到氢电极一侧。阳极和阴极发生的电化学反应可表示为

阳极反应：
$$H_2 + 2OH^- \longrightarrow 2H_2O + 2e^- \qquad \varphi^\ominus = -0.828V \qquad (3.44)$$

阴极反应：
$$H_2O + \frac{1}{2}O_2 + 2e^- \longrightarrow 2OH^- \qquad \varphi^\ominus = 0.401V \qquad (3.45)$$

总反应：
$$H_2 + \frac{1}{2}O_2 \longrightarrow H_2O \qquad (3.46)$$

由上述反应可知，碱性燃料电池的产物水是在阳极表面生成的。为防止电解质的稀释，阳极侧生成的水要及时排出。此外，在阴极处，氧的还原又需要水。因此，通常根据电极防水性和电解液中保持一定含水量的需求来统筹考虑水的管理问题。阴极反应从电解液中消耗水，而阳极反应则需排出水，过剩的水在燃料电池堆中气化。

3.4.3 工作条件

燃料电池的性能可用质量功率密度($kW \cdot kg^{-1}$)或体积功率密度($kW \cdot L^{-1}$)来衡量，这两个指标都考虑了电池堆与辅助设备的质量和体积。当电池堆的性能用质量功率密度表示时，对于所有规格的燃料电池，质量密度值都是相同的，但对于辅助设备却可能不同，这取决于电厂或电站的规模。电池堆的性能与电流密度、电池电压直接相关。任何电池堆的性能都取决于以下几个因素：电极成分(如催化剂)的量及成本、氧化剂的状态(空气或纯氧)、工作温度和压力、电解质浓度及燃料气和氧化气中的杂质等。

1. 工作温度和压力

从电极的反应动力学角度来看，升高工作温度不仅可以提高电化学反应速率，还可以加快传质速度，从而减少浓差极化，同时能提高 OH^- 的迁移速度，进而降低欧姆极化。因此，电池的性能随着温度的升高而得到提升。然而，由于 AFC 中 KOH 电解质的低温电导率较好，其工作温度不宜过高，在 70 ℃左右，但如果温度降低，电池的性能也会下降。在室温下工作时，电池功率会降低到 70 ℃时的一半。在 50～60 ℃时，电池输出功率和温度的增加量几乎呈线性关系；随着温度继续升高，由于 KOH 浓度及其他因素的影响，线性关系不再成立。研究发现，常压下，当 KOH 的浓度为 6～7 $mol \cdot L^{-1}$ 且工作温度为 70 ℃时，电池的性能较好；而当 KOH 的浓度为 8～9 $mol \cdot L^{-1}$ 时，工作温度需要达到 90 ℃才能获得最佳的电池性能。

应用于阿波罗登月计划的中温培根型燃料电池的工作温度为 200 ℃左右。为了防止电解质溶液沸腾，需加大电池的压力到 0.4 MPa 以上，然而这会使电池结构变得更为复杂。电池开路电压与压力变化的关系式为

$$\Delta U = (RT/4F)\ln(p_2/p_1) \qquad (3.47)$$

由式(3.47)可知，提高压力可提高电池的交换电流密度和开路电压，因此大多数 AFC 都在高于常压条件下工作。许多燃料电池公司陆续研发出高压燃料电池系统，如美国国际燃料电池公司研制的用于卫星或载人飞船的 AFC 就是在加压条件(0.41 MPa)下工作的。

此外，培根型燃料电池在工作电压为 0.85 V 时的交换电流密度远低于 0.8 V 时的交换电流密度，具体数值分别为 400 mA·cm^{-2} 和 1 A·cm^{-2}。若压力增加(0.3～0.4 MPa)，则要求电池堆更紧凑，以满足实际应用中的空间要求。然而在较高压力下工作时，系统需使用高机械强度的材料，这势必会增加电池的质量。同时，反应物压力增加时，需保证气体和电解质之间的压差在电极及附件所能承受的范围内。若压差过大，则可能发生气体泄漏问题，导致气体涌入电解质区，从而干扰电池的正常工作；若电极两侧气体同时发生气体泄漏情况，则可能在电解质区发生氢、氧气体混合，从而引发爆炸事故。

2. 氧化剂

AFC 中的氧化剂可为空气或纯氧。美国国际燃料电池公司和德国西门子公司开发的 AFC 主要采用纯氧作为氧化剂，而比利时电化学能源公司则主要选择空气作为氧化剂。研究发现，与空气作为氧化剂相比，纯氧的效果更佳，在额定电压下，纯氧可使电池性能提高，其电流密度增加 50%。这是由于空气中含有大量能使电池性能下降的杂质(如 N_2 和 CO_2 等)。碱性电解液会溶解 CO_2，进而生成不可溶的碳酸盐，堵塞电解液通路和多孔电极的孔道，最终导致 AFC 运行稳定性下降。同时，CO_2 对催化剂也有一定的毒害作用。在 65 ℃、100 mA·cm^{-2} 的工作条件下，当含有 CO_2 时，涂覆碳载体电极的寿命为 1600～3400 h；而在相同的工作条件下，若无 CO_2，电极寿命可延长至 4000 h。当然，将空气进行预处理可除去 CO_2，但剩余气体仍存在一些对电池性能不利的其他气体杂质。综上所述，在保证安全的条件下，AFC 中首选的氧化剂是纯氧气体。

3. 电池寿命

燃料电池的寿命其实是技术寿命和经济寿命两者的平衡。其中，经济寿命取决于电池的应用领域，有些领域只需 5000 h 甚至 1000 h 的使用寿命，有些则需 25 000 h 甚至更长，而电厂至少需要 40 000 h 以上的使用寿命。电池堆的技术寿命主要受催化剂及其性能的稳定性影响，在这个方面仍有许多需优化的地方。目前，氢气-氧气和氢气-空气 AFC 电池堆的使用寿命一般可达 5000 h，其千小时电压降为 20 mV 甚至更低。美国载人飞船所用的 AFC 平均寿命为 2000 h，德国西门子公司生产的 20 套 6 kW AFC 系统寿命可达到 8000 h。

3.4.4 研发与应用概况

1. 航天领域的研究

20 世纪 40～50 年代，英国剑桥大学的培根开发出首例 AFC 电池，又称培根型燃料电池。1959 年，培根研发出能真正应用于实际工作的 5 kW AFC，这成为 AFC 技术发展史上的一个里程碑。由于燃料电池具有高功率、高能量等优点，美国国家航空航天局在 20 世纪 60～70 年代开始资助燃料电池的相关研究并将其应用于航空航天领域，如阿波罗登月计划。1960～1965 年，基于美国国家航空航天局的资助以及培根的研究基础，美国普拉特-惠特尼(Pratt-Whitney)公司成功研制出 PC3A 型 AFC，其结构与培根型燃料电池基本相同，但增加了 Pt 催化剂用于提高电极反应活性。该电池输出功率为 1.5 kW，过载功率可达 2.3 kW；工作温度为 220～230 ℃，工作压力为 0.33 MPa，电解质为 85%的 KOH 溶液。54 台 PC3A 型 AFC 系统 9 次助力阿波罗飞行任务，这掀起了全世界燃料电池研究的热潮。然而，阿波罗计划使用的 AFC 存在启动程序复杂、运行温度高和电解质循环泵的寿命短等诸多问题。美国联合技术公司后续又研制出用于"双子星座"计划的 AFC 系统，其采用 45% KOH 溶液固定在石棉膜中，工作温度为 92 ℃，工作压力为 0.40～0.44 MPa；另外，它的过载功率达 12 kW，输出功率可达 7.0 kW。随后，美国国际燃料电池公司开发出第三代航天使用的 AFC 系统，其输出功率为 12 kW，过载功率可达 16 kW，电池效率高达 70%。目前，这种石棉膜型 AFC 已经 93 次用于太空飞行任务，累计工作时间已超过 7000 h，这充分表明了此类 AFC 的可靠性。

欧洲空间局自 1986 年开始研发可作为载人飞船候补电源系统的 AFC。我国也早在 20 世纪 60～70 年代便开始研究可用于航天领域的 AFC，该任务由中国科学院长春应用化学研究所和中国科学院大连化学物理研究所联合承担，其研制的 AFC 当时已通过模拟试验，但后来由于国家采用了太阳能电池系统而停止了此项研究。

2. 地面应用研究

当 AFC 在航天领域成功应用后，人们开始将 AFC 应用到其他领域。例如，美国阿利斯-查默斯公司和联合碳化物公司将 AFC 应用于农场拖拉机、移动雷达系统及民用电动自行车。之后，AFC 还陆续应用于叉车、小型货车和公共汽车等设备中。又如，20 世纪 90 年代后期，比利时零污染机动车公司研制出一种可用于电动车电源和工作电站的 AFC 产品，其使用半微孔多层气体扩散电极，铂催化剂负载量为 0.3 mg·cm^{-3}，KOH 作为循环电解质。另外，这种 AFC 的工作温度为 70 ℃，工作压力为常压，反应气体为空气和氢气；在额定功率时，该电池效率为 47%。1998 年，该公司在伦敦的城市出租车上装配了 5 kW AFC 系统，将其作为汽车电源并试验成功。该公司采用常压化学净化法去除 CO_2，操作简单方便，只需定期更换净化剂和电解质即可。除了可应用于汽车领域外，德国西门子公司还将其开发出的利用纯氢和纯氧的 AFC 应用于潜艇。AFC 系统在航天及军用领域中的应用已有诸多成功案例，尤其在航天领域更是如此，未来 AFC 必将在这些领域中继续展示其优异性能。然而，在电动车和民用发电设备方面，与其他类型燃料电池(如 PAFC、MCFC 及 PEMFC)相比，由于空气中的 CO_2 与 KOH 电解质反应，AFC 需将空气中的 CO_2 去除，这势必增加设备的体积与成本，因此其竞争力相对较差。近年来，AFC 的相关研究相对减少，但从长远发展来看，随着氢能时代的到来，价格低廉和性能优良的 AFC 系统必将再次受到人们的青睐。

3.5　磷酸燃料电池

3.5.1　概述

磷酸燃料电池(PAFC)一般是以磷酸作为电解质，以贵金属催化的气体扩散电极为正、负极的中温型燃料电池。PAFC 的工作温度高于 PEMFC，低于 SOFC，为 150～200 ℃。PAFC 和 PEMFC 的电极反应相同，但因为 PAFC 在更高的温度环境下工作，所以其阴极上的反应速率比 PEMFC 更快。此外，由于阳极和电解液对 CO_2 的耐受能力较强，因此可以直接用天然气等化石燃料重整制取的氢气作为燃料，无需去除其中少量的 CO_2。PAFC 的氧化剂也可直接使用空气，同样无需进一步提纯。PAFC 具有电池寿命长、氧化剂和燃料中杂质的可允许值大、成本低及可制造性强等优点，是应用领域广泛且发展迅速的一类燃料电池。

目前，PAFC 是一种技术比较成熟和商业化程度较高的燃料电池，美国、日本和西欧已经建造了许多功率从数千瓦到数十兆瓦的试验电厂。1977 年，美国通用电气公司首先建造出兆瓦级 PAFC 发电站。随后，日本电气公司在东京湾建造 11 MW 的 PAFC 发电站并于 1991 年投入使用。此外，PAFC 具有可靠性高和使用寿命长等优点。例如，日本富士公司搭建的 50 W 的 PAFC 设备预期寿命长达 2 年。PAFC 在分散式电站、可移动电源、不间断电源和备用电源等方面的应用均具有巨大的发展潜力。但是，由于其仅具有 40%～45% 的低发电效率，PAFC 在大容量集中发电站中的应用受到限制。

3.5.2　结构与工作原理

1. 结构

PAFC 由氢气气室、阳极、磷酸电解液、隔膜、阴极和氧气气室等部分组成。

1) 电极

PAFC 电极的结构可分为三层：扩散层、整平层和催化层(图 3.28)。铂和 PTFE 高度分散后黏结在金属基底上构成催化层，厚度约为 0.1 mm。扩散层一般采用碳纸，其具有支撑催化层和收集电子的作用。放电时，水在阴极生成，通过扩散层自然蒸发，并随尾气排出。为了使催化层和扩散层有良好的接触，需要在扩散层上制备一层整平层。电化学反应通常发生在气-液-固三相界面上，因此需要尽可能增大三相区面积，并优化电极的亲疏水性能，使电解液适当地浸润电极。完全浸润会影响气体扩散，而浸润程度低会影响电化学反应。因此，电池性能与反应层中磷酸的比例具有一定的关系，当磷酸比例为 40%～80% 时，三相界面最优，并且阴极和阳极过电势较低。此外，高的气体压力、短的气体扩散路径及高的反应层电导率均可降低电极极化。反应层中使用的 PTFE 起黏结与疏水的双重作用，随着 PTFE 用量的增加，电极浸润性变差。另外，由于阴极有水生成，需要阴极的疏水能力比阳极强，因此阴极的 PTFE 用量高于阳极，分别为阴极 40%～60% 和阳极 30%。

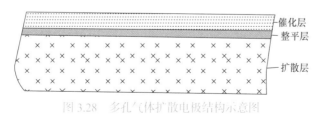

图 3.28　多孔气体扩散电极结构示意图

扩散层起支撑的作用，它与反应层相邻，电子和反应气体均需通过它。扩散层应具有较好的导电和导热性能，且气体扩散阻力小。电池在运行温度下，强磷酸电解质对电极腐蚀性较强，因此电极需要有一定的抗腐蚀性及良好的机械性能。目前，扩散层通常采用模压多孔碳材料或碳纸。模压多孔碳材料由石墨质碳纤维与酚醛树脂模压后制备而成，其孔隙率为 60%~65%，孔径为 0.6~1.0 mm。碳纸扩散层的孔隙率约为 90%，平均孔径为 12.5 μm。

整平层的主要作用是平整扩散层表面，使其有利于涂覆催化层，同时防止催化剂进入扩散层内部，避免造成催化剂利用率降低的问题。整平层一般由厚度为 1~2 μm 的活性炭(如 Vulcan XC-72)和 PTFE 乳液共同组成。

催化层中的催化剂主要包括过渡金属(铁或钴)或 Pt 与过渡金属(如钛、铬、钒、铊等)形成的合金。为减少贵金属的用量，通常将 Pt 负载在碳载体上。碳载体的结构对电极的寿命与性能有直接影响，是决定催化层性能的关键因素之一。碳载体的作用主要有分散催化剂、为电极提供孔道及增加催化剂导电性等。目前，主要采用的碳载体是乙炔炭黑和炉炭黑两种。与炉炭黑相比，乙炔炭黑虽然比表面积小、导电性较差，但耐腐蚀性强。两种炭黑的缺点也有改善的方法，如采用蒸汽活化处理增大乙炔炭黑的比表面积、对炉炭黑进行热处理提高其耐腐蚀性。美国卡博特(Cabot)公司生产的导电型 Vulcan XC-72 炭黑是目前最常使用的碳载体材料，其比表面积为 220~250 m$^2 \cdot$ g^{-1}，平均粒径约为 30 nm。

贵金属在电池反应中具有优异的催化性能，但也存在诸多问题亟待解决。例如，PAFC 在运行过程中催化剂的比表面积会减小，贵金属 Pt 粒径增大进而发生团聚，甚至在阳极极化严重时发生溶解。催化剂的团聚使得其催化性能降低，此时催化剂可在 260~649 ℃ 下用 CO 处理，CO 在 Pt 颗粒表面裂解产生碳，从而锚定 Pt 粒子，使其不易迁移与团聚。

为降低燃料电池的成本，人们采用金属大环化合物，如 Fe、Co 的卟啉化合物，来代替纯贵金属或贵金属合金催化剂，并展示出优良的催化效果。然而，它们的催化稳定性往往不佳，并且在浓磷酸电解质中，催化剂只能在 100 ℃ 以下工作，否则催化剂的活性明显降低。

20 世纪 80 年代起，结合贵金属催化剂与大环化合物的优点，人们制备出 Pt 与其他过渡金属的系列合金催化剂。其中，研究最多的是 Pt 与 Ni、V、Cr、Co、Zr 或 Ta 等合金催化剂，其可作为燃料电池阴极的电催化剂。Pt 合金的制备方法主要是金属氧化物沉淀法，反应过程为

$$Pt + \frac{x}{2}C + MO_x \longrightarrow Pt\text{-}M + \frac{x}{2}CO_2 \tag{3.48}$$

金属硫化物沉淀热分解法和碳化物热分解法则首先生成 Pt 的碳化物，其反应为

$$Pt + 2CO \longrightarrow Pt\text{-}C + CO_2 \tag{3.49}$$

2) 电解质与隔膜

由于磷酸化学稳定性好，PAFC 可在较高温度下工作。磷酸作为酸性电解质，PAFC 的性能不受燃料气体中 CO_2 含量的影响。另外，磷酸蒸气压低，其在电池工作时损失少。

目前，磷酸因为具有良好的离子电导率、较慢的腐蚀速度和催化剂表面较大的润湿角等优点，被广泛应用于燃料电池。但是，磷酸作为电解质也存在诸多问题，如磷酸根离子在铂电极上吸附能力强及氧气在磷酸中的扩散速度慢，导致电极电化学效率低。使用全氟磺酸电解质可以避免这个问题。但是，由于全氟磺酸电解质在高浓度时电导率较低且在 PTFE 黏结的电极表面张力较低，容易充满孔道，因此并不适用于酸性燃料电池。后来研究者发现，以全氟磺酸的钾盐作为磷酸电解液的添加剂，电池的性能有所提升。

电解质隔膜由 PTFE 与碳化硅共同构成，借助毛细作用使电解液浸渍在电解质隔膜内。电解质隔膜不宜太薄，否则不利于阴、阳电极间气体的扩散，但隔膜太厚会增加离子传导阻力，因此最佳厚度为 0.1～0.2 mm。一般来说，电解质隔膜应满足以下要求：离子电导率高，电子电导率低；毛细作用强，能很好地保持磷酸润湿；化学稳定性好；孔径合理，可以阻挡反应气体穿透到电极气室；导热性能好；具有一定的机械强度。

3) 气室

气室主要由双极板构成，燃料与氧化剂在气室内均匀分布，进而保证电流均匀分布，避免局部过热。因此，人们对双极板的要求比较严格，具体来说应符合以下几点：

(1) 具有优异的导电性，电阻足够小(<1 mΩ)。

(2) 具有足够的机械强度。

(3) 具有一定的孔隙率，使气体进行充分扩散，从而为电极提供充足的反应气。

(4) 在电池工作环境下具有良好的化学稳定性。

(5) 具有较低的气体渗透性(0.01 $cm^2 \cdot s^{-1}$)，防止氧化剂与燃料混合。

PAFC 最早使用镀金的金属双极板，20 世纪 60 年代，石墨材料制作的双极板逐步取代金属双极板。石墨双极板是由两种不同粒径的石墨粉与不同比例的酚醛树脂混合，再加上黏结剂，在一定温度下压膜后经高温焙烧制得。此法制备的双极板孔隙率为 60%～65%，孔径为 20～40 μm。为保证双极板具有良好的导电性和导热性，要求极板厚度尽可能薄。另外，石墨双极板在长时间工作时会发生降解，因此研究者提出利用高温后处理的方法抑制双极板的降解，并缓解其工作过程中的腐蚀问题。当将处理温度升高到 2700 ℃时，双极板的腐蚀电流大幅降低，变成升高温度前的 1%～10%。但高温处理不仅加大了制备工艺的难度，还大幅增加了双极板的制造成本。提高电池工作寿命并降低生产成本是一个重要的课题。后来，研究发现，同时采用纯石墨双极板和复合双极板可以有效地解决这个问题。复合双极板是用一块不透气的薄石墨板将两极气体隔开，用另外两块带流场的石墨板提供气体流通通道。美国联合技术公司 1 MW 的 PAFC 的双极板采用的是石墨与聚苯硫醚树脂的复合物，为提高其抗腐蚀能力，延长电池寿命，4.5 MW 级 PAFC 已采用纯石墨双极板。

2. 工作原理

PAFC 以磷酸(约 100% H_3PO_4)为电解质，以负载在碳上的铂作催化剂。电池结构如图 3.29 所示，阴极和阳极气室分别通入氧气(或空气)和氢气(或富氢气)，然后各自在集流体、反应气体与电解液三相界面发生电化学反应，在阴极和阳极分别生成 H_2O 和 H^+。简言之，放电时氢气在阳极失去电子，生成 H⁺，同时氧气在阴极得到电子，并与 H⁺反应生成水。反应过程中，电子沿着外电路定向流动，从而产生电流。

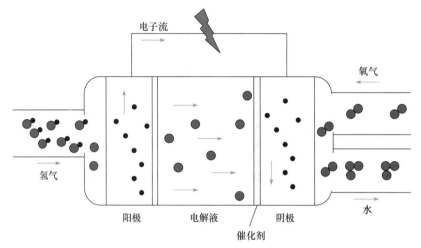

图 3.29   磷酸燃料电池的基本结构

电极反应如下(放电时)：

阳极反应：
$$H_2 - 2e^- \longrightarrow 2H^+ \tag{3.50}$$

阴极反应：
$$2H^+ + \frac{1}{2}O_2 + 2e^- \longrightarrow H_2O \tag{3.51}$$

总反应：
$$H_2 + \frac{1}{2}O_2 \longrightarrow H_2O \tag{3.52}$$

3.5.3   工作条件对磷酸燃料电池的影响

1. 工作温度

PAFC 工作温度通常为 180～210 ℃。根据电化学和热力学公式可得

$$(\partial E_r / \partial T)_p = \Delta S / (nF) \tag{3.53}$$

PAFC 分别采用氢气和氧气作为燃料和氧化剂，$\Delta S < 0$，因此电池在高温下的可逆电动势低于低温下的电动势。在标准工作条件下，电池热力学可逆电动势的温度系数为 $-0.27 \text{ mV} \cdot \text{℃}^{-1}$，即温度升高 1 ℃，电动势下降 0.27 mV。

从电极动力学角度出发，若温度升高，电池的活化极化、扩散极化及欧姆极化都相应降低，因此 PAFC 性能提升。综合热力学和动力学因素，在中等负荷时(电流密度约为 250 mA·cm⁻²)，可逆电动势随温度的变化符合经验公式：$\Delta U_t = 1.15(T_2 - T_1)$。由该公式可知，温度每变化 1 ℃，电池电压实际变化 1.15 mV。温度虽然对阳极氢的氧化反应影响不大，但是对阳极耐 CO 中毒能力的改善非常明显。

当阴极气体含有有毒杂质，如 CO 和 H₂S 时，温度对电池性能有显著影响。当氧化剂为空气中的氧气，电流密度为 200 mA·cm⁻²，工作温度由 180 ℃升高到 225 ℃时，使用不同成分燃料气体的 PAFC 输出电压随着温度的上升逐渐增加，并趋于缓和。较

高的温度会产生催化剂烧结、材料腐蚀加快及电解质挥发等不利影响。目前，PAFC
最高工作温度为 220 ℃，但是连续工作温度不能超过 210 ℃，并且还需保证电池受热
均匀。

2. 工作压力

压力增大可使电池反应速率加快，发电效率提高，但是这也使电池系统更复杂。通
常小容量电池堆的工作压力为常压，而大容量电池堆则为数百千帕。压力与可逆电动势
(mV)之间的关系可表示为

$$E_r = E_r^{\ominus} + (RT/2F)\ln(p_{H_2} p_{O_2}^{0.5}/p_{H_2O} p_{参考}^{0.5}) \tag{3.54}$$

也可以转化为

$$E_r = E_r^{\ominus} + (RT/2F)\ln(x_{H_2} x_{O_2}^{0.5}/x_{H_2O}) + (RT/2F)\ln(p_{总}/p_{参考})^{0.5} \tag{3.55}$$

式中，E_r 为可逆电动势；$E_r^{\ominus}$ 为标准压力下的可逆电动势；F 为法拉第常量；$p_{参考}$ 为参
考压力；p_i 为 i 组分的分压；x_i 为 i 组分的摩尔分数。

当工作压力由 p_1 变化到 p_2 时，可逆电动势随压力的变化为

$$E_{r,p} = (2.3RT/4F)\lg(p_2/p_1) \tag{3.56}$$

式中，$E_{r,p}$ 为可逆电动势变化；p_1、p_2 分别为不同的工作压力。

当温度为 190 ℃、电流密度为 323 mA·cm^{-2} 时，电池的输出电压变化和反应气体压
力的关系为

$$\Delta E_p = 146\lg(p_2/p_1) \tag{3.57}$$

或

$$\Delta E_p = 63.5\ln(p_2/p_1) \tag{3.58}$$

该公式适用条件为：工作温度为 177~218 ℃，压力为 0.1~1 MPa。

一般情况下，增加压力，氧气分压提高，浓差极化降低，阴极极化减小；同时，水
的分压增加，磷酸浓度降低，离子电导率略有增加，进一步降低活化极化和欧姆极化，
最终使得电池实际电压增加并大于可逆电压变化。

3. 反应气体的成分

典型的重整气体中约含有 80%的 H$_2$、20%的 CO$_2$，以及少量的 CH$_4$、CO 和硫化物
杂质等。对于阴极，氧化剂中氧气分压的平均值会影响阴极极化，阴极极化损失与氧气
分压符合以下经验公式：

当 $0.04 \leqslant \dfrac{\overline{p}_{O_2}}{\overline{p}_{总}} \leqslant 0.20$，即氧化剂为空气时，经验公式为

$$\Delta U_{阴极} = 148\lg[(\overline{p}_{O_2})_2/(\overline{p}_{O_2})_1] \tag{3.59}$$

当 $0.20 \leqslant \dfrac{\overline{p}_{O_2}}{\overline{p}_{\text{总}}} \leqslant 1.00$ ，即氧化剂为富氧气体时，经验公式为

$$\Delta U_{\text{阴极}} = 96\lg[(\overline{p}_{O_2})_2/(\overline{p}_{O_2})_1] \tag{3.60}$$

式中，$\overline{p}_{O_2}$ 为系统中氧气分压的平均值；$\overline{p}_{\text{总}}$ 为系统中气体总压的平均值。

对于阳极，燃料中氢气分压的平均值与阳极极化损失符合以下公式：

$$\Delta U_{\text{阳极}} = 55\lg[(\overline{p}_{H_2})_2/(\overline{p}_{H_2})_1] \tag{3.61}$$

式中，$\overline{p}_{H_2}$ 为氢气分压的平均值。由此可见，在 190 ℃时，假设燃料中含有 10%的 CO_2，电池电动势会降低 2 mV。

1) CO 的影响

CO 在燃料重整中产生，容易使铂催化剂中毒。研究表明，两个 CO 取代一个 H_2 分子的位置。在固定阳极过电势的情况下，阳极氧化电流与 CO 覆盖率之间的关系如下：

$$i_{CO}/i_{H_2} = (1 - \theta_{CO})^2 \tag{3.62}$$

式中，i_{CO} 为有 CO 存在时的电流密度；i_{H_2} 为无 CO 存在时的电流密度；θ_{CO} 为铂电极表面 CO 的覆盖率。

PAFC 在工作温度为 190 ℃时，CO 与 H_2 的摩尔分数比值为 0.025，对应的 θ_{CO} 为 0.31。用式(3.62)计算得到 i_{CO} 约为 i_{H_2} 的一半，也就是说 CO 对 Pt 催化剂的毒化作用很强，而且对阳极氧化反应的抑制作用很大。但是，随着工作温度升高，CO 在催化剂表面的吸附作用减弱，毒化程度降低，此时电压损失与温度的关系为

$$\Delta E_{CO} = K(T)\big[w(CO)_2 - w(CO)_1\big] \tag{3.63}$$

式中，ΔE_{CO} 为由 CO 浓度变化引起的电池输出电压的变化；$w(CO)$ 为 CO 的质量分数；$K(T)$ 为温度的函数，其随温度变化值如表 3.14 所示。

表 3.14 $K(T)$ 随温度的变化

$T/$℃	163	177	190	204	218
$K(T)$	−11.1	−6.14	−2.12	−2.05	−1.30

当 CO 质量分数较高时，其对电极性能影响较大。在实际电池操作中，存在 CO 的最高允许质量分数，即如果 CO 的量超过这个最高允许质量分数，CO 对 Pt 催化剂毒化作用较大。最高允许质量分数的大小与电池的工作温度有关，在 190 ℃附近时，最高允许质量分数为 1%。也就是说，CO 的质量分数在 1%以下时，其对电池性能没有明显的副作用。

2) 硫化物的影响

来自燃料本身的硫化物可以吸附在催化剂表面，被氧化为硫单质覆盖在催化剂表面，使催化剂失去催化功能。在高电势时，催化剂表面的硫单质被氧化为 SO_2，脱附后催化剂恢复其催化性能。其中，可能的反应为

$$Pt + HS^- \longrightarrow Pt\text{-}HS_{吸附} + e^- \qquad (3.64)$$

$$Pt\text{-}H_2S_{吸附} \longrightarrow HS_{吸附} + H^+ + e^- + Pt \qquad (3.65)$$

$$Pt\text{-}HS_{吸附} \longrightarrow Pt\text{-}S_{吸附} + H^+ + e^- \qquad (3.66)$$

3) 含氮化合物的影响

燃料重整中产生的含氮化合物如 NH_3、NO_x、HCN 对电池性能均有影响。其中，氮气仅起稀释剂的作用，没有太大的毒害作用。NH_3 与电解质磷酸反应，生成 $NH_4H_2PO_4$，使氧化还原性能下降。研究表明，$NH_4H_2PO_4$ 的允许质量浓度为 0.2%，换算成 NH_3 的最大质量浓度为 $1\ mg \cdot cm^{-3}$。

3.5.4 商业化前景

PAFC 在人们的不懈努力下得到了很大的发展，目前 PAFC 已进入商业化的初期阶段，是众多燃料电池中发展最快的一类电池。但是，其距离真正的完全商业化还有漫长的道路，需要解决如何降低成本、提高寿命、缩短启动时间和提高催化剂性能等问题。

例如，降低成本可从以下几方面考虑。首先需降低生产与维持成本。PAFC 的成本主要来自生产、维持和翻新所带来的消耗。削减组装工时数、降低电池原材料价格、扩大使用范围等措施均能减少生产成本。为削减人工成本(约占维持成本的一半)，在电池系统配置时需考虑其维护的简便性、可靠性，实现远距离监视及实施预防保全措施等。其次，采用有机废物制备燃料气是降低成本的不错选择。PAFC 对燃料气体纯度要求不高，因此可以用污染物制备燃料气，这样不仅可以保护环境，而且可以将污染物转化为可利用的燃气。一般的污染物气源有啤酒工厂生物气源、污泥消化生物气源、垃圾转化的生物气源及废甲烷。最后，做好 PAFC 发电系统的热利用是降低成本、提高效益的有效办法。例如，日本已将 PAFC 发电系统所产生的热能应用于写字楼、工厂、公寓、学校、饭店、能源中心、通信设施及医院等场所。

总之，PAFC 因其独特的优势而被广泛应用，其发展速度也极其迅速，但是只有解决自身存在的问题，才能真正地实现商业化。

3.6 直接甲醇燃料电池

3.6.1 概述

虽然氢能具有较高的能量密度，但其本身难以储存，且常规方法储氢效率较低。与氢能相比，甲醇(CH_3OH)具有来源广泛、储存方便、价格低廉及生产工艺成熟等优点，这使它成为一种理想的再生燃料(renewable fuel)。目前，基于甲醇作为燃料的燃料电池有两类，一类是先将甲醇通过重整制氢的工艺转化成富氢气体，再以富氢气体为燃料进行产电(如 PEMFC 或 PAFC)；另一类是直接将甲醇灌注到燃料电池中，然后通过甲醇的催化氧化进行产电，此类燃料电池称为直接甲醇燃料电池(DMFC)。

20 世纪 50 年代起研究者便开始了对 DMFC 的研究与开发，如美国阿利斯-查默斯公司采用过氧化氢作为氧化剂、碱性溶液作为电解液，研发出功率为 600 W 的 DMFC 堆；1965 年，荷兰 ESSO 公司成功研发出以空气为氧化剂、硫酸为电解液的 DMFC，其功率为 132 W。但当时 DMFC 的研究并未受到足够重视，这使得 DMFC 的研究进展极其缓慢。直到 20 世纪 90 年代，氢源问题使 PEMFC 的商业化发展受到严重阻碍。另外，与 PEMFC 相比，DMFC 具有结构简单、体积小、能量密度高和燃料储存方便等优势，因此在便携式设备、小型家电及移动电源等领域显示出广泛的应用前景。随后，许多国家在 DMFC 的研发上取得了重大进展，如 1996 年，美国阿拉莫斯国家实验室研制出基于甲醇蒸气-空气的 DMFC 单体电池，该电池在温度为 130 ℃和电压为 0.5 V 条件下，输出电流密度为 370 $mA \cdot cm^{-2}$；1999 年，美国喷气推进实验室研制出 150 W 的 DMFC 堆，该电池在温度为 90 ℃和电压为 0.3 V 时，输出电流密度可达 500 $mA \cdot cm^{-2}$；2003 年，日本东芝株式会社研发出总质量约为 900 g 的小型 DMFC，该电池的平均功率为 14 W，电压为 12 V，可用于笔记本电脑。

DMFC 以甲醇为直接燃料，因此该电池体系的整体质量大幅度降低。甲醇和几种主要储氢技术的性能参数比较如表 3.15 所示。从表中可以看出，甲醇的净能量密度高达 18.9 $MJ \cdot kg^{-1}$，明显优于其他储存方式的燃料。此外，DMFC 还具有结构简单、燃料补充方便及启动时间短等优点，这使它成为未来燃料电池发展的重要方向之一。然而，DMFC 体系依旧面临诸多问题，其中最大的问题是甲醇氧化反应复杂且动力学缓慢。与氢气相比，甲醇在阳极的氧化反应速率较慢，使 DMFC 的功率通常较低。另一个问题是甲醇在 DMFC 中的穿透现象，即甲醇穿透质子交换膜，到达阴极区，导致电池性能的大幅度下降。近年来，随着金属触媒材料的应用和电池结构的优化，DMFC 性能有了大幅度提高。与锂离子电池相比，DMFC 可通过简单的燃料添加实现更快的能量补给，避免进行烦琐的充电过程。因此，基于 DMFC 的手持式电子产品电源有希望成为最早量产的燃料电池商品。

表 3.15　甲醇和几种主要储氢技术的性能参数比较

储存方法	储存效率/%	净能量密度
H_2 在复合物储罐中 300 bar	0.6	0.72 $MJ \cdot kg^{-1}$，0.20 $kW \cdot h \cdot kg^{-1}$
H_2 在金属氢化物储罐中	0.65	0.78 $MJ \cdot kg^{-1}$，0.22 $kW \cdot h \cdot kg^{-1}$
H_2 来源于间接甲醇重整制备	6.9	8.27 $MJ \cdot kg^{-1}$，2.3 $kW \cdot h \cdot kg^{-1}$
强化塑料储罐中甲醇直接用于燃料电池	95	18.9 $MJ \cdot kg^{-1}$，5.26 $kW \cdot h \cdot kg^{-1}$

3.6.2　结构与工作原理

DMFC 主要由阴极、阳极、质子交换膜、双极板和流场板等组成，它的结构示意图如图 3.30 所示。

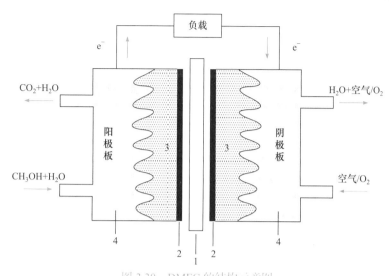

图 3.30 DMFC 的结构示意图

1. 质子交换膜；2. 催化层；3. 扩散层；4. 流场板

DMFC 的两电极均为多孔扩散型电极，包括催化层和扩散层。DMFC 中的质子交换膜大部分为 Nafion 膜，它能够允许质子通过而阻止其他离子扩散。双极板不仅有传导电流的作用，还有分离氧化剂和燃料的功能。常用的双极板材料包括石墨、表面改性的金属板及不锈钢等。流场板也是 DMFC 的关键部件之一，其结构决定了反应物和生成物在流场中的流动状态。流场板可使氧化剂与燃料在反应区域均匀分布，从而保障电流的均匀分布，避免电池出现局部过热；另外，流场板能够将电极反应生成的水顺利排出。由于 DMFC 中燃料甲醇为液体，而产物为气体，因此设计阳极流场板时需充分考虑液体的流动性与气体的扩散性。DMFC 中使用的是液体燃料，其可制成移动式或便携式电源。因此，在 DMFC 的器件设计中，应开发新型电池组装方法，并尽量避免使用其他辅助设备，以实现 DMFC 的便携化应用。

DMFC 的工作原理如下：

阳极反应：
$$CH_3OH + H_2O \longrightarrow CO_2 + 6H^+ + 6e^- \tag{3.67}$$

阴极反应：
$$\frac{3}{2}O_2 + 6H^+ + 6e^- \longrightarrow 3H_2O \tag{3.68}$$

总反应：
$$CH_3OH + \frac{3}{2}O_2 \longrightarrow CO_2 + 2H_2O \tag{3.69}$$

在 DMFC 运行过程中，甲醇与水的混合溶液通过扩散层进入催化层，在阳极催化剂的作用下发生氧化反应，生成 CO_2 和 H^+，并释放出电子。H^+ 穿过质子交换膜迁移至阴极区，同时电子经外电路传导至阴极区，并与空气中的氧气反应生成水。电池的总反应如式(3.69)所示，整个反应过程中，每个甲醇分子的电子转移数为 6，电子在迁移过程中经外电路做功，实现了化学能向电能的转化。理论计算结果表明，在标准状态下，DMFC 的电压为 1.21 V，能量转换效率可达 0.97。但在实际应用中，由于 DMFC 内部的电极极化现象及电池内阻引起的欧姆损耗，DMFC 的实际输出电压和能量转换效率远低于理论值。

3.6.3 关键材料

1. 阳极催化剂

由于电极动力学限制，甲醇在阳极区的实际反应过程比式(3.67)所描述的复杂。甲醇分子转化成 CO_2 需转移 6 个电子，此过程反应动力学缓慢，必须借助阳极催化剂加速反应。目前，对 DMFC 中阳极催化剂的研究主要集中在以下几个方面：

(1) 甲醇电催化氧化机理及阳极催化剂中毒的原因。

(2) 催化剂组分和载体性能对催化剂性能的影响。

(3) 催化剂的结构和形貌等因素对催化剂性能的影响。

(4) 催化剂的制备条件对催化剂性能的影响。

(5) 寻找价格低廉、资源丰富的非贵金属催化剂替代价格昂贵、资源较少的 Pt 系贵金属催化剂。

目前，DMFC 的阳极催化剂主要包括 Pt 基催化剂、非金属催化剂和金属氧化物催化剂等。其中，Pt 基催化剂又分为纯铂黑催化剂和 Pt 基复合催化剂。研究初期，由于 Pt 对甲醇氧化反应有较高的电催化活性及在酸性电解液中良好的稳定性，因此一般采用 Pt 作为阳极催化剂。对纯铂黑催化剂进行研究，发现小尺寸和高比表面积的铂黑催化剂对甲醇的氧化具有较高的电催化活性。而以碳材料为载体的 Pt/C 复合催化剂对甲醇氧化的电催化活性与稳定性均优于纯铂黑。这是因为加入活性炭后 Pt 分散性更好，催化活性、比表面积更大，从而提高了其催化性能。另外，导电聚合物也可作为 Pt 的载体，并显示出较好的催化效果。尽管对 Pt 及 Pt 基复合催化剂的研究取得了一定进展，但该类催化剂仍存在电催化活性低及易被中间产物毒化等问题，严重影响了其实际应用。

为进一步提高 Pt 基催化剂对甲醇氧化反应的电催化活性及抗毒化能力，研究者开发了一系列 Pt 基二元复合催化剂。其中，Pt-Ru/C 催化剂是目前研究最为广泛的阳极催化剂，这主要是因为该类催化剂对甲醇氧化表现出较好的电催化活性和抗甲醇毒化能力。金属 Ru 的引入一方面会影响 Pt 的 d 电子状态，从而减弱 Pt 与反应中间产物 CO 之间的作用力；另一方面，Ru 表面极易形成活性含氧物种，而这种含氧物种能够促进反应中间产物在 Pt 表面的氧化，从而提高催化剂的抗中毒能力。此外，Ru 的存在状态对复合催化剂的电催化性能有很大的影响，Ru 在催化过程中以 RuO_xH_y 形式存在，这是真正发挥催化作用的中间物。RuO_xH_y 不但可以传导电子和质子，而且能够提供丰富的含氧物种。在 Pt-Ru 复合催化剂中，随着 Pt-Ru 合金化程度的增加，其电催化活性也相应提高。通过简单的温度调控能够有效提高催化剂的合金化程度，进而提高其电催化性能。然而，Ru 的氧化物在酸性介质中易发生溶解，因此 Pt-Ru/C 催化剂的稳定性较差。

研究发现，Pt-Mo 催化剂对 CO 转化的电催化活性优于 Pt-Ru 催化剂，但对甲醇氧化的电催化活性低于 Pt-Ru 催化剂。当 Pt 和 Mo 的原子比为 4 时，Pt-Mo/C 催化剂对甲醇氧化的电催化活性及抗甲醇毒化能力最佳。在 Pt-Mo 催化剂中，Mo 可以形成 Mo—O(OH)$_2$，该化合物能够促进中间物种的氧化，因而可以有效提高催化剂的抗毒化能力。目前报道的 Pt 基二元复合催化剂还包括 Pt-Sn、Pt-Cr、Pt-Pd、Pt-Ag、Pt-Ir

及 Pt-Rh 等。此外，Pt 基三元、四元复合催化剂也相继被开发出来，如 Pt-Ru-Os 三元复合催化剂。该催化剂对甲醇氧化反应的电催化性能优于 Pt-Ru 二元催化剂，这主要是因为金属 Os 表面易发生甲醇和 H_2O 的解离吸附，降低了反应中间产物对 Pt 的毒化作用。

除复合金属单质外，引入金属氧化物(如 TiO_2、Nb_2O_5、WO_3、Ta_2O_5 和 ZrO_2 等)也能提高 Pt 对甲醇氧化的电催化能力。Pt 与金属氧化物复合能够改变 Pt 原子的电子状态，提供丰富的含氧物种，从而促进甲醇氧化反应中间物种的氧化。另外，稀土离子通常可以与 H_2O 发生配位作用，形成含活性氧物种的稀土配合物，因此一些稀土离子被负载到 Pt/C 催化剂上，能够明显提高 Pt/C 催化剂对甲醇的电催化性能。综上所述，影响 Pt 基复合催化剂对甲醇氧化电催化性能的因素主要有以下几点：①复合金属与 Pt 的合金化程度及分布的均匀性；②Pt 与复合金属或金属氧化物的比例；③复合金属、金属氧化物或稀土离子的性质。

进一步分析详细的催化机理可知，Pt 对甲醇氧化虽然具有较高的电催化活性，但在缺少活性含氧物种的条件下，Pt 极易吸附表面的 CO 并发生中毒现象。近年来，一些含氧丰富、高导电性的 ABO_3 型金属氧化物因具有高的电催化活性，可直接作为甲醇氧化的阳极催化剂，并且还可以在该催化剂中的 A 或 B 晶格位置填充两种及两种以上不同种类的金属，进一步提高其电催化活性。研究表明，此类催化剂对甲醇氧化具有较高的电催化活性，且未发生明显的催化剂中毒现象，因此这类催化剂值得进行深入研究。

2. 阴极催化剂

目前，DMFC 中使用的阴极催化剂绝大部分为 Pt/C 催化剂。20 世纪 70 年代，研究者已发现 Pt/C 催化剂的催化性能远优于之前一直使用的铂黑催化剂。但这两类催化剂在阴极催化时会出现同样的问题，即金属 Pt 对甲醇也具有电催化活性。在 DMFC 体系中，部分甲醇穿过质子交换膜到达阴极区，并在 Pt 催化剂作用下发生氧化反应，使阴极产生混合电势，同时该反应产生的副产物进一步毒化 Pt 催化剂，最终极大地降低了 Pt 催化氧还原反应的催化活性。因此，阴极催化剂的选择应从两方面考虑，即较高的氧还原电催化活性和较低的甲醇氧化电催化活性。目前，常见的阴极催化剂主要有以下几类。

1) Pt 基复合催化剂

自 20 世纪 70 年代开始，研究发现金属 Pt 与过渡金属形成的复合催化剂对氧还原反应具有较好的电催化活性，并且表现出较好的耐甲醇性能，据此开发出一系列二元或三元 Pt 基合金催化剂。例如，$Pt_{70}Ni_{30}$ 合金在含甲醇的硫酸溶液中表现出较好的氧还原电催化性能。研究表明，甲醇被 Pt 催化氧化时生成大量的中间产物，并强烈地吸附于 Pt 表面而使催化剂中毒。因此，耐甲醇的 Pt 基催化剂必须能够降低反应副产物在 Pt 表面上的吸附强度。基于此，提出了一种活性炭负载 Pt 和磷钨酸的复合催化剂，它表现出优异的电催化能力和抗甲醇能力。其中，磷钨酸具有很好的富氧能力，有利于提高催化剂对氧还原的电催化活性；另外，磷钨酸还具有抑制甲醇扩散的作用，能有效防止甲醇到达阴极区 Pt 催化剂的表面，从而使催化剂表现出较好的抗甲醇能力。

2) 过渡金属大环化合物催化剂

早在 1964 年就有报道称 N_4-金属大环化合物对氧还原有较好的电催化性能。此后，研究者相继制备出卟啉和酞菁等四氮大环配体的系列过渡金属配合物。研究表明，过渡金属大环配合物中的金属元素对氧还原的电催化活性起决定性作用。另外，这类催化剂经高温处理后，其催化性能大幅度提高，且煅烧温度对催化剂的电催化活性和稳定性有极大影响，因此寻找合适的煅烧温度显得尤为重要。在该类催化剂中氧还原的机理较为复杂，首先氧分子通过 O—O 桥与两个金属活性中心结合，促使氧原子被金属中心活化，然后经历一个直接四电子过程被还原。这类催化剂的另一个突出优点是对甲醇氧化几乎无任何催化活性，因此该类催化剂具有很好的耐甲醇特性。然而，这类催化剂仍存在一些缺点，如在催化过程中产生的高活性副产物 H_2O_2 会破坏催化剂结构、催化活性通常比 Pt 类催化剂低，以及催化剂制备困难、价格昂贵等。

3) Chevrel 相催化剂

Chevrel 相催化剂材料是一种八面体金属簇化合物，通常可分为二元化合物、三元化合物和假二元化合物，它具有较强的电子离域作用，因此该类化合物表现出较高的电子导电性。这类催化剂对氧还原反应具有较好的电催化活性，并表现出一定的耐甲醇性。

4) 过渡金属硫化物催化剂

过渡金属硫化物催化剂是在 20 世纪末研究含硫 Cheverl 相催化剂时发现的。其中，MRu_5S_5 对氧还原反应的电催化活性较好，并且对甲醇氧化反应没有电催化活性。目前该类催化剂对氧还原反应的电催化活性还有待进一步提高，并且其催化还原机理尚不明确。

5) 过渡金属羰基化合物催化剂

过渡金属羰基化合物催化剂的研究始于 20 世纪末。1999 年，碳负载无定形 MO-Os-Se 羰基簇合物催化剂被开发出来，研究发现该催化剂在酸性溶液中对氧还原有较好的电催化活性，但是其耐甲醇性能有待进一步提高。

6) 其他类型催化剂

除上述不同类型催化剂外，还有过渡金属氧化物催化剂，如二氧化铬、二氧化锰、钙钛矿、烧绿石和尖晶石等。这些催化剂具有对氧还原电催化活性高、成本低及耐氧化等优点。然而，这类催化剂在酸性电解液中不稳定，限制了其广泛应用。

3. 质子交换膜

质子交换膜是 DMFC 的关键组件之一，它在体系中充当电解质并起到分离阳极与阴极的作用。由于 Nafion 膜具有好的化学稳定性、优良的质子电导率和机械强度，因此被广泛应用于各种类型的燃料电池体系，其中也包括 DMFC。但是，研究发现甲醇易透过 Nafion 膜(约 40%)而造成阳极活性材料流失，同时穿透的甲醇在阴极区发生氧化反应并产生混合电势，这严重降低了电池的性能；另外，渗透过去的甲醇还会导致阴极区 Pt 催化剂的中毒，因此开发低甲醇渗透率的质子交换膜对提高 DMFC 性能具有重要意义。目前研发的质子交换膜主要包括以下几类。

1) 修饰复合 Nafion 膜

(1) Pd-Nafion 复合膜：该复合膜通过在 Nafion 膜表面修饰一层金属 Pd 来降低甲醇渗透率。但由于 Pd 的质子电导率比 Nafion 膜低，因此复合膜的质子电导率有所下降。在此基础上对制备方法进行了改进，通过在 Nafion 膜孔隙中原位生长 Pd 颗粒可制备新型 Pd-Nafion 复合膜，该复合膜不但保持了较高的质子电导率，而且对甲醇具有较低的渗透率。

(2) 聚合物-Nafion 复合膜：该膜材料通常采用电沉积技术在 Nafion 膜阳极一侧沉积一层聚合物膜制备而成。聚合物膜可抑制甲醇的渗透，并且它本身对甲醇也有催化氧化作用，因此进一步降低了甲醇渗透率。在聚合物-Nafion 复合膜制备方面，需开发使聚合物与 Nafion 膜结合更为紧密的方法。另外，采用聚偏氟乙烯与 Nafion 膜共混可制备甲醇渗透率更低的膜材料。

(3) 无机物-Nafion 复合膜：该膜材料是将一些亲水性较好的无机物(如 Al_2O_3、SiO_2 或 ZrO_2 等)修饰在 Nafion 膜上，通常采用简单的溶胶浸泡法和粉料混合法制备。无机物-Nafion 复合膜具有较好的吸水性，并可有效阻止甲醇的渗透。在较高温度工作时，该膜仍能保持较好的湿润性，从而使膜材料保持高的质子电导率。进一步将具有优异质子传导性的杂多酸复合在 Nafion 膜上，不仅可以有效降低复合膜的甲醇渗透率，而且该膜还具有比 Nafion 膜更高的质子电导率。

2) 聚四氟乙烯为基底的复合膜

这种复合膜由多孔基底膜和填充在其中的质子电解质膜组成。由于质子交换膜被限域在基底膜的微孔中，因此有效避免了质子交换膜溶胀导致的膜剥离问题，提高了复合膜的稳定性。该类膜在保持高的质子电导率的基础上能有效降低甲醇的渗透率，并且可以通过调控基底膜的孔隙率和孔径调节甲醇的渗透率和质子电导率。

3) 无机物-聚合物复合膜

较早研究的无机物-聚合物复合膜为磷酸-聚乙烯醇复合质子交换膜，后来研究者发现杂多酸作为固体酸具有较好的质子电导率，因此把杂多酸与聚乙烯醇复合制备性能优异的质子交换膜。通过两者的复合，既可以提高膜的质子电导率，又可以将杂多酸固定在聚乙烯醇中，使其在水中不易溶解。但是，这种复合膜也存在一些问题，如甲醇渗透率较高、聚乙烯醇在水中溶胀等。

经酸处理后的聚苯并咪唑膜具有较好的质子传导性，适用于 DMFC 的质子交换膜。此外，该复合膜能够在 200 ℃左右的温度下保持稳定，有望大幅度提升 DMFC 的工作温度。但这种复合膜也具有明显的缺点，如聚苯并咪唑具有很强的致癌性，不适合投入市场，而且在长时间使用过程中易发生降解。

4) 接枝膜

除了采用复合的方法修饰 Nafion 膜外，也可采用接枝技术对膜进行修饰。在选定的基体膜上，利用辐射或等离子体方法使其产生活性位点，再将基体膜与带有质子交换功能的基团发生反应，从而将功能基团接枝到基体膜上。例如，采用乙烯-四氟乙烯膜作为接枝基体膜，在 γ 射线照射下将苯乙烯接枝到这种基体膜上，随后经磺化作用引入磺酸基团，以保证膜的吸水性和质子传导性。测试结果表明，当接枝程度为 23%～42%时，接枝膜的质子电导率高于 Nafion 膜。原则上，接枝技术可将具有不同功能的材料结合在一起形成新的膜材料，接枝膜的价格远低于 Nafion 膜，并且它的甲醇渗透率更低，因此这类接枝膜有望替代 Nafion 膜。但是，接枝膜的主要问题是基底膜与催化剂层易分层，导致组装的 DMFC 性能较差。

5) 非氟均聚膜

非氟均聚膜主要包括磺化聚醚醚酮膜及其衍生物膜、磺化聚砜衍生物膜、磷酸化或磺化聚磷腈衍生物膜及磺化酚酞型聚醚砜膜等聚合物膜。

聚醚醚酮膜具有优异的机械性能和化学稳定性，用硫酸等对其进行磺化，可以在苯环上引入磺酸基团，其质子电导率随着磺化程度的增加而增加。得益于磺化聚醚醚酮膜结构的优势，它的甲醇渗透率比 Nafion 膜低，并当聚醚醚酮膜的磺化程度提高到 39%～47%时，该膜的性能得到大幅度提升。近年来，研究者发现一些聚醚醚酮的衍生物可以溶解在一些极性有机溶剂中，再用磺酰氯进行磺化，可制备出磺化程度较高的复合膜。此外，研究发现，磺化聚醚醚酮主链多出的苯酰基官能团对其机械性能及电子传导性产生较大影响，使衍生物膜具有更好的柔韧性和更高的电导率，同时甲醇渗透率也有所下降。

磺化聚砜衍生物膜是一种新型的质子交换膜，具有低的甲醇渗透率、稳定的化学性能、良好的机械性能及易加工等优点。但这种膜热稳定性较差，当周围温度高于 60 ℃时发生强烈的溶胀，导致膜的破裂和降解，这主要是因为在升温过程中，亲水的磺酸基团和疏水的聚合物主链之间相互拉扯并分离。因此，需开发系列方法对磺化聚砜膜进行改性。

磷酸化或磺化聚磷腈衍生物膜因具有低的水溶性、优良的热稳定性、较好的力学性能、低的甲醇渗透率及良好的导电性能等优点，引起了研究者的广泛关注。研究发现，温度条件对磷酸化或磺化聚磷腈衍生物膜的性能有较大影响。当工作温度低于 85 ℃时，磺化聚磷腈衍生物膜的综合性能优于普通的 Nafion 膜。当工作温度为 22～125 ℃时，磷酸化聚磷腈衍生物膜表现出较好的综合性能。

磺化酚酞型聚醚砜膜具有好的耐热性、优良的力学性能及稳定的化学性能等优点。当磺化程度达到 70.2%，且工作温度为 90 ℃时，该膜的质子电导率与 Nafion 膜的数值接近，并且具有比 Nafion 膜低一个数量级的甲醇渗透率。

6) 共混膜

共混膜是将具有较高质子电导率的聚合物与一些具有低质子电导率和良好阻醇性的聚合物共混而得。此类共混膜可直接用作 DMFC 的质子交换膜。例如，可将聚苯乙烯磺酸与聚偏氟乙烯结合制备共混膜，与纯偏氟乙烯膜相比，共混膜表现出更高的质子电导率，并且具有比 Nafion 膜更低的甲醇渗透率。此外，基于聚乙烯醇与聚苯乙烯磺酸的共混膜被开发出来。研究表明，随着反应温度的升高，聚乙烯醇与聚苯乙烯磺酸之间的交联反应进行得更加彻底，因此制备出的共混膜更加致密，从而进一步降低了甲醇渗透率。

3.6.4 甲醇的制备、储存和安全

在直接醇类燃料电池发展初期，首选燃料即为甲醇，这是因为在甲醇分子中只含有一个碳原子，不存在较强的碳-碳键，使得甲醇易被氧化；同时甲醇是一种简单的有机物小分子，其能量密度高且来源广泛、价格低廉，被认为是最有应用价值的燃料。甲醇可直接用于 DMFC，也可用于间接使用甲醇作为燃料的电池。目前，甲醇的年生产量超过 2000 万 t，它的用途极其广泛，绝大部分甲醇用于制备甲醛(一种重要的医药中间体)和甲基叔丁基醚(MTBE)燃料添加剂，只有极少部分甲醇可直接作为燃料使用，约占生产总量的 2%。

甲醇可以通过天然气燃料转化而得，并且产率较高。首先，天然气与水蒸气发生反应，生成氢气、一氧化碳及二氧化碳的混合物，它们的比例由原料的投入、反应温度和反应压力共同决定。然后，该混合物在一定条件下反应生成甲醇，反应途径包括以下两种：

$$3H_2 + CO_2 \longrightarrow CH_3OH + H_2O \tag{3.70}$$

$$2H_2 + CO \longrightarrow CH_3OH \tag{3.71}$$

这两个反应都是物质的量减小的反应，对反应体系加压可促进反应的进行。然而，在合适的催化剂存在下，低压条件下反应也可正常进行。由于制氢过程中也会产生 CO，为防止制氢过程中产生杂质甲醇，可通过升高压力及选择合适的催化剂来解决此问题。

甲醇的规模化生产早已在工业中普及，但其生产效率需进一步提升，高效催化剂的研发有望解决该问题。目前，绝大部分甲醇的生产原料来自天然气或其他化石燃料，但甲醇也可通过一些可再生物质转化而来。尽管这种由可再生物质转化甲醇的生产工艺目前仍存在生产成本高且技术复杂等问题，但是此工艺已日益受到人们的重视并且拥有广阔的发展前景。

通过数据分析可知，甲醇因价格低廉且易于制备等优势，已成为小型燃料电池中的理想燃料之一。与氢气燃料相比，醇基液体燃料的安全性有所提高，但绝不能掉以轻心。甲醇在燃料电池的使用中，尤其是应用在便携式电子设备中，也需要提出相应的安全要求。甲醇的安全问题主要在于它的可燃性及燃烧特点。甲醇是一种高度可燃的有机物，并且甲醇燃烧的火焰几乎不可见，从而增加了其燃烧的安全隐患。此外，甲醇是一种有毒物质，能以任意比例与水互溶，并且溶于水后的溶液无色无味，从而导致更大的安全隐患。事实上，关于甲醇安全性问题的讨论极其复杂。甲醇在人体中是自然存在的，许多物质消化后可转化为甲醇，尤其是水果等天然物质，同时部分人工添加剂经过消化系统后也产生甲醇。在人体内，肝脏可分解甲醇，反应过程与燃料电池中的分步氧化过程类似。在该过程中，甲醇首先被氧化成甲醛，再被氧化成甲酸，最后被氧化成 CO_2。如果该过程中产生的甲酸过多，则血液酸化，并可能产生致命的后果。此外，甲醇蒸气非常危险，这是因为通过肺部吸入的甲醇蒸气比经过消化系统摄入的甲醇更快地进入血液。

鉴于甲醇燃料的诸多问题，如高燃性、毒性、中间产物致使催化剂中毒及甲醇可穿

透 Nafion 膜等，研究者在继续研发 DMFC 系统的同时，也在努力探究其他有机小分子取代甲醇燃料的可能性。目前，已报道的可替代甲醇的燃料有乙醇、乙二醇、丙醇、二甲醚及甲酸等，这些替代燃料有两个共性，即它们的毒性和对 Nafion 的渗透率均比甲醇低，但这些燃料不易被氧化，因此需要开发高效的催化剂，使这些小分子替代甲醇燃料成为可能。

乙醇与甲醇的结构相似，但其毒性较低，是一种潜在的甲醇替代燃料。与甲醇相比，乙醇有更高的能量密度，并且对质子交换膜的渗透率远低于甲醇。目前，在一些国家(如巴西)已经将乙醇作为内燃机汽车的燃料。但是乙醇作为燃料也存在明显缺陷，即乙醇含有较强的碳-碳键，而碳-碳键断裂并氧化成 CO_2 较为困难。金属 Pt 是最早发现可用于乙醇氧化的电催化剂，但其催化活性较低，且易被乙醇氧化过程中生成的中间产物毒化而失活。乙醇的电化学氧化反应机理比较复杂，在不同的乙醇浓度、催化剂和电解质环境中，乙醇电化学氧化的方式和中间产物都有所不同。乙醇在氧化过程中使 Pt 催化剂中毒的机理与甲醇相似，因此可将研究较多的甲醇催化剂用于乙醇催化体系中，如一些二元合金催化剂(Pt-Ru、Pt-Sn、Pt-Au 和 Pt-Mo 等)，引入的金属比 Pt 更容易形成—OH，从而促使引起 Pt 中毒的中间物完全转化成 CO_2。目前，在二元复合催化剂中，Pt-Ru/C 是研究较多且性能较好的催化剂。该催化剂中 Pt 与 Ru 的原子配比对其性能有较大影响，而且电池在不同的温度下工作，最佳原子配比也有所不同。与 Pt-Ru/C 催化剂相比，Pt-Sn/C 催化剂在乙醇氧化过程中的催化性能具有明显优势。在 Pt-Sn/C 催化剂中，Pt 与 Sn 的最佳配比为 2∶1，该条件下催化剂可为反应提供充足的金属氢-氧键和适量的 Pt 催化活性位点。

其他小分子醇(如乙二醇、丙醇、异丙醇和丁醇等)也可作为甲醇的替代燃料，它们对 Nafion 膜的渗透率都低于甲醇。但这些醇的反应过程比较复杂，并且产生 CO 中间体，使催化剂中毒。为提升这些醇的反应性能，可将 Pt 基复合催化剂用于反应体系中。研究表明，在 Pt-Ru 复合催化剂中，Ru 会促进乙二醇氧化中间体的吸附。进一步研究发现，催化剂对含碳原子数相同的醇异构体表现出不同的电催化行为。例如，在室温碱性电解液中，Pt 对丁醇及其异构体的催化性能不同，丁醇和异丁醇最高，2-丁醇的电催化活性略低，而叔丁醇几乎不能在 Pt 上发生反应。另外，随着醇类有机物中碳原子数的增加，它们的电催化氧化也更加困难。由于这些醇作燃料时不易被完全氧化，因此它们的能量密度通常较低。

甲酸是一种良好的甲醇替代燃料。与甲醇相比，甲酸具有毒性小、不易燃及方便存储等优点。此外，甲酸的电化学氧化性优于甲醇，并且可以实现比 DMFC 更高的开路电压。甲酸还有一个明显的优势，即其对 Nafion 膜的渗透率远低于甲醇，这是因为 Nafion 膜上的磺酸基团对甲酸阴离子有排斥作用。另外，高浓度的甲酸可以用于燃料电池中，这将大幅度提高电池的功率密度。因此，甲酸是一种非常有前景的甲醇替代燃料。然而，基于甲酸燃料的燃料电池一般能量密度较低，且甲酸氧化的中间产物对催化剂具有较大的毒化作用。目前，有报道发现在甲酸燃料中添加部分甲醇可增强电池的性能。

除小分子醇和甲酸外，人们还研究了其他甲醇替代燃料，如二甲氧基甲烷、三甲氧基甲烷和三氧杂环己烷等。这些有机物均为天然气的重要组成成分，储量丰富，并且分子中不包含碳-碳键，易被完全氧化成 CO_2。此外，这些有机物用于燃料电池时，与甲醇相比，具有能量密度高、毒性低及对 Nafion 膜的渗透率小的优点。

3.6.5　商业化前景

近年来，DMFC 的研究发展极为迅速，一些关键科学问题已得到解决。与氢能相比，DMFC 在制备及价格方面具有显著优势，在便携式电源中展现出较好的商业化前景。然而，目前 DMFC 的性能还远低于氢气燃料电池，其应用范围也有一定的局限性。根据电池固有的特点，DMFC 适用于对能量密度要求高但功率密度要求低的领域，如平均功率只有几瓦但需要保持长时间工作的电子设备。这样的设备很多，包括手机、交通系统、监视器及传感设备等。

在能源设备中，DMFC 的主要竞争对手是可充电电池，尤其是目前发展比较完善的锂离子电池。为保证其竞争优势，需要大幅度提升 DMFC 的性能。首先应解决 DMFC 的能量密度问题，即在单位体积内 DMFC 可以供给的能量。在便携式移动设备中，体积能量密度往往比质量能量密度更重要。对于 DMFC，甲醇的密度较小，因此能有效提高单位体积的能量，进而提高整个能源系统的能量密度。

为了使 DMFC 具有更高的功率和效率，DMFC 通常还需要附加一些辅助系统。虽然很多控制器都是小型部件，但这些器件的引入使电池体系的体积能量密度大幅度降低。目前，常用的解决方法是将超级电容器或可充电电池与 DMFC 进行并联，从而保证体系兼具高的能量密度和功率密度。然而，该系统需要在电极边缘预留封闭及通气管道等额外的面积，这又会在一定程度上降低整个系统的空间利用率。电池的另一个重要性能参数是电池效率，它是指电池的电能与理论能量的比值。甲醇的质量能量密度是 $5.54\,kW\cdot h\cdot kg^{-1}$，密度为 $0.792\,kg\cdot L^{-1}$，经计算可得它的体积能量密度为 $4.39\,W\cdot h\cdot cm^{-3}$。但在实际情况中，这些能量不能全部进行转换。DMFC 的效率经计算为 27%，再加上燃料的利用率，最终 DMFC 的总效率为 22%，DMFC 的实际体积能量密度约为 $1.0\,W\cdot h\cdot cm^{-3}$。因此，为实现 DMFC 的大规模商业化应用，应进一步提高整个器件的能量密度、功率密度和电池效率。

思　考　题

1. 质子交换膜燃料电池作为一种电源设备，可以分为哪几类(多选题)(　　)?
   A. 固定式电源
   B. 便携式电源
   C. 交通工具电源
2. 气体扩散层的孔径分布和大小在一定程度上影响(　　)和(　　)。
3. 简述熔融碳酸盐燃料电池的组成与工作原理。
4. 影响熔融碳酸盐燃料电池性能的因素有哪些?
5. 通常 SOFC 电解质材料需同时具备以下条件：(　　)、(　　)和(　　)等。

6. SOFC 的阳极材料一般需要满足哪些条件?

7. 分析 AFC 中 CO_2 的毒化问题及其解决方案。

8. 电催化剂在 AFC 中具有重要的作用,开发新的电催化剂需要满足什么条件?

9. 与碱性燃料电池相比,磷酸燃料电池具有哪些优缺点?

10. 概述直接甲醇燃料电池的工作原理。

11. 直接甲醇燃料电池的阳极催化剂、阴极催化剂和质子交换膜分别包括哪几类?

第4章 氢 源

自工业革命以来，世界经济发展迅猛，为工农业生产和人们的生活带来了诸多便利，同时导致全球范围内能耗大幅增长。面对日益严峻的能源危机和环境问题，各国都在因地制宜地发展核能、太阳能、风能、海洋能、生物质能和氢能等新型可替代能源。其中，氢能具有热值高、来源广泛和清洁无污染等优点，被认为是最具发展前景的二次能源之一。目前，世界各国相继出台了各项氢能发展战略规划，积极推动氢能技术的进一步发展。但如何实现氢能廉价、大规模的开发利用和安全高效的存储、运输等仍存在很多问题，严重制约了氢能的大规模实际应用。尽管如此，目前各国政府和相关企业仍高度重视氢燃料电池汽车技术并给予了大力支持，科研人员也在努力应对各种挑战并已取得重大进展，希望氢经济(hydrogen economic)在不久的将来得到广泛发展。

4.1 氢的基本性质

4.1.1 氢的发现过程

文献中对氢气最早的记载可追溯到 16 世纪，瑞士炼金术士帕拉切尔苏斯(Paracelsus)利用酸的催化反应制备出氢气。但由于当时知识水平有限，人们对气体的认知仅停留在"空气"层面，因此并未过多关注该气体产物。1766 年，英国化学家和物理学家卡文迪许(Cavendish)发现六种相似的反应均可制备出一种可以燃烧的"空气"，后来的研究表明这种"可燃空气"即为氢气。1777 年，法国化学家拉瓦锡验证了氢(氕，符号 H)的存在并对其进行命名。1931 年年底，尤里发现氢的同位素氘(deuterium，符号 ^{2}H 或 D)。氕和氘在普通氢内的丰度分别为 99.9844%和 0.0156%。随后，英美科学家又发现了氢的另一同位素氚(tritium，^{3}H 或 T)。氚具有放射性，半衰期为 12.26 a。至此，氢的三种同位素全部被发现。

4.1.2 氢的原子和分子结构

氢是元素周期表中的第一个元素，在所有元素中结构最简单、质量最轻，原子量为 1.008。氢原子的价电子组态为 $1s^1$，电负性为 2.2，可与其他元素形成离子键、共价键和其他特殊键型(如氢键)。根据电子配对理论，如果两个氢原子的未成对电子自旋平行相反，则可以构成一个共价键，即两个氢原子可形成一个氢分子。

4.1.3 氢的物理性质

单质氢作为一种双原子分子，由两个氢原子以共价单键键合而成，是已知的最轻的气体。在通常情况下，氢为气态，理化性质稳定，无色无味，极难溶于水，扩散速度大且导热性好。在标准大气压下，将氢气冷却至 −252.77 ℃可实现氢的液化，进一步冷却到 −259.2 ℃时可转化为白色雪花状固体。氢在地壳中的含量为 1%(质量分数)，在自然界中以化合状态居多，常见于水和碳氢化合物(烃类)中。氢的基本物理常数如表 4.1 所示。

表 4.1　氢的基本物理常数

名称	氢	备注
化学式	H_2	
CAS 号	1333-74-0	
原子序数	1	
原子量	1.008	
分子量	2.016	
颜色	无色	
气味	无味	
原子半径	28 pm	
共价半径	37.1 pm	
离子半径	203 pm	鲍林(Pauling)离子半径
范德华半径	120 pm	
气体密度	0.089 882 g · L^{-1}	
液体密度	0.070 9 kg · L^{-1}	−252 ℃
固体密度	0.080 7 kg · L^{-1}	−262 ℃
摩尔体积	22.42 L · mol^{-1}	标准状况
熔点	−259.2 ℃	
沸点	−252.77 ℃	
溶解热	0.117 kJ · mol^{-1}	
气化热	0.903 kJ · mol^{-1}	
气化熵	0.044 35 kJ · mol^{-1} · K^{-1}	
升华热	1.02 kJ · mol^{-1}	13.96 K
折射率	1.000 132	标准状况
介电常数	1.000 265 F · m^{-1}	气态氢，20 ℃，0.101 MPa
	1.005 00 F · m^{-1}	气态氢，20 ℃，2.202 MPa
	1.225 F · m^{-1}	液态氢，20.33 K
	0.218 8 F · m^{-1}	固态氢，14 K
电负性	2.2	元素(鲍林尺度)
磁化率	−2.0×10^6 cm^3 · g^{-1}	20 ℃
气体黏度	8.96×10^6 Pa · s	300 K

续表

名称	氢	备注
气体热导率	$17.3\ W \cdot m^{-1} \cdot K^{-1}$	20 ℃
溶解度	2.1 mL	0 ℃，101.325 kPa，100 mL H_2O
空气中爆炸低限含量	4%	体积分数
空气中爆炸高限含量	75%	体积分数

4.1.4　氢的化学性质

H—H 键键能较大，因此氢气在常温下比较稳定。在高温尤其是催化剂同时作用下，氢气变得活泼并与许多非金属、金属或化合物反应。

1. 与非金属反应

氢气能与很多非金属反应，通常失去一个电子，化合价为 +1 价。

氢气与单质氟在冷暗处即可迅速反应生成氟化氢(HF)，与氯气在光照下化合，与其他卤素不能直接反应。氢气和卤素的反应式为

$$H_2 + F_2 \longrightarrow 2HF\,(爆炸性化合) \tag{4.1}$$

$$H_2 + Cl_2 \longrightarrow 2HCl\,(爆炸性化合) \tag{4.2}$$

$$H_2 + I_2 \Longleftrightarrow 2HI\,(可逆反应) \tag{4.3}$$

氢气和氧气的反应需在 500 ℃以上才能发生，但当周围有明火或铂作催化剂时，该反应在室温下就可以发生。氢气和氧气的反应式为

$$2H_2 + O_2 \longrightarrow 2H_2O \tag{4.4}$$

高温时，氢气与氯化物反应并夺取其中的氯，从而将金属或非金属还原：

$$SiCl_4 + 2H_2 \longrightarrow Si + 4HCl \tag{4.5}$$

$$SiHCl_3 + H_2 \longrightarrow Si + 3HCl \tag{4.6}$$

$$TiCl_4 + 2H_2 \longrightarrow Ti + 4HCl \tag{4.7}$$

另外，氢气在 250 ℃时可直接与硫或硒化合；在高温下还能与氮气反应，如工业上的合成氨反应。

2. 与金属反应

高温下多数金属可直接与氢气反应生成金属氢化物，包括碱金属、碱土金属(除铍和镁外)、部分稀土金属及钯、铌等。此外，过渡金属铁、镍、铬及铂系金属能按确定的化学计量吸收氢气。例如

$$H_2 + 2Na \longrightarrow 2NaH \tag{4.8}$$

$$H_2 + Ca \longrightarrow CaH_2 \tag{4.9}$$

3. 与金属氧化物反应

高温下许多金属氧化物中的氧可以被氢夺取，实现其中金属元素的还原。能发生这类反应的为金属活泼性顺序表中铁之后的金属元素，此类反应常用来制备纯金属。例如

$$H_2 + CuO \longrightarrow Cu + H_2O \tag{4.10}$$

$$4H_2 + Fe_3O_4 \longrightarrow 3Fe + 4H_2O \tag{4.11}$$

$$3H_2 + WO_3 \longrightarrow W + 3H_2O \tag{4.12}$$

4. 与其他化合物反应

许多金属卤化物、硫化物或盐类也能被氢气还原。例如

$$H_2 + CuCl_2 \longrightarrow Cu + 2HCl \tag{4.13}$$

$$FeS_2 + 2H_2 \longrightarrow Fe + 2H_2S \tag{4.14}$$

另外，在格氏试剂作用下，氢气可以与 Cr、Fe、Co、Ni、Mo 或 W 等过渡金属的卤化物反应，实现某些不稳定金属氢化物的制备。例如，

$$MCl + \frac{3}{2}H_2 + C_6H_5MgBr \longrightarrow MH_2 + C_6H_6 + MgBrCl \tag{4.15}$$

4.2 氢气的生产

4.2.1 水制氢

水制氢是一种传统的氢气制造方法。电解水制氢始于第一次工业革命时期，1800 年，尼科尔森(Nicholson)和卡莱尔(Carlisle)发现了水的电解。直到一个世纪之后(1902 年)，电解水制氢才开始实现产业化，在世界范围内投产了 400 多个工业电解池。迄今，电解水制氢工业已有 100 多年历史。

1. 电解水制氢

电解水制氢是一种成熟的工业制氢方法，其制氢原理为通过供应的电能破坏水分子中的氢-氧共价键，同时生成氢-氢和氧-氧共价键，从而获得氢气和氧气。该方法具有制氢纯度高、操作简便和清洁高效的特点，效率一般为 75%～80%。

传统电解水制氢的核心设备为电解池，其主要构件为阴极、阳极和隔膜。其中，两电极分别浸于电解液两侧，并在二者之间插入隔膜用于隔离气体产物。目前，电解水制氢采用碱性电解液，如 KOH 或 NaOH 水溶液。图 4.1 为碱性条件下电解水制氢原理示

意图，当通入一定电压的直流电时，电场作用引发电解液中无序运动离子的定向移动。其中，阳离子向阴极移动，并在阴极得电子被还原，即 H^+ 移向阴极得电子被还原成氢气；同时，阴离子向阳极移动，并在阳极失电子被氧化，即 OH^- 移向阳极失电子被氧化成氧气。电极反应表示如下：

阳极反应：
$$2OH^- \longrightarrow \frac{1}{2} O_2(g) + H_2O + 2e^- \tag{4.16}$$

阴极反应：
$$2H_2O + 2e^- \longrightarrow H_2(g) + 2OH^- \tag{4.17}$$

总反应：
$$H_2O \longrightarrow H_2(g) + \frac{1}{2} O_2(g) \tag{4.18}$$

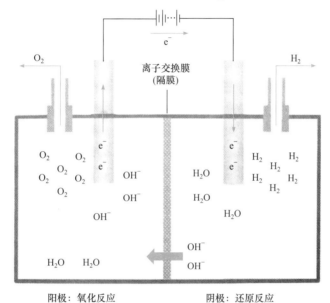

图 4.1　电解水制氢原理示意图

电解水制氢的能耗为每单位(立方米)氢需要 $4 \sim 5 \text{ kW} \cdot \text{h}$ 电量，使得电解水制氢成本的 80%是电费，导致其在诸多制氢技术中的竞争力不强。目前国际上电解水制氢的产氢量仅占氢气总产量的 4%左右。

近年来，燃料电池技术的进步推动了固体聚合物电解质(solid polymer electrolyte，SPE)电解水技术的发展。该技术在高电流密度下的电解制氢速率至少为常规碱性电解液制氢速率的 5 倍，且更清洁高效，具有体积小、效率高和能耗低等优点。另外，非透气性质子交换膜极大地提高了氢、氧分离程度，使获得的氢气纯度更高。不仅如此，SPE技术可直接以纯水为电解液，有效避免了设备腐蚀，不仅可以增加设备运行的安全性和稳定性，还能提高其使用寿命。但该电解体系中采用质子交换膜和贵金属催化剂，依然存在成本较高的问题。近年来，随着可再生能源利用的大力推进，研究人员开始着眼于通过风力、太阳能发电进行电解水制氢，并以储氢的方式代替传统蓄电池供能机制，不仅可以大幅降低可再生能源发电成本，还能同时实现长期"储能"的目的，对能源、环境和经济的长足发展具有重大的现实意义。

2. 高温热解水制氢

高温热解水制氢是将水直接加热分解为氢气和氧气的反应。水的裂解反应式为

$$H_2O(g) === H_2(g) + 1/2 O_2(g), \quad \Delta H_S = 241.82 \text{ kJ} \cdot \text{mol}^{-1} \tag{4.19}$$

该反应为强吸热反应，常温下平衡转化率极小，一般要求温度高于 2000 ℃。水裂解产生 H^+、H_2、O^{2-}、O_2、OH^- 和 H_2O 等组分，这些物种与温度的关系如图 4.2 所示。

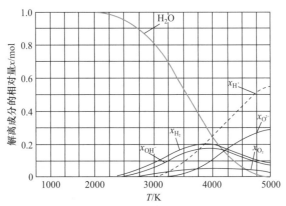

图 4.2　水直接热解制氢时各解离成分与温度的关系(p=1.0132 MPa)

高温热裂解制氢由于反应温度过高，在热源、材料及产物分离等方面存在诸多问题，就研究现状而言，其前景并不明朗。

4.2.2　化石能源制氢

化石能源制氢是指以化石能源(包括煤炭、石油、天然气及其衍生物氨气、甲醇等)为原料制氢的技术。图 4.3 为 2004 年世界产氢原料占比图，可以看出，全球商用氢中约有 96%是通过化石能源制取的。在我国的制氢原料中，化石能源占有更高的比重。目前，

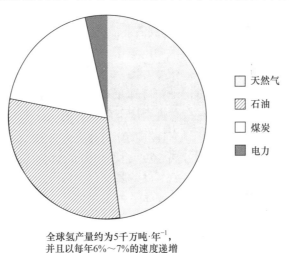

全球氢产量约为5千万吨·年$^{-1}$，
并且以每年6%～7%的速度递增

图 4.3　2004 年世界产氢原料占比图

尽管化石能源制氢存在很大问题，如化石能源储量有限、在反应过程中造成环境污染，但其作为一种过渡工艺，在较长时期内仍是不可替代的。

1. 煤制氢

煤制氢(coal to gas，CTG)已有 200 多年历史，我国煤制氢技术也有近 100 年历史。传统煤制氢技术多指煤气化制氢，包括直接和间接制氢两种方式。其中，煤间接制氢过程较为复杂，一般先利用煤发电，再利用这些电能电解水制氢，或先将煤转化为甲醇、氨气等化工产品，再由这些化工产品制氢，导致该方式制氢效率较低。煤直接制氢的方法有两种：一是煤焦化(高温干馏)，二是煤气化。煤焦化是在 900～1000 ℃、隔绝空气条件下由煤制得焦炭，同时每吨煤可产生 300～350 m³ 副产物煤焦炉气。煤焦炉气中含氢气、甲烷、一氧化碳及少量其他气体，氢含量高达 55%～60%。煤气化是指煤在高温、常压或加压条件下与水蒸气或氧气(空气)反应，先转化为以 H_2 和 CO 为主的气体产物，再进一步转化为 H_2 和 CO_2，具体分为三个过程：造气反应、水煤气转换反应及氢的提纯与压缩(图 4.4)，涉及的主要化学反应如下：

$$C(g) + H_2O(g) \longrightarrow CO(g) + H_2(g) \tag{4.20}$$

$$CO(g) + H_2O(g) \longrightarrow CO_2(g) + H_2(g) \tag{4.21}$$

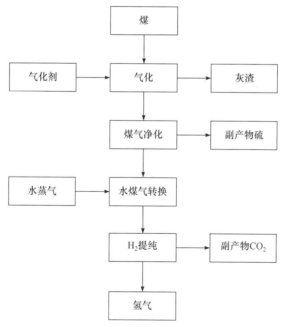

图 4.4　煤气化制氢工艺流程

煤气化是吸热过程，所需热量由碳的氧化反应提供。

传统的煤气化制氢工艺不仅设备复杂、流程烦琐，导致制氢成本高，还会排放多种副产物，包括灰分、含硫物质及大量温室气体二氧化碳等，造成严重的环境污染。目前，煤气化制氢有多种工艺，如科珀-托切克(Kopper-Totzek，K-T)法、德士古(Texaco)法、鲁奇(Lurgi)法、气流床法和流化床法等。由于能源和环境压力,世界各国正大力推进洁净煤技术。其中,地下煤炭气化(underground coal gasification,UCG)技术是指直接控制性燃烧掩埋于地下的煤炭,通过煤的化学和热作用产生可燃气体的过程。该技术的特点是集建井、采煤及气化三大工艺于一体,将传统的物理采煤变为化学采煤,从而省去了庞大且昂贵的煤炭开采、运输、清洗及气化等工艺设备,具有投资少、效益高、安全性高和污染小等优点,受到世界各国的重视和支持,被誉为第二代采煤法。

随着氢燃料电池的逐步推广,煤炭气化制氢得到更广泛的应用,研究人员提出新的零排放煤制氢/发电技术。在该技术中,钙基催化剂(CaO)对煤和水蒸气的中温气化有很强的催化作用,通过吸收气体产物 CO_2 可大幅提高气化反应速率和产氢效率,同时产物氢气可直接用作高温固体氧化物燃料电池的燃料进行电能供应。在整个反应过程中,CaO催化剂吸收 CO_2 生成 $CaCO_3$,$CaCO_3$ 又可利用燃料电池产生的热量进行煅烧分解,重新生成 CaO 和高纯度 CO_2,从而实现整个系统的循环利用和零排放。图 4.5 为零排放煤制氢/发电系统示意图,该技术由美国洛斯阿拉莫斯国家实验室提出。目前,通过进一步联合开发和优化,该技术中煤的热利用率可达 70%。

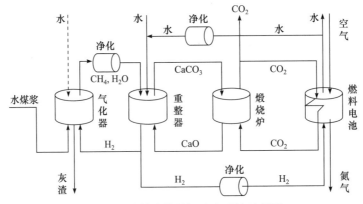

图 4.5 零排放煤制氢/发电系统示意图

2. 天然气制氢

天然气作为重要的气态化石燃料,主要成分为烷烃,其中甲烷含量较多,另有少量乙烷、丙烷、丁烷、一氧化碳、二氧化碳、硫化氢、氮气、水蒸气和微量稀有气体(氦气、氩气等)。我国是较早发现天然气的国家之一。目前,天然气制氢的方法大致分为四大类,包括天然气水蒸气重整制氢、天然气部分氧化重整制氢、天然气水蒸气重整与部分氧化联合制氢及天然气(催化)裂解制氢。

1) 天然气水蒸气重整制氢

天然气首先经预处理,随后送至转化炉对流段进行预热,发生脱硫反应后混入水蒸气,混合气再次进入转化炉加热段,加热到 400 ℃以上进入反应炉,在催化剂作用下发生水蒸气转化反应和一氧化碳变换反应,从而生成氢及其他副产物。其中,出口处转化气的含氢量可达 70%,但其温度较高,为 780 ℃左右,需要进一步经废热锅炉回收热量,冷却后送入甲烷提纯系统,即可得到氢气产品。

以烃类混合物和水蒸气为原料的制氢反应为例，反应过程中同时发生多种平行反应和串联反应，一般包括转化反应和变换反应两类。其中，转化反应的化学过程可表示为

$$C_nH_m + nH_2O \xrightarrow{\text{催化剂}} nCO + \left(n + \frac{m}{2}\right)H_2 \tag{4.22}$$

甲烷的氢碳比为 4，在烃类化合物中最高，是最理想的制氢原料。甲烷制氢工艺包括两类反应，一类是甲烷生成一氧化碳和氢气的转化反应；另一类是中间产物一氧化碳与水蒸气进一步生成二氧化碳和氢气的变换反应：

转化反应： $$CH_4 + H_2O \xrightarrow{\text{催化剂}} CO + 3H_2 \tag{4.23}$$

变换反应： $$CO + H_2O \xrightarrow{\text{催化剂}} CO_2 + H_2 \tag{4.24}$$

总反应： $$CH_4 + 2H_2O \xrightarrow{\text{催化剂}} CO + 4H_2 \tag{4.25}$$

其中，转化反应为强吸热反应，变换反应为放热反应，且总吸热量大于放热量，使得反应过程中能耗较高，导致燃料成本占生产成本的一半以上。虽然高温会促进转化反应，但不利于变换反应，在实际生产过程中，为兼顾燃料成本和烃类的转化率，需要对反应温度进行适当调控。此外，由于化学平衡和生产工艺的影响，一次转化过程不能将甲烷完全转化，还有 3%～4%的甲烷残存在一次转化气中，有时甚至高达 8%～10%，因此需要进行二次转化，导致该方法存在装置规模大和成本较高的缺点。

2) 天然气部分氧化重整制氢

天然气部分氧化重整制氢分为两类，包括氧化重整制氢和催化部分氧化重整制氢。前者需要在高温条件下进行，因此不适合用于低温燃料电池。另外，反应体系的含氧量和反应条件在很大程度上影响天然气氧化反应的产物。当氧含量为 10%～20%、压力为 50～300 atm 时，主要生成甲醇、甲醛和甲酸；当氧含量增加到 35%～37%时，可得到乙炔；当氧含量进一步增加时，主要生成一氧化碳和氢气；当氧过量时则发生完全氧化反应，生成二氧化碳和水。天然气部分氧化制氢的主要反应如下：

$$CH_4 + \frac{1}{2}O_2 \xrightarrow{\text{催化剂}} CO + 2H_2 \tag{4.26}$$

此外，为防止天然气在部分氧化反应过程中析碳，需在反应体系中加入一定量的水蒸气，故该体系中还会发生如下反应：

$$CH_4 + H_2O \xrightarrow{\text{催化剂}} CO + 3H_2 \tag{4.27}$$

$$CH_4 + CO_2 \xrightarrow{\text{催化剂}} 2CO + 2H_2 \tag{4.28}$$

$$CO + H_2O \xrightarrow{\text{催化剂}} CO_2 + H_2 \tag{4.29}$$

与天然气水蒸气重整制氢相比，天然气部分氧化重整制氢能耗较低且装置规模小，因而成本较低。但是催化部分氧化重整制氢的反应条件苛刻，可控性较差，还需要大量的纯氧供应，从而导致附加的空分装置和制氧成本。为进一步提高制氢效益，提出了天然气水蒸气重整和部分氧化重整联用技术，该技术不仅可以降低反应温度，还可以提高

氢纯度。

3) 天然气(催化)裂解制氢

天然气(催化)裂解制氢是指天然气以裂解方式直接生成碳和氢气。其优点在于裂解产物为高纯氢气和固体碳,不含或仅含少量碳氧化合物,不需要进一步的变换反应。因此,与前两种制氢方法相比,裂解制氢的工艺简单,在小规模天然气现场制氢方面优势显著。目前常见的裂解制氢包括热裂解、催化裂解、等离子热解和太阳能热裂解等方法,裂解反应式为

$$CH_4 \xrightarrow{\text{催化剂}} C + 2H_2 \tag{4.30}$$

a. 热裂解法

热裂解法是一种以气态烃为原料,使燃烧和裂解分别进行的间歇式产氢方法。其反应过程较为复杂,首先将天然气和空气混合,投料比为二者完全反应的化学计量比;将混合气通入炉内加热燃烧,升温至 1300 ℃时不再供应空气,使继续引入的天然气在高温下热分解成炭黑和氢气。天然气裂解过程吸热,导致反应炉内温度降低,当温度降至 1000~1200 ℃时,再次通入空气使天然气完全燃烧,此过程放热,炉内温度升高,待温度达到 1300 ℃时,再次停止供应空气,发生天然气裂解反应,如此间歇往复进行。该方法应用于炭黑、颜料工业已有多年历史,反应只需在常压反应器中铺设耐火砖即可进行,具有经济、简单的特点。

b. 催化裂解法

C—H 键非常稳定,导致 CH_4 裂解反应的活化能较高。在无催化剂时,反应温度需高于 700 ℃才能保证裂解反应正常进行。当对产氢量有较高要求时,反应温度甚至需要高于 1300 ℃。催化剂的作用是降低反应活化能,加快反应速率。因此,为了降低裂解反应温度,常采取加入催化剂的方法。研究发现,催化剂种类、反应温度、接触时间、压力及空气流速对天然气催化裂解制氢反应都有显著影响,因此在催化裂解制氢工艺中催化剂的研究仍是重点。

目前常用的催化剂有两类,一类是担载型金属催化剂,包括一些迁移性金属如 Ni、Fe、Co 等过渡金属和贵金属催化剂,这些催化剂活性较高。如图 4.6 所示,Otsuka 等研究了同等实验条件下不同催化剂对甲烷裂解转化率的影响。

此外,催化裂解反应生成的碳(积碳)会沉积在金属催化剂表面,导致催化剂失活。一旦出现这种情况,需要经过再生过程除去积碳以恢复其催化活性,从而提高催化剂的使用寿命。常用的再生方法是利用氧气或水蒸气等氧化剂与碳的反应:

$$C + O_2 \xrightarrow{\text{催化剂}} CO_2 \tag{4.31}$$

$$C + 2H_2O \xrightarrow{\text{催化剂}} CO_2 + 2H_2 \tag{4.32}$$

这两种方法都能达到催化剂再生的目的。氧气氧化过程相对较快,再生效率随温度升高而增加,但氧气在氧化积碳的同时可能将金属氧化为金属氧化物。相比之下,水蒸气再生过程不改变催化剂的金属形式,更适合循环生产工艺。

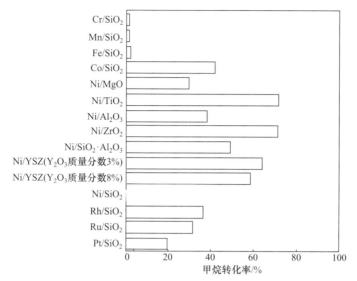

图 4.6 相同实验条件下不同催化剂对甲烷转化率的影响

另一类催化剂是碳基催化剂，如活性炭、石墨、炭黑、碳纳米管、碳纤维及 $C_{60/70}$ 等纳米碳，这类物质对 CH_4 裂解也有催化作用。研究表明，活性炭和炭黑催化活性较高。更重要的是裂解产物中的碳无需分离，经过处理即可作为碳催化剂继续利用，具有连续反应性。但以炭黑为催化剂在较大流化床反应器中进行甲烷的催化裂解反应时，产物炭黑很容易连续排出反应器。对收集到的炭黑进行简单粉碎和热处理即可制得粒径为 10～100 μm 的炭黑颗粒，此粒径范围内的炭黑催化甲烷裂解的活性最高，反应器内排出的催化剂可由这部分炭黑补充。此外，为提高炭黑催化剂的总体利用效率，另一部分纯炭黑可作为化学原料投入商品市场。随后，尾气流入气体分离单元进行甲烷和氢气分离，同时富甲烷气体可作为原料气被引回流化床反应器进行再次循环。

与金属催化剂裂解工艺相比，碳基催化剂催化工艺具有如下特点：无需再生反应，一个反应器即可连续生产；在获得高纯氢气外，还可产出商品化纯炭黑，经济价值高；生产过程中不产生 CO 或温室气体 CO_2，污染较小。但该工艺存在反应温度偏高、转化效率低等缺点。因此，目前关于催化裂解制氢的研究主要集中在两方面：一是降低反应温度；二是开发新型碳结构以提高催化效果。

3. 液体化石能源制氢

液体化石能源主要指石油。石油是指从地下开采的深褐色黏稠状液体，主要成分为烃类，包括各种烷烃、环烷烃和芳香烃，是重要的液体化石燃料。目前还没有直接利用石油制氢的工艺，通常用石油的初步裂解产物，如重油、石脑油等进行氢气生产。其中，重油主要包括原油加工过程中产生的常压油、减压渣油及深度加工后的燃料油。重油与水蒸气及氧气发生部分氧化反应制得含氢混合气，在水蒸气参与但加氧不足的条件下，典型的部分氧化反应包括三个步骤，分别是烃类燃料的不完全氧化反应、烃类燃料与水蒸气的转化反应及进一步的变换反应：

$$C_nH_m + \frac{n}{2}O_2 \longrightarrow nCO + \frac{m}{2}H_2 \tag{4.33}$$

$$C_nH_m + nH_2O \longrightarrow nCO + \left(n + \frac{m}{2}\right)H_2 \tag{4.34}$$

$$H_2O + CO \longrightarrow CO_2 + H_2 \tag{4.35}$$

其中，不完全氧化反应为放热反应，转化反应为吸热反应，前者放出的热量可以提供给后者。不完全氧化反应随烃类原料和反应条件的不同而变化，可在催化剂作用下在较低温度下进行，也可在无催化剂、适当压力和较高温度下进行。催化部分氧化的主要原料为低碳烃类，包括石脑油或甲烷等；而非催化部分氧化的原料为重油，反应温度为1150~1315 ℃。与低碳烃相比，重油碳含量较多，导致重油制氢产物中氢气、CO 和 CO$_2$ 的体积分数分别为 46%、46% 和 6%，且大部分氢来源于水蒸气。另外，与天然气转化制氢相比，重油部分氧化需要空分设备供氧。

4.2.3　生物质制氢

生物质制氢是指利用生物质产生氢气的方法。一切可以利用大气、水、土壤等通过光合作用产生的各种有机体统称为生物质，其特点是有生命且可以生长，包括所有植物、微生物和以植物或微生物为食的动物及其生产的废弃物等。生物质能作为太阳能的一种表现形式，是重要的可再生能源，其高效开发利用对解决能源和环境问题都有积极作用。目前常用的生物质制氢法有微生物转化法和热化学转化法。

1. 微生物转化法

微生物转化法是指利用某些微生物代谢过程制氢的一种生物工程技术，根据反应机理的不同可分为三大类：光解水制氢、光合生物制氢和厌氧发酵制氢。

1) 光解水制氢

光解水制氢是指一些具有光合作用的细菌或藻类以水为原料、太阳能为能源，借助自身特有的产氢酶催化水分解产生氢气和氧气的过程。例如，绿藻可在光照和无氧条件下由氢酶催化光解水产生氢气和氧气，但其产氢效率较低且氢酶随氧气释放失活；蓝细菌可由氢化酶或固氮酶催化产氢。氢化酶是一种可逆双向酶，不仅可以催化氢气的氧化，还能催化氢气的合成；而固氮酶仅能催化氢气合成。

2) 光合生物制氢

光合生物制氢是指一些光合细菌或微藻通过光合作用将太阳能转化为氢能的过程。常见的能产氢的光合生物主要有夹膜红细菌、类球红细菌、红假单胞菌和深红红螺藻等。与藻类的光合作用不同，光合细菌在光合作用过程中不产氧，这是由于其仅具有一个光合作用中心，缺少类似于藻类的光解水系统。具体过程如下：

有机物[(CH$_2$O)$_n$] ⟶ 铁氧还原蛋白 ⟶ 氢化酶 ⟶ H$_2$

图 4.7 给出了光合细菌制氢示意图。不仅如此，研究发现光合细菌还能利用一氧化碳产氢。

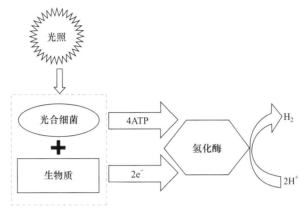

图 4.7 光合细菌制氢示意图

3) 厌氧发酵制氢

厌氧菌发酵制氢是指异养型厌氧细菌利用碳水化合物等有机物的暗发酵作用生成氢气的过程,又称暗发酵制氢。该发酵产物为混合气,除氢气外,还有一定量的二氧化碳及少量的甲烷、一氧化碳和硫化氢气体。对于暗发酵制氢过程,温度、酸碱度、金属离子、基质类型及产物种类都是其考量因素。目前可用于产氢的厌氧微生物主要有两大类,分别为严格厌氧菌和兼性厌氧菌。严格厌氧菌主要包括脱硫弧菌属和梭状芽孢杆菌属等菌属的细菌;而兼性厌氧菌主要包括肠杆菌属、埃希氏杆菌属、芽孢杆菌属和克雷伯氏杆菌属等菌属的细菌。

不同类型的微生物产氢特性比较如表 4.2 所示。

表 4.2 不同类型的微生物产氢特性比较

生物类群	可制氢生物	产氢酶	抑制物	特点
绿藻	*Scenedesmus obliquus*, *Chlamydiminas reindardtii*, *Chlamydiminas moewusii*, *Porphyra umbilicalis*	氢化酶	CO, O_2	需要光;氢可源于水;体系存在氧气威胁;产氢速率慢
蓝细菌	*Anabaena azollae*, *Synechococcus elongatus*, *Synechococcus* sp., *Anabaena variabilis*	固氮酶	O_2, N_2, NH_3	需要光;氢可源于水;可固氮;固氮酶催化产氢;产物为混合气,混有氧气;氧气抑制固氮酶催化作用
光合细菌	*Rhodospirillum rubrum*, *Rhodobacter capsulatus*, *Rhodobacter sphaerodies*, *Rhodospirillum vannielli*, *Rhodopseudomonas palustris*	固氮酶	O_2, N_2, NH_3	需要光;吸光能力强;原料广泛;能量利用率高;产氢速率快
厌氧细菌	*Clostridium butyricum*, *Clostridium paraputrificum*, *Escherichia coli*, *Enterobacter cloacae*	产氢酶	CO, O_2	无需光;原料广泛;无氧发酵居多;代谢产物价值高;产氢速率较快

2. 热化学转化法

1) 热裂解制氢

生物质热裂解是指在高温且无氧条件下生物质的热化学反应过程,根据反应速率快慢可分为慢速裂解和快速裂解。热裂解效率受反应条件影响较大，包括加热速率、反应温度、反应器类型及催化剂种类等，这些因素还会影响产物质量。目前，常用的生物质裂解器包括三类：机械接触式、间接式和混合式。机械接触式反应器又可分为烧灼热裂解式和旋转锥式，其特点是生物质原料通过直接接触灼热的反应器表面获得热量，从而实现其快速升温裂解。此类反应器的优点是原理和结构较为简单，缺点是原料受热不均匀且反应器表面易磨损。与机械接触式反应器不同，间接式反应器的加热方式为热辐射。由于生物质颗粒及产物吸收热辐射的能力不同，易造成反应器内部受热不均匀，严重影响反应效率和产物质量。混合式反应器同时以三大传热方式对生物质进行加热，具有加热速率快、反应温度可控和产物易分离等特点，是目前应用最广泛的反应器，如常见的流化床反应器和循环流化床反应器。

在生物质热裂解反应中加入催化剂，不仅可以提高其热解速率，还能降低焦炭产量并提高氢气质量。目前，常用的生物质裂解催化剂有 Ni 催化剂、沸石、碳酸盐类(K_2CO_3、Na_2CO_3 和 $CaCO_3$)和部分金属氧化物(Al_2O_3、SiO_2、ZrO_2 和 TiO_2)等。生物质热裂解产物中含氢气、碳氢化合物和碳氧化合物等，类似于合成气。为提高氢的产量和质量，需要进一步联合水蒸气转换和重整反应。该联合制氢技术原料广泛，特别是以各种废弃物为原料时，能够同时实现废弃物处理和产能，具有良好的经济性。

2) 气化制氢

生物质气化是指生物质在 600~800 ℃高温下与空气中的氧气和水蒸气发生部分氧化的热化学过程。其与热裂解的区别是裂解反应无需氧气，而气化反应则是在有氧条件下对生物质进行部分氧化。生物质气化制氢的具体过程如下：生物质原料首先在反应器气化段经催化气化反应生成含氢的生物质燃气，燃气中的一氧化碳、焦油及少量固体碳在反应器另一端与水蒸气进行变换和改质等催化反应，以减少污染物含量并提高原料转化率和氢气产率；然后，中间产物进入固体床焦油裂解器，在高活性催化剂作用下进一步进行焦油裂解反应；最后，终产物经变压吸附制得高纯气体。

生物质气化技术的最大问题在于焦油含量较高，不仅影响气体产物的质量，还容易发生焦油黏附，从而导致气化设备阻塞，严重影响气化系统的安全性和可靠性。

3) 超临界水热解制氢

超临界流体是指温度及压力均处于临界点以上的流体，是一种非气体、非液体的单相物质，具有黏度小、扩散系数大、密度大、溶解度大及传质性能好等特性，可作为良好的分离和反应介质。水的临界温度和临界压力分别为 647.3 K 和 20.05 MPa，温度和压力超过临界点的水即为超临界水。超临界水极性较强，可溶解氧气、氮气、一氧化碳和二氧化碳等气体小分子及低极性的芳烃化合物，不仅能提高扩散控制的反应速率，还能促进氧化反应的快速进行。

超临界水热解生物质是指在超临界水中进行生物质的催化气化反应。该反应的气化率高达 100%，产氢率超过 50%，且无焦油、木炭等副产物生成，因此不会造成二次污染。但超临界水对反应器的温度和压力要求苛刻，目前此类研究还处于小规模的实验研究阶段。

4.2.4 含氢载体制氢

除上述直接制氢方式外，由化石能源制得的氨气、甲醇、乙醇、肼、汽油和柴油等含氢载体也是重要的制氢原料。

1. 氨气制氢

氨气(NH_3)是一种氮氢化合物，分子量为 17，其中氢的质量占 17.6%。氨气在常温常压下为气态，密度为 0.7 $kg \cdot m^{-3}$。氨气的液化温度随压力变化而变化，在标准大气压(1 atm = 101 325 Pa)下的液化温度为 -33.25 ℃。液氨的含氢量为 12.1 $kg \cdot (100 L)^{-1}$，高于液氢的含氢量[7.06 $kg \cdot (100 L)^{-1}$]。氨以液态形式存在时便于存储和运输。氨气在空气中的燃烧范围较小，质量分数范围为 15%～34%；氨的毒性相对较小，其强烈的刺鼻气味使氨泄漏很容易被发现；氨密度小，比空气轻，易于扩散，因此在存储和使用时较为安全。

氨的分解产物只有氮气和氢气，不会产生一氧化碳等副产物，但氨的重整气中有残余的氨与氮气，不利于部分低温燃料电池的正常运行，需要增加净化步骤。因此，氨分解制氢工艺分为氨分解和氢化纯化两个过程。具体过程为液氨预热蒸发成气态，流入填充催化剂的氨分解炉，在 650～800 ℃下被催化分解成氮气和氢气，反应式如下：

$$2NH_3 \xrightarrow{\text{催化剂}} N_2 + 3H_2 \tag{4.36}$$

氨气的分解机理较为复杂，受催化剂种类及其他反应条件的影响。目前普遍认为氨气的催化分解由系列逐级脱氢反应组成，氨分解的具体反应过程("g"代表"气态"；"ad"代表"吸附态")如下：

氨气吸附： $$2NH_3(g) \xrightarrow{\text{催化剂}} 2NH_3(ad) \tag{4.37}$$

第一解离： $$2NH_3(ad) \xrightarrow{\text{催化剂}} 2NH_2(ad) + 2H(ad) \tag{4.38}$$

次解离： $$2NH_2(ad) \xrightarrow{\text{催化剂}} 2NH(ad) + 2H(ad) \tag{4.39}$$

$$2NH(ad) \xrightarrow{\text{催化剂}} 2N(ad) + 2H(ad) \tag{4.40}$$

氢气脱附： $$6H(ad) \longrightarrow 3H_2(ad) \longrightarrow 3H_2(g) \tag{4.41}$$

氮气脱附： $$2N(ad) \longrightarrow N_2(ad) \longrightarrow N_2(g) \tag{4.42}$$

催化剂是氨分解反应的核心。目前常用的氨分解反应催化剂的活性组分主要包括 Fe、Ni、Pt、Ir、Pd 和 Ru 等。其中，Ru 的催化活性最高，但价格昂贵；Ni 基催化剂价格低廉，且催化活性仅次于 Ru、Ir 和 Rh 等贵金属，因此更具工业应用前景。此外，常用的催化剂载体为 Al_2O_3、MgO、TiO_2、碳纳米管、活性炭和分子筛等。

一般情况下，氨气的分解率高达 99%，但高温混合气需要经过进一步冷却、纯化以获得高纯氢气。氨气制氢的纯化可采用变压分离或膜分离技术，与前述煤制氢和天然气制氢的纯化相同，由于氨分解气中只含有氢气、氮气和微量未分解的氨气，其分离纯化更加容易。

2. 肼制氢

肼(N_2H_4)是另一种重要的氮氢化合物，分子量为 30，肼中氢的质量分数高达 12.5%。肼在常温下稳定，为无色透明液体，密度为 1.004 $g \cdot mL^{-1}$。肼完全分解只有氮气一种副产物，如果能够实现肼在温和条件下的完全分解，就可在无外加热源条件下快速制备氢气，从而为燃料电池提供燃料，因此肼是一种理想的液体氢源。但肼的安全性比氨差，与金属催化剂接触容易发生爆炸，存在不可忽视的安全隐患。

水合肼($N_2H_2 \cdot H_2O$)是肼的一种水合物，含氢量(质量分数)高达 7.9%。由于水合肼中的水分子不反应，其完全分解产物与肼相同，因此水合肼是液体氢源的理想选择。肼在常温下可发生热分解和催化分解反应，具体分解途径有两种：

完全分解： $$N_2H_4 \longrightarrow N_2(g) + 2H_2(g) \tag{4.43}$$

不完全分解： $$3N_2H_4 \longrightarrow N_2(g) + 4NH_3(g) \tag{4.44}$$

以上两个反应可同时发生，但高温条件下中间产物氨气可进一步分解为氮气和氢气，而且肼也能与氢气反应生成氨气。由于 N—N 键的键能为 60 $kJ \cdot mol^{-1}$，N—H 键的键能为 84 $kJ \cdot mol^{-1}$，因此肼的分解过程中 N—N 键和 N—H 键的断裂次序仍不能确定，导致目前肼的分解不明确。通常认为有以下三种可能的反应机理：

(1) N—N 键断裂，解离分解机理。

(2) N—H 键断裂，非解离分解机理。

(3) N—N 和 N—H 键同时断裂机理。

肼主要用于卫星、飞船等空间飞行器的入轨、定点推进和姿态控制系统或其他一些应急动力装置。这是由于肼可以在 250 ℃下发生热分解或在高活性催化剂作用下发生快速分解，瞬间产生大量的高温高压气体以调整推进器的位置或角度。上述应用对催化剂的选择性并没有特别要求，重点要考虑的是其活性和稳定性。但作为燃料电池的可靠氢源，肼需要在温和条件下实现高效、高选择性分解制氢，因此催化剂的选择尤为重要。

目前常用的肼分解制氢的催化剂主要有金属纳米粒子和负载型催化剂。金属纳米粒子催化剂常选用一些组分均匀且尺寸均一的双金属纳米粒子，此类催化剂可以有效促进肼分解制氢。表 4.3 给出了一些常用的双金属纳米粒子催化剂的反应温度和氢选择性。

表 4.3   不同金属纳米粒子催化剂对水合肼分解制氢的催化性能对比

金属粒子	催化反应温度/℃	氢的选择性/%
$Ni_{0.2}Rh_{0.8}$	25	100
$Ni_{0.93}Pt_{0.07}$	25	100
$Ni_{0.95}Ir_{0.05}$	25	100
$Ni_{0.6}Pd_{0.4}$	50	82
NiFe	70	100
NiCo	70	18
NiCu	70	15
Fe-Ni/Cu	70	100

续表

金属粒子	催化反应温度/℃	氢的选择性/%
$Co_{0.2}Rh_{0.8}$	25	20
$Fe_{0.2}Rh_{0.8}$	25	30

虽然金属纳米粒子对肼分解制氢具有较高的选择性,但纳米粒子在制备及反应过程中容易发生团聚,导致催化活性降低。尽管金属粒子的粒径可以通过表面活性剂调控,但保护剂同时会影响其表面活性位点的暴露,无法从根本上提高催化剂活性。不仅如此,保护剂还会导致催化剂分离困难,降低其重复利用性。

负载型催化剂作为目前最常用的工业催化剂之一,其最大特点是制备过程相对简单,即影响其催化性能的活性和选择性可以通过调节载体种类、活性组分的负载量及助剂的加入量等灵活调控。表 4.4 为目前常用于肼分解制氢的负载型催化剂,可分为贵金属和非贵金属催化剂。虽然贵金属催化剂选择性高,但价格昂贵,因此开发非贵金属催化剂对于实际应用更有意义。在诸多非贵金属催化剂中,Ni 和 Fe 基催化剂具有更好的催化性能。另外,催化剂载体也从传统的金属氧化物 Al_2O_3 逐渐扩展到碳材料、金属有机框架等领域。就助剂而言,强碱性助剂有利于肼分解制氢反应。因此,催化剂载体中的强碱也能在一定程度上提高肼分解制氢的选择性。

表 4.4　不同负载型催化剂对水合肼分解制氢的催化性能对比

催化剂	催化反应温度/℃	氢的选择性/%	助剂
Ir/Al_2O_3	>200	100	
RhNi@石墨烯	25	100	NaOH
PtNi@ZIF-8	50	100	NaOH
$NiPt_x/Al_2O_3$	30	>99	
$NiIr_x/Al_2O_3$	30	>99	
$Pt_{0.1}Ni_{0.9}/Ce_2O_3$	25	100	NaOH
$Pt_{0.3}Ni_{0.65}/(CeO_x)_{0.05}$	25	60	NaOH
$Ni-Al_2O_3$-HT	30	30	
雷尼镍-300	30	30	NaOH
$NiMoB-La(OH)_3$	50	50	NaOH
Fe-B/多壁碳纳米管	25	25	
Fe-B/NaOH-多壁碳纳米管	25	25	
Ni_3Fe/C	25	25	
$Ni_{1.5}Fe_{1.0}/(MgO)_{3.5}$	25	25	

3. 甲醇制氢

甲醇制氢的方法类似于天然气制氢。目前,常用的甲醇制氢方法有四大类:甲醇分解(DE)制氢、甲醇部分氧化(POR)制氢、甲醇水蒸气重整(MSR)制氢和甲醇自热重整(ATR)

制氢。表 4.5 给出了这四种方法的基本情况对比。

表 4.5 甲醇制氢方法比较

制氢方法	反应式	$\Delta H_{298}/(kJ \cdot mol^{-1})$	优点	缺点
甲醇分解	$CH_3OH \longrightarrow 2H_2 + CO$	90.5	高温下反应迅速	吸热反应,反应温度高,CO 含量高
甲醇部分氧化	$CH_3OH + \frac{1}{2}O_2 \longrightarrow 2H_2 + CO_2$	-192.3	条件温和,易于启动	强放热反应,反应器内温度不易控制,H_2 含量低
甲醇水蒸气重整	$CH_3OH + H_2O \longrightarrow 3H_2 + CO_2$	49.4	H_2 含量高,反应温度低	吸热反应,反应动态响应更慢,催化剂床层易存在冷点
甲醇自热重整	$CH_3OH + \beta O_2 + (1-2\beta)H_2O$ $\longrightarrow (3-2\beta)H_2 + CO_2$ $(0 \leqslant \beta \leqslant 0.5)$	$50.19\text{-}483.64\beta$	反应温度适中,反应吸放热耦合,可达热平衡	反应器入口催化剂易烧结成积碳,H_2 含量偏低,难控制

其中,甲醇水蒸气重整制氢由于氢产量高(理论最大氢气浓度为 75%)、应用较广泛,目前已实现工业化。下面重点介绍甲醇水蒸气重整制氢。

甲醇水蒸气重整是强吸热反应,反应过程如下:

$$CH_3OH(g) + H_2O(g) \longrightarrow 3H_2 + CO_2 \tag{4.45}$$

甲醇水蒸气重整反应直接生成 H_2 和 CO_2,但其反应机理仍没有统一的说法。目前公认的反应过程如下:

第一步: $$2CH_3OH \longrightarrow CH_3OCHO + 2H_2(控速步骤) \tag{4.46}$$

第二步: $$CH_3OCHO + H_2O \longrightarrow CH_3OH + HCOOH \tag{4.47}$$

第三步: $$HCOOH \longrightarrow CO_2 + H_2 \tag{4.48}$$

催化剂在甲醇水蒸气重整过程中起重要作用,常用的催化剂按活性组分可分为三大类: Cu 系、Cr-Zn 系和贵金属(如 Pd、Pt)催化剂。工业上甲醇水蒸气重整工艺中使用最多的催化剂是高铜催化剂,CuO 的质量分数为 50% 左右,其中最具有代表性的是 Cu-Zn-Al$_2$O$_3$ 催化剂。目前,这类催化剂也在不断改进,以进一步提高其活性和 CO_2 选择性。

当反应温度为 250~330 ℃时,甲醇与空气和水蒸气发生自热重整反应。该过程转化率较高,可得到较高的产氢率,并可使用与甲醇水蒸气重整类似的催化剂,但要注意调控反应器的温度平衡以保证 Cu-Zn-Al$_2$O$_3$ 催化剂的活性。这类催化剂对氧化环境敏感,也是实际运用中的主要难题。

4. 汽油、柴油制氢

汽油、柴油和煤油作为石油的主要产品,是应用广泛的交通能源。汽油和柴油的主

要成分为各种烃类, 其在 800~820 ℃、有催化剂存在的条件下与水蒸气反应制得氢气, 主要反应过程如下:

$$C_nH_{2n+2} + nH_2O \longrightarrow nCO + (2n+1)H_2 \qquad (4.49)$$

$$CO + H_2O \longrightarrow CO_2 + H_2 \qquad (4.50)$$

从上述反应式可以看出, 产物中的部分氢气来自水蒸气, 且在气体产物中氢气的体积分数高达 74%。另外, 该反应过程的生产成本主要取决于反应原料的价格。

4.3 氢气的存储

氢气的存储是氢能应用的关键, 是连接氢气生产与应用的纽带。氢通常条件下是气体, 具有易燃易爆、容易扩散等性质, 因此氢气的存储面临很大的挑战。理想的储氢方式需要满足储氢密度(质量密度和体积密度)大、成本低、可逆性好、安全性高及循环寿命长等要求, 美国能源部提出氢气存储的目标为储氢质量密度不低于 6.5%, 储氢体积密度不低于 $62\,kg\,H_2 \cdot m^{-3}$。氢有气、液、固三种状态, 存储方式参考氢的相图(图 4.8)。

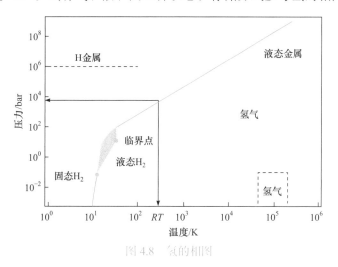

图 4.8 氢的相图

氢在低温时为固态, 大部分存在状态为气态, 在固态氢和气态氢临界线之间存在液态氢, 液态氢存在于仅出现在固态线和连接三相点及临界点的直线之间。根据不同状态氢的存储方式, 可以将储氢技术分为气态储氢、液态储氢和固态储氢。气态储氢是将氢气进行压缩, 存储在高压钢瓶内部; 液态储氢是在超低温条件下将氢气液化, 存储于绝热容器内; 固态储氢是将氢通过物理或化学作用与固体材料进行结合, 实现氢气的存储。根据氢气存储原理, 可以将储氢方式分为物理储氢(高压、低温液化和碳材料吸附等)和化学储氢(配位氢化物、金属氢化物及有机液体氢化物等)。目前的研究热点是发展具有高储氢密度(质量密度和体积密度)、高效率及高安全性的储氢方式。图 4.9 给出了主要储氢技术的储氢质量密度和储氢体积密度。

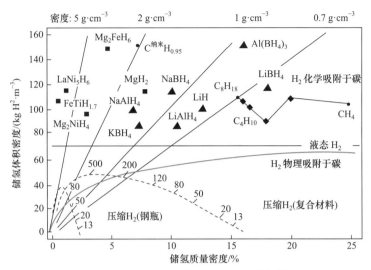

图 4.9　主要储氢技术的储氢质量密度和储氢体积密度

4.3.1 高压气态储氢

　　高压气态储氢技术原理较为简单,根据气体状态方程,对于定量的氢气,在温度不变的条件下,利用压缩机等设备升高氢气压力,可将氢气压缩并注入高压钢瓶内,实现氢气的存储。普通高压气态储氢通常采用气罐作为容器,简便易行,具有成本低、存储能耗低及可快速放氢等优点,是目前应用广泛的储氢技术。但此储氢方式存在以下缺点:需要配备高强度耐压容器;高压钢瓶储气具有易泄漏和容器爆破等危险;需要消耗较大的氢气压缩功,经济性受到一定限制。

　　高压气态储氢技术的储氢密度由压力决定,压力又受储罐材质限制。传统的高压钢瓶储氢压力一般为 12~15 MPa,可以通过增加钢瓶厚度提高储氢压力,但是相应地会减小储氢效率,目前常用规格的高压钢瓶储氢量仅为钢瓶总重的 1% 左右,能量密度降低导致运输成本增加,因此金属储罐储氢仅适用于小规模固定式的储氢情况。为了增加容器的耐压强度,研发出一种纤维增强层包裹金属内衬的储罐,即金属内衬纤维缠绕储罐,其储氢压力可达 40 MPa,这种储氢方式被广泛应用于车载储氢系统。然而,金属内衬大大增加了储罐质量,为了解决这一问题,人们用钢性高的塑料内胆取代金属内衬,得到一种全复合轻质纤维缠绕储罐(图 4.10)。与金属内衬相比,塑料内胆具有更强的冲击韧性,其储氢压力可达到 70 MPa。

　　高压储氢具有潜在的危险性,并且目前的高压储氢方式仅适用于小规模氢气存储。出于对安全性及经济性的考虑,大规模氢气存储可通过高压地下储氢实现,但这种存储方式不适合远距离运输。

4.3.2 低温液态储氢

　　低温液态储氢技术是在 20 K 和常压下将气态氢转化为液态氢,液态氢的密度为气态氢的 845 倍,因此液化储氢可实现高体积能量密度。液化储氢方式的储氢质量密度约为

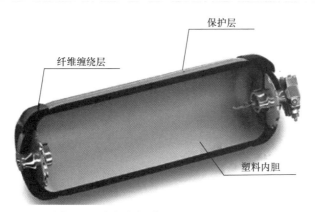

图 4.10　全复合轻质纤维缠绕储罐示意图

10%，小体积(<100 L)氢运输效率高于气态氢，目前主要应用于军事和航天领域。低温液态储氢是一种理想化的储氢方式。然而，液化氢气需要巨大的能耗，成本较高，并且液态氢对于存储容器的绝热性能要求苛刻，必须使用多层耐超低温容器，此外液氢存储存在安全隐患，因此不适合广泛应用。

目前液化储氢需要解决的关键问题是研发高绝热储氢容器。液化储氢罐示意图如图 4.11 所示，储罐内胆采用耐低温的铝合金或不锈钢等材料，用于盛装低温(20 K)液氢，位于罐体中心；内胆与外壳之间是绝热性能良好的玻璃纤维带。增加储罐绝热性的措施还有：在内、外层之间填充镀铝涤纶薄膜、绝热纸等材料以减少热量损失；夹层内实现高真空以减少气体对流漏热；液体注入管与气体排放管等均采用导热率小的材料，以降低管道的漏热。

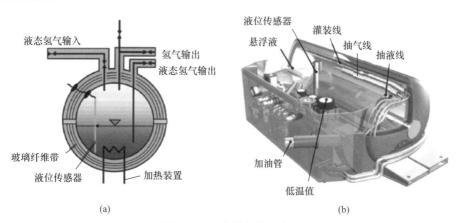

(a)　　　　　　　　　　(b)

图 4.11　液化储氢罐示意图

(a) LH$_2$ 储罐；(b) 完整系统

4.3.3　金属氢化物储氢

金属氢化物储氢技术是指某些金属或金属化合物在一定温度和压力条件下与氢气反应生成稳定的金属氢化物，实现氢气存储。加热金属氢化物、减小压力，可以使金属氢化物分解，释放氢气，氢气的释放经历扩散、相变、化合等过程，该反应可逆性好。金属氢化物储氢还具有储氢量大、安全性高、产氢纯度高、能耗低及工艺成熟等优点。这类能够可逆吸收和释放大量氢气的金属氢化物称为储氢合金，通常情况下，储氢合金由一种与氢有很强吸附能力的金属元素(A)和一种吸氢量小的金属元素(B)组成，A 主要为 ⅠA～ⅤB 族金属(Mg、Ti、Zr、V 等)，其与氢的反应 $\Delta H < 0$，控制储氢量；而 B 则为 Fe、Co、Ni、Cu 等金属，与氢的反应 $\Delta H > 0$，控制吸放氢的可逆性。

储氢合金吸放氢反应的机理如图 4.12 所示，氢气分子首先被金属表面吸附，氢键断裂后产生氢原子，氢原子扩散进入金属原子间隙形成金属固溶体(α相)，氢气的溶解度 $[\text{H}]_\text{M}$ 与固溶体平衡氢压 p_{H_2} 的平方根成正比，即

$$p_{\text{H}_2}^{1/2} \propto [\text{H}]_\text{M} \tag{4.51}$$

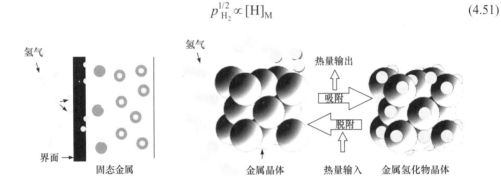

图 4.12　储氢合金吸放氢反应的机理

此后，氢原子继续向内部扩散，达到化学吸附活化能之后形成金属氢化物(β相)，反应方程式如下：

$$2/(y{-}x)\text{MH}_x + \text{H}_2 \rightleftharpoons 2/(y{-}x)\text{MH}_y \tag{4.52}$$

式中，x 为金属固溶体中氢的平衡浓度；y 为金属氢化物中氢的浓度。此反应可逆，正向反应放热，吸收氢气；逆向反应吸热，放出氢气。

$p\text{-}c\text{-}T$ 曲线(图 4.13)可用来表示储氢合金吸放氢热力学，曲线横坐标为固体内部氢与金属原子之比，纵坐标为氢压力。在曲线 OA 段，金属吸收氢气形成金属固溶体；随后，

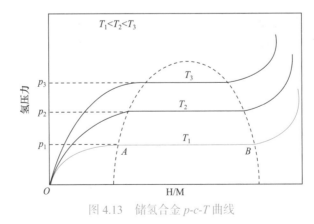

图 4.13　储氢合金 $p\text{-}c\text{-}T$ 曲线

金属固溶体转化为金属氢化物(AB 段)，此阶段氢气压力近似恒定，表示有效储氢量；B 点之后金属固溶体全部转化为金属氢化物。吸氢反应的难易程度与温度有关，温度越高，平台区域越短，越不利于吸氢反应的进行。一般条件下，储氢合金本身不具备吸放氢能力，需要一定的活化过程。将储氢合金放在高温、高压的氢气气氛下，再减压，抽真空，如此反复可提高合金的储氢能力。此外，改变合金的性质能够改善合金的活化能力，如对合金表面处理，进行元素替代及热处理等。活化温度、压力、吸放氢反复次数及完全活化所需时间等参数都可用来表征合金活化的难易程度。目前储氢合金根据主要元素组成大致可分为镁系(A_2B)、钛铁系(AB)、钒基固溶体(BCC)、稀土系(AB_5)和锆系(AB_2)等。

1. 镁系

金属镁本身在高温(300～400 ℃)和较高氢气压力(2.4～40 MPa)的条件下可直接与氢气结合生成 MgH_2，理论储氢量约为 7.6%。但 MgH_2 放氢速率慢、分解温度高，因此金属镁不适合直接作为储氢材料，可通过合金化提高金属镁储氢能力。

Mg_2Ni 是一种具有代表性的镁系储氢合金，其与氢原子反应后生成 Mg_2NiH_4，储氢量为 3.6%，放氢温度为 250～300 ℃。这种储氢方式具有合金资源丰富、成本低和储氢量大等优点，缺点是镁系储氢合金稳定性高，导致其放氢所需温度高及吸放氢动力学性能差等，难以在储氢领域得到工业化应用。目前，可通过机械球磨的技术解决合金稳定性高的问题，通过合金化降低放氢温度。镁系储氢合金研究重点在于寻求更高效的方法降低合金的放氢温度，提高吸放氢的动力学性能。

2. 钛铁系

钛铁系储氢合金通常有 Ti-Fe、Ti-Mn 和 Ti-Cr 等，典型代表是 TiFe，从其相图(图 4.14)可以看出，Ti 和 Fe 反应生成稳定的 TiFe，TiFe 在室温下与氢反应先生成 $TiFeH_{1.04}$(β相)，再生成立方晶相 $TiFeH_{1.95}$(γ相)，储氢量为 1.8%～4%，具有放氢温度低、成本适中及制备方便等优势，适合大规模应用。然而，TiFe 储氢还存在一些问题。例如，TiFe 表面容易被氧化，生成致密的 TiO_2 薄层导致活化困难，因此需要很高的活化温度和压力；TiFe 吸放氢过程存在严重的滞后现象，且该合金容易遭受水和氧气等的毒化等。通过对材料合金化可改善活化性能，如将 TiFe 中的部分 Fe 元素用其他元素(Ni、Mn、Cr 等)取代，形成三元合金，添加的过渡元素使合金相结构和晶格参数发生改变。此外，还可以对 TiFe 表面改性以改善储氢性能。

钛铁系储氢合金价格低廉，制备简单，在室温下能快速可逆地吸放氢，并且循环寿命长，因此具有广阔的应用前景。现在面临的最大挑战是钛铁合金活化困难，可以通过机械球磨的方法提高合金比表面积，从而提高与氢气接触的面积，在球磨的同时还可加入其他易活化的合金，通过混合球磨的策略提高合金表面的活化性能。

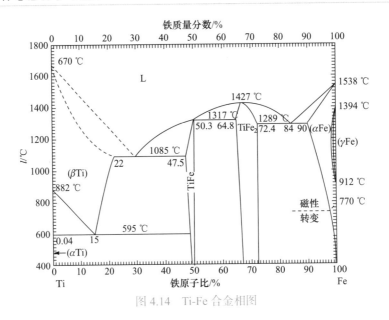

图 4.14　Ti-Fe 合金相图

3. 钒基固溶体

钒基固溶体合金(Ti-V-Cr、Ti-V-Mn、Ti-V-Fe 等)为 BCC 结构,具有储氢量大(VH_2 理论储氢质量密度约为 3.8%)和在常温下可快速吸放氢等优点。此类合金存在的问题是:合金制备需要高温,成本较高;合金表面容易形成一层氧化物薄膜,活化难度大;合金在吸放氢的过程中循环性能差。钒系储氢合金可以通过添加或替换元素改善合金的储氢性能。例如,添加稀土元素可显著提升合金活化性能,添加 Al、Si、Mn 等元素可延长合金循环寿命。同样,对合金进行机械球磨处理可有效提升合金的活性。目前,虽然钒系储氢合金具有很高的储氢密度,但由于钒价格昂贵且合金常温放氢不彻底,难以实现大规模应用。

4. 稀土系

稀土系储氢合金的代表是 $LaNi_5$,其优点是易活化,平台压力平坦适中,吸放氢温度低且平衡压差小、动力学快及不易中毒等。图 4.15 为 $LaNi_5$ 的储氢位置,在 $Z=0$ 和 $Z=1$ 晶面上,4 个 La 原子和 2 个 Ni 原子构成一个平面,$Z=1/2$ 晶面上,5 个 Ni 原子形成一个平面;氢原子位于由 2 个 La 原子和 2 个 Ni 原子形成的四面体间隙位置和由 4 个 Ni 原子和 2 个 La 原子形成的八面体间隙位置。合金在氢原子进入/脱出过程中发生体积变化,容易导致合金粉化,把合金中的部分 La 元素用稀土元素 Ml(提取 Ce 后富含 La 与 Nd 的混合稀土金属)取代可明显改善 $LaNi_5$ 合金的抗粉化、抗氧化性能。在 25 ℃、0.2 MPa 条件下,$LaNi_5$ 储氢量约为 1.4%(质量分数),适合在室温下储氢。$LaNi_5$ 吸收高纯度(99.9%)的氢气,脱出的氢气纯度可达 99.999%,因此 $LaNi_5$ 可制备超纯氢。

在混合稀土合金材料中加入少量 Mn 元素可提高合金的初始储氢量,但 Mn 的加入降低了合金的使用寿命,可通过在混合稀土合金材料中加入 Co、Al 等元素减小 Mn 的添加对储氢合金性能的影响，从而延长合金的储氢循环寿命。

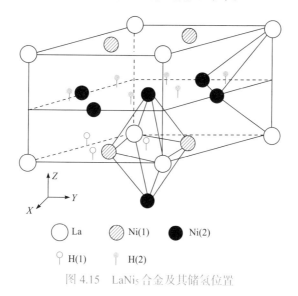

○ La　　▨ Ni(1)　　● Ni(2)

⚲ H(1)　　⚲ H(2)

图 4.15　LaNi₅ 合金及其储氢位置

5. 锆系

锆系储氢合金一般是具有拉弗斯相结构的金属间化合物，包括 Zr-V、Zr-Cr 和 Zr-Mn 等。此类储氢合金虽然具有储氢容量高、吸放氢速度快及使用寿命长等优势，但其原材料成本相对较高、吸放氢平台压力低并且初期活化困难，通过部分元素取代可提高合金储氢性能。$ZrMn_2$ 是一种具有代表性的锆系储氢合金，其理论吸氢量可达到 $482\,mA \cdot h \cdot g^{-1}$，并且活化性能好，人们基于 $ZrMn_2$ 已开发了系列储氢材料，这类储氢材料具有广阔的发展前景。

大部分金属合金都具有高的储氢容量，其储氢密度与液态储氢方式相当。但金属合金储氢还存在以下缺点：①大多数储氢合金的储氢质量密度为 1.5%～3%，储氢质量密度低，增加了氢气运输的成本；②金属合金材料在吸放氢的过程中发生体积膨胀与收缩，导致合金材料粉化，循环性能差；③金属合金表面容易被氧化，使合金活化困难。近年来，人们又研发出一种新的金属氢化物储氢方式，称为薄膜金属氢化物储氢，采用厚度为几十至几百纳米的金属氧化物薄膜作为储氢载体，这种方法具有吸放氢动力学快、抗粉化和热传导性好等优势。

4.3.4　有机液体氢化物

有机物储氢技术在 1975 年首次被提出，其储氢原理是在催化剂作用下，对液体有机物不饱和键进行加氢/脱氢反应，实现氢气的存储和释放。加氢/脱氢反应的可逆性能够实现有机液体的循环使用。常用不饱和有机液体氢化物材料及其性能如表 4.6 所示。

表 4.6　常用不饱和有机液体氢化物材料及其性能

介质	熔点/K	沸点/K	储氢质量密度/%
环己烷	279.65	353.85	7.19
甲基环己烷	146.55	374.15	6.18
咔唑	517.95	628.15	6.7
乙基咔唑	341.15	563.15	5.8
反式-十氢化萘	242.75	458.15	7.29

理论上，烯烃、炔烃及不饱和芳香烃均可作为储氢材料，但考虑储氢容量、加氢/脱氢反应的可逆程度及储氢有机物的物化性质等，芳香烃特别是单环芳香烃(苯、甲苯等)最适合作为储氢材料。

有机物储氢具有很多优点：①不饱和有机液体都有较高的储氢密度，高于传统的高压储氢，其中苯和甲苯的储氢质量密度分别为 7.2% 和 6.2%；②不饱和有机液体加氢/脱氢反应完全可逆，可以循环使用，污染小，并且这些有机液体通常价格低廉，储氢成本低；③环己烷、甲基环己烷、甲苯等吸收氢气后在常温下均为液态，便于运输，安全性高；④加氢/脱氢过程中热量效率较高，脱氢过程释放的热量可作为加氢过程所需要的能量，热量损失少，能量效率高。但不饱和有机液体储氢也存在系列问题，如需要配备专用的加氢/脱氢装置、技术比较复杂且成本较高、脱氢反应通常需要高温环境及催化剂容易失活等。

4.3.5　配位氢化物

配位氢化物由 Li、Na、K、Mg 等碱金属或碱土金属的金属阳离子与$[AlH_4]^-$、$[BH_4]^-$、$[NH_2]^-$等配位阴离子结合而成。在一定条件下，配位氢化物发生系列分解反应产生氢气，这种储氢方式有较高的储氢容量。部分配位氢化物的储氢容量如表 4.7 所示。

表 4.7　部分配位氢化物的储氢容量

配位氢化物	储氢质量密度/%(理论)	配位氢化物	储氢质量密度/%(理论)
$Be(BH_4)_2$	20.8	$NaBH_4$	10.7
$LiBH_4$	18.5	$LiAlH_4$	10.6
$Al(BH_4)_3$	16.9	$Mg(AlH_4)_2$	9.3
$LiAlH_2(BH_4)_2$	15.3	$Zr(BH_4)_3$	8.9
$Mg(BH_4)_2$	14.9	$NaAlH_4$	7.5
$Ti(BH_4)_3$	13.1	KBH_4	7.5
$Ca(BH_4)_2$	11.6	$KAlH_4$	5.8
$Zr(BH_4)_4$	10.8	$Th(BH_4)_4$	5.5

1. 硼氢化物

硼氢化物有硼氢化锂($LiBH_4$)、硼氢化钠($NaBH_4$)和硼氢化钾(KBH_4)等。其中，具有代表性的是 NaBH₄。工业生产 NaBH₄ 主要有两种方法，一种是施莱辛格(Schlesinger)法：

$$4NaH + (CH_3)_3BO_3 \longrightarrow NaBH_4 + 3CH_3ONa \tag{4.53}$$

另一种是拜尔(Bayer)法：

$$Na_2B_4O_7 + 16Na + 8H_2 + 7SiO_2 \longrightarrow 4NaBH_4 + 7Na_2SiO_3 \tag{4.54}$$

NaBH₄ 通过水解反应产生氢气，反应式如下：

$$NaBH_4 + 2H_2O \longrightarrow 4H_2 + NaBO_2 \tag{4.55}$$

因此，NaBH₄ 的脱氢反应取决于溶液的酸碱度及反应温度。由于 NaBH₄ 水解反应生成的 $[BO_2]^-$ 会导致溶液 pH 升高，从而抑制水解反应，因此需要添加催化剂来加速脱氢反应。常见的催化剂包括 Ru、Pt、Pt-Pd 和 Pt-Ru 合金，Co 和 Ni 的硼化物，氟化的 Mg₂Ni 合金等，这些催化剂通常负载在质量轻、比表面积大的载体上，如阴离子交换树脂、蜂巢状结构独居石、泡沫镍或金属氧化物小球等。NaBH₄ 具有储氢容量高、脱氢反应简单的优势，但是 NaBH₄ 的水解产物需要复杂的再生过程实现循环利用，导致材料成本过高，而且反应需要的催化剂昂贵，因此还需要进一步研究优化 NaBH₄ 的应用。

LiBH₄ 在不同温度范围内有不同的脱氢反应。图 4.16 概括总结了 LiBH₄ 脱氢反应的熵变过程。在低温下 LiBH₄ 为正交结构($Pnma$)，是一种最稳定的状态；温度达到 118 ℃ 时，正交结构转变为六方结构($P6_3mc$)；温度达到 280 ℃，LiBH₄ 熔化，伴随分解、放氢，生成 LiH；LiH 具有高稳定性，其分解脱氢温度在 720 ℃ 以上，因此无实际应用价值。

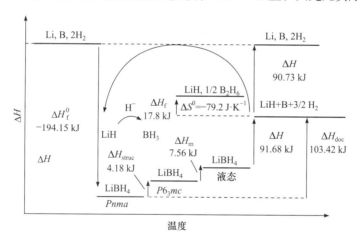

图 4.16　LiBH₄ 脱氢反应的熵变示意图

2. 铝氢化物

铝氢化物包括 LiAlH₄、NaAlH₄、KAlH₄、Mg(AlH₄)₂、Ca(AlH₄)₂ 等，是含有 $[AlH_4]^-$ 配位阴离子的金属氢化物，以 NaAlH₄ 和 LiAlH₄ 为代表。NaAlH₄ 的分解反应主要分为以下两个阶段：

$$NaAlH_4 \longrightarrow \frac{1}{3}Na_3AlH_6 + \frac{2}{3}Al + H_2\,(180{\sim}230\ ℃) \tag{4.56}$$

$$\mathrm{Na_3AlH_6 \longrightarrow 3NaH + Al + \frac{3}{2}H_2(260 \ ℃)} \tag{4.57}$$

这两个阶段的放氢量分别为 3.7% 和 1.9%，储氢质量密度可达到 5.6%。由于 NaH 的分解温度高于 400 ℃，因此没有实际应用意义。常温下，$\mathrm{NaAlH_4}$ 和 $\mathrm{Na_3AlH_6}$ 都是较稳定的氢化物，可以通过添加掺杂物改善体系的吸放氢及动力学性能。

$\mathrm{LiAlH_4}$ 是一种有高理论储氢量的铝氢化物，其在室温下不稳定，容易分解，分解反应如下：

$$\mathrm{LiAlH_4 \longrightarrow \frac{1}{3}Li_3AlH_6 + \frac{2}{3}Al + H_2(187\sim218 \ ℃)} \tag{4.58}$$

$$\mathrm{Li_3AlH_6 \longrightarrow 3LiH + Al + \frac{3}{2}H_2(228\sim282 \ ℃)} \tag{4.59}$$

$\mathrm{LiAlH_4}$ 的储氢质量密度为 10.5%。如上所述，LiH 分解温度高，无实际应用价值。

3. 氮化物

氮化物的代表是 $\mathrm{Li_3N}$，图 4.17 为 $\mathrm{Li_3N}$ 在氢吸/脱附过程中的质量变化曲线，其吸放氢机理为

$$\mathrm{Li_3N + 3H_2 \longrightarrow LiNH_2 + 2LiH + H_2 \longrightarrow LiNH_2 + 2LiH} \tag{4.60}$$

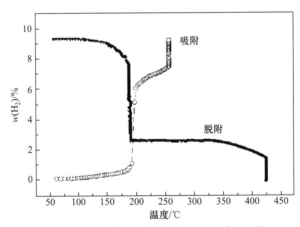

图 4.17　$\mathrm{Li_3N}$ 在氢吸/脱附过程中的质量变化

目前对于 $\mathrm{LiNH_2/LiH}$ 的脱氢机理一般有两种认识。一种机理是脱氢过程为 $\mathrm{LiNH_2}$ 中带正电荷的氢与 LiH 中带负电荷的氢相互作用，生成氢气，是一种酸碱对机理。

$$\mathrm{H^+ + H^- \longrightarrow H_2} \tag{4.61}$$

另一种机理则认为脱氢过程为 $\mathrm{LiNH_2}$ 在升温时生成 $\mathrm{Li_2NH}$ 和 $\mathrm{NH_3}$ 中间体，$\mathrm{NH_3}$ 和 LiH 继续反应，产生氢气。

$$\mathrm{2LiNH_2 \longrightarrow Li_2NH + NH_3} \tag{4.62}$$

$$\mathrm{NH_3 + LiH \longrightarrow LiNH_2 + H_2} \tag{4.63}$$

$\mathrm{LiNH_2}$ 储氢量高，但是由于脱氢温度高、动力学缓慢且循环性能差等问题，仍不能

满足实际应用。

4. 氨硼烷化合物

氨硼烷(NH_3BH_3)富含氢,具有极高的储氢密度,此类化合物还具有热稳定性适中、环境友好及性质稳定等优势。其放氢机理可分为以下两个阶段:

$$nNH_3BH_3 \longrightarrow (NH_2BH_2)_n + nH_2 \tag{4.64}$$

$$(NH_2BH_2)_n \longrightarrow (NHBH)_n + nH_2 \tag{4.65}$$

第一个阶段发生在 110 ℃左右,释放 6.9%(质量分数)的氢,生成的$(NH_2BH_2)_n$在升温条件(约 150 ℃)下继续分解产生氢气,再升高温度到 400 ℃,$(NHBH)_n$继续分解产生氢气,但是由于温度过高,没有实用价值。在离子液体中,NH_3BH_3氢气的释放量及释放速率得到极大提升,还可以加入 Ni 催化剂提高放氢量。尽管NH_3BH_3储氢量大,但其单独作为储氢材料时存在完全放氢温度高、放氢效率低及容易产生有毒气体等诸多问题,因此距实际工业化应用还有很大距离。

NH_3BH_3除了可以分解放氢外,还可以进行催化水解放氢:

$$NH_3BH_3 + 2H_2O \longrightarrow NH_4^+ + BO_2^- + 3H_2 \tag{4.66}$$

4.3.6 碳质材料

物理吸附储氢是依靠范德华力将氢气吸附在材料表面,吸附过程没有氢气分子的解离,是一种纯物理过程,因此安全性高且存储效率高。具有较大比表面积的材料往往展现出很好的储氢性能。碳质材料如活性炭(AC)、石墨纳米纤维(GNF)、碳纳米纤维(CNF)、碳纳米管(CNT)、富勒烯及石墨烯等比表面积大,对氢气的吸附量较高,可作为氢气存储材料。

1. AC

AC 具有高比表面积,AC 储氢是利用其与氢气分子之间的范德华力实现对氢气的吸附,氢气的吸附量与 AC 的比表面积成正比,因此 AC 具有高的吸附能力;而可逆的物理吸附作用使 AC 能够保持长的使用寿命。此外,对基于物理吸附原理的储氢手段来说,氢气的储量还与温度和压力有关,一般温度越低,压力越高,材料储氢量越大。高比表面积的 AC 易于大规模生产,但储氢性能受使用温度影响较大。因此,如何拓宽 AC 的储氢温度适用范围,从而实现 AC 储氢的大规模应用,是当前亟待解决的问题。

2. GNF

GNF 是一种一维石墨材料,通过金属颗粒催化含碳化合物分解产生,长度为 10～100 μm,其面积为$(30～500)×10^{-20}$ m^2,长度、直径、质量及结构等决定了 GNF 的储氢能力,目前其储氢质量密度为 1%～15%。

3. CNF

CNF 是一种由多层石墨片卷曲成的一维碳纳米材料，长度为 0.5～100 μm，直径为 10～500 nm。CNF 的储氢优势在于其内部存在大量氢气吸附位点：CNF 有大的比表面积，氢气可被吸附在其表面；CNF 层间距较大，大量的氢气分子可进入层与层之间的孔隙；氢气分子还可进入 CNF 的中空管，因此 CNF 具有很高的储氢量。CNF 的储氢量与纤维的直径及质量都有很大关系，直径越小，质量越大，CNF 的储氢量越高。但目前 CNF 的生产还处于实验室阶段，生产成本高，不能满足工业化生产的需要。

4. CNT

CNT 是具有一维结构的碳纳米材料，可分为单壁 CNT 和多壁 CNT，具有非常大的比表面积，其储氢机理比较复杂，大体可分为物理储氢和化学储氢。物理储氢是利用氢气分子与碳纳米管表面的分子发生相互作用，进行物理吸附。而化学储氢一般认为 CNT 在吸附过程中发生电子态的变化及量子效应。与 CNF 一样，CNT 的制备也处于实验室阶段，无法大规模生产。

5. 富勒烯

富勒烯是金刚石和石墨的同素异形体，以 C_{60} 最为稳定。它是由 12 个五边形和 20 个六边形组成的笼状结构，具有芳香性和极高的对称性，可以通过吸收大量氢气实现氢气的存储。加氢后，富勒烯中的碳碳双键变为碳碳单键，导致富勒烯的结构发生变化。理论上，C_{60} 中可以存储 30 个 H_2，储氢量达到 7.7%。

富勒烯储氢方式分为笼外储氢和笼内储氢。实现笼外储氢的方式有氢转移、金属氢化物还原、自由基加氢、电化学氢化、金属催化氢化及高压氢化等，其中金属催化氢化法可以大量合成 $C_{60}H_x$，且反应条件温和，产物容易分离提纯，因而受到广泛关注。笼内储氢主要包括开笼富勒烯氢包含物和闭笼富勒烯氢包含物储氢两种方式。

富勒烯储氢作为一种新型的储氢方式，具有广阔的应用前景。目前，研究的方向主要是开发新的储氢反应，探索其机理及对富勒烯进行功能化处理以提高富勒烯的储氢性能等。

6. 石墨烯

石墨烯是厚度为一个碳原子的单层石墨，具有质量轻、比表面积大和稳定性高等特点，近年来在储氢领域研究较多。石墨烯储氢原理主要有以下两种：

(1) 利用石墨烯大的比表面积，对氢气分子进行物理吸附。未经掺杂的纯石墨烯与氢气分子结合能较低，导致石墨烯仅能在极低温度下存储氢气。目前，石墨烯储氢的研究主要是通过调控石墨烯的层间距实现对氢气的最佳吸附，旨在提高材料的储氢密度。此外，通过对石墨烯掺杂其他元素可以对石墨烯进行改性，掺杂元素主要是碱金属、碱土金属及过渡金属元素等，石墨烯经过掺杂改性后对氢气的存储能力得到提升。

(2) 以石墨烯为媒介，将氢能转化为其他形式的能量以实现氢气的存储，这是一种化学储氢方式。例如,根据石墨烯材料自身结构的特点和优异的电化学性能,可以通过电化学的方法将氢能转化为化学能,实现电化学储氢。

4.3.7 金属有机骨架

金属有机骨架(MOFs)又称为金属有机配位聚合物,是一种将有机材料作为支架边、金属原子作为连接点形成的支架结构,具有很强的金属-配体作用力。MOFs 材料比表面积大(2500~3000 $m^2 \cdot g^{-1}$),孔体积大,孔道结构具有多样性,在材料科学、配位化学等诸多领域都有良好的应用前景。

MOFs 储氢技术是利用 MOFs 中的金属原子与氢气分子强的吸附力存储氢气,由于 MOFs 材料的有序性,氢气可以有效进入 MOFs 孔道内部。改变连接的有机配体能够调节孔径的大小,从而调节 MOFs 的比表面积及对氢气分子的吸附量等。吸附氢气的理想孔径应是微孔级别,最佳孔径为 0.6~0.7 nm,在此最佳孔径下,氢气分子与 MOFs 孔的吸附作用较强。但是,MOFs 储氢还存在一定的缺点。例如,MOFs 结构易坍塌、热稳定性不足及 MOFs 材料浸入溶剂易溶解等,而且 MOFs 材料的储氢量受人为操作影响较大。MOF-5 是一种典型的 MOFs 材料,是由四个 Zn^{2+} 和一个 O^{2-} 形成的 $[Zn_4O]^{6+}$ 金属节点与对苯二甲酸根通过八面体的形式连接而成的、具有微孔结构的三维立体框架,如图 4.18 所示,它具有孔道结构均一、孔比表面积大的特点,在 78 K 和 298 K 的条件下均有储氢性能。

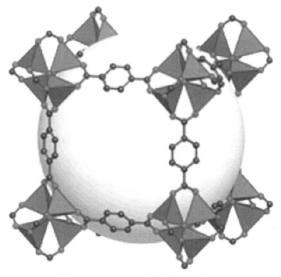

图 4.18 MOF-5 晶体结构示意图

4.3.8 水合物法储氢

水合物法储氢是在高压、低温条件下,水分子通过氢键作用形成空穴,氢气分子与水分子通过范德华力相互作用,填充在空穴内部,形成一种笼状的晶体化合物。由于氢分子较小,需要在较高压力和较低温度条件下才能将其压入水分子空穴中,形成氢气水合物。水合物通常具有Ⅱ型水合物、Ⅰ型水合物、H型水合物和半笼型水合物等类型。

　　从不同氢气水合物相平衡图(图4.19)可以看出，纯氢在270～280 K时，需在压力大于250 MPa下才能生成Ⅱ型氢气水合物，但是当氢气中添加四氢呋喃(THF)、环己酮、环戊烷等时，可降低水合物的生成条件，在265～285 K、压力小于30 MPa时即可生成Ⅱ型氢气水合物。向氢气中添加二氧化碳(CO_2)或甲烷(CH_4)生成Ⅰ型水合物，其在273～290 K温度下、压力小于200 MPa时可生成氢气水合物。在氢气中加入甲基叔丁基醚(MTBE)、甲基环己烷(MCH)等物质，氢气在267～279 K、50～100 MPa条件下可生成H型水合物。当有四丁基溴化铵(TBAB)、四丁基氯化铵(TBAC)及四丁基氟化铵(TBAF)等四丁基铵盐离子液体存在时，氢气在285～300 K、极低压力(<30 MPa)下便可生成半笼型氢气水合物。因此，通过在氢气中添加不同的添加剂，可以生成不同类型的氢气水合物。后来，研究者将化学储氢与水合物储氢结合，得到一种联合储氢方式。在储氢过程中，一部分氢以分子形式被束缚在水合物的空穴中，另一部分氢以原子形态存在于水合物空穴上，这种联合储氢方式最大储氢量可达4.2%。

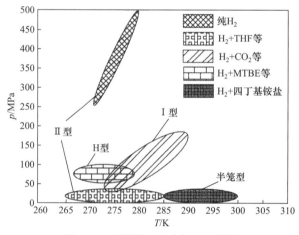

图4.19　不同氢气水合物相平衡图

4.4　氢气的运输

　　目前，全球氢气日产量已经超过1.4×10^{10} m³，我国日产氢量也可达1.5×10^8 m³。随着制氢技术的不断进步，氢气使用成本持续降低，用氢总成本中氢气运输成本所占比例日益升高。因此，如何安全高效地完成氢气在产地与使用地之间的运输是当前亟待解决的问题。图4.20展示了制氢、储运与利用全产业技术链。由于氢气储存密度很低，其输送效率低下，目前科研人员提出了氢-电共同输送的方法，有望大幅提高氢气输送效率。该策略主要以建立特大规模的太阳能发电站为基础，利用发电站提供的大量电能进行电解水制氢，再将氢气液化，通过多层同轴电缆实现液氢和电能同时输送。其中，电缆中部的管道用来输送液氢，外部的金属层用来输电。由于液氢本身温度极低，因此还能大幅降低输电金属层的电阻，提升输电效率。上述氢-电共送法是一种理想化的策略，受限于技术手段，短期内难以实现大规模应用。高压气态氢气运输、液态氢气运输和固态氢气运输是目前主要使用的三种氢气运输方法。

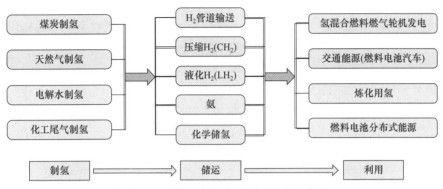

图 4.20 制氢、储运与利用全产业技术链

4.4.1 高压气态氢气运输

安全可靠的氢气储运是氢能走向实际应用的重要保障，也是实现氢能产业化的必要基础。美国商业部对氢能发展的技术评估显示，目前氢能储运是燃料电池汽车发展的主要障碍，也是氢能经济发展需要优先解决的问题。当前普遍认为氢气运输设备需要满足以下要求：单次运输量大；运输途中能量损耗小；具备安全装置以应对突发状况。在目前应用的氢气运输方法中，高压气态氢气运输是最普遍的方式。该方法为了应对氢气密度极小的问题，用压缩机将氢气压缩，使其体积大幅度减小，随后将气体储存在高压容器中，以此提高氢气的输送效率。在世界范围内，高压气态氢气运输手段已经相当成熟，其运输方式主要有长管拖车运输和管道运输。

1. 长管拖车运输

氢气的长管拖车运输是指将高压氢气储存在大型钢制无缝气瓶中，并用长管拖车进行两地输送的运输方式。长管拖车将几个甚至几十个大容积的无缝气瓶统一装配，并将这些气瓶连通，作为可移动式储罐给加氢站等氢气用户供氢。拖车的管束部分工作压力约为 20 MPa，单次可运输氢气超过 3500 m³。虽然长管拖车运输技术相对成熟，有比较完善的运输规范，但这种运输方式仍存在效率低下的问题。由于储存氢气的容器本身很重而氢气密度极小，导致运输的氢气质量只占总车重的 1%～2%，因此这种运输方式仅适用于距离氢气产地较近且用量不大的用户。对于距离远、用量大的用户，由于受到运输成本的限制，长管拖车运输并不适用。

2. 管道运输

理想的氢气运输应该像煤气输送一样，将氢气通过管道从产地直接输送给用户，从而实现氢气的大规模使用。如图 4.21 所示，目前世界上氢气运输管道主要架设在欧美国家。其中，德国拥有世界上最早的氢气运输管道，该管道建于 1938 年，距今已有 80 多年的历史，管道总长度约 200 km，全程采用无缝钢管建造，主要给沿途化工厂输送低纯氢气，至今运行状态良好。目前欧洲的氢气输送管道总长已经达到 1700 km，其中最长的输氢管道长约 400 km，铺设在法国和比利时之间。氢气的管道输送技术较为成熟，效率较高，但采用管道进行长距离输送，需要在途中对氢气不断进行加压。相比之下，我国的氢气输送管道建设还处于"百公里"级别。目前国内输送管径最大、输送量最高的氢气管道位于河南省，管道建成于 2015 年，全长 25 km，每年可以输送氢气 10 t 左右。鉴于我国燃料电池汽车数量增长势头迅猛，未来政府将加大氢气输送管道铺设力度，预计到 2030 年我国氢气运输管道总长度将达到 3000 km 以上。氢气管道输送过程中存在两个主要问题：能量损失大和运输成本高。据统计，在同等距离通过管道和电缆分别输送能量相同的氢气和电能时，输送氢气的能量损失率是输电的 2 倍。管道输氢的成本主要来自管道建设成本和输气成本两方面：从管道建设成本来看，氢气管道每千米造价 40～90 万美元，比天然气管道高很多；从输气成本来看，输送气体的总体积和流速决定了输送能量的大小，在管道输氢过程中，氢气流速虽然较大，但同体积氢气的能量密度仅为天然气的 1/3，而且氢气密度较小，在输送过程中的压缩能耗也远大于天然气。为了解决这一问题，科研人员提出了氢气-天然气共同输送的策略：如果用现有的天然气管道进行氢气运输，将大幅降低氢气运输管道的建造成本。国外已有相关能源企业做出初步尝试，开展将氢气-天然气混合物引入天然气输送网络的实验，在运输的天然气中混入 5%的氢气，每年可向输送网络中注入 $3.5×10^{10}$ m³ 氢气，相当于 150 万户家庭的年消耗量，这一策略将使二氧化碳的年排放量减少 250 万 t。

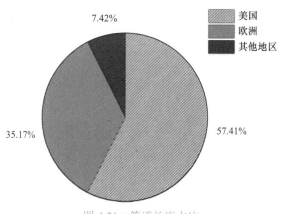

图 4.21　管道长度占比

4.4.2　液态氢气运输

氢气密度小，体积能量密度低，为提高氢气运输效率，可以先将氢气液化再进行运输。氢气液化是指将氢气深冷到 20 K 得到液氢，此时液氢的密度为 70.9 kg·m⁻³，体积能量密度是氢气在 15 MPa 运输压力下的 6.5 倍，因此液氢运输可以在很大程度上提高运输效率。常见的液氢运输方式有槽车、船舶和管道运输，还有少量的液氢采用铁路进行长距离运输。以液氢槽车运输为例，如使用储量约为 65 m³ 的槽罐，单次可运输约 4000 kg 液氢，而气态氢气长管拖车单次运输氢气量仅为 280 kg 左右，因此液氢槽车的单次运输量远高于长管拖车，约为 14 倍。除此之外，液态氢气运输还包括液态有机载体运输。

1. 槽车运输

槽车运输是重要的液氢运输手段，常用的液氢槽车主要由运输车和低温绝热槽罐两部分组成，液氢储存槽罐容量可以根据用户需求进行设计，最高可达上千立方米，通常情况下车用槽罐储量可达 100 m³。在实际运输过程中，除了需要提升单次液氢运输量外，也要兼顾运输效率，降低槽罐自重在运输总量中所占的比例。例如，由于氢气本身密度低，对于自重约 $2×10^4$ kg 的液氢储罐，满载后液氢的质量占比不足 10%，仅有 $1.8×10^3$ kg 左右。此外，槽车运输需要考虑液氢挥发造成的损失。实际工作表明，液氢的挥发量受储罐体积影响较小，因此在储氢总量一定的情况下，选择容积大的储氢罐能够实现更低的液氢损失率。

2. 船舶运输

通过船舶对液氢进行水路运输的原理与槽车运输相似，但是水路运输往往路程远、耗时长，因此运输过程中需要使用绝热效果好的材料对液氢进行隔热以防止气化。与陆地上通过铁路、高速公路运输液氢相比，水路运输更加经济安全。目前，液氢的水路运输受到多个国家的关注。例如，日本川崎重工业株式会社已经建造出全球首艘液氢运输船，该运输船于 2019 年下水。液氢船舶运输的难点在于需要长时间将液氢储罐保持超低温环境，防止液氢气化。为了适应液氢储运，需要对船只储运技术、船体结构和动力系统等多方面进行优化和更新。目前，该运输船正准备进行首次从澳大利亚到日本之间约9000 km 的液氢运输试验。

3. 管道和有机载体运输

液氢也能用管道输送，由于液氢温度极低，对输送管道的绝热性能要求很高，需要通过设计管道结构和选择绝热材料以减少管道和外界的热量交换。液氢的管道运输通常用于短距离氢气运输。例如，在航空航天领域，可以通过管道将真空多层绝热储氢罐与飞行器发动机连接，并为其输送液氢。这是由于航天器液氢消耗量极大，通常为数千立方米，如果采用槽车或水路运输液氢，不仅效率低，还会大幅增加成本。液氢管道的高绝热性主要归功于管道内外壁之间的真空夹层，有效避免了管道和外界环境的能量交换，起到了良好的绝热效果。在液氢实际输送过程中，需要事先多次将夹层中的气体置换并抽出。此外，对于少量留在真空夹层中的气体，为了避免其对管道的绝热性能造成不利影响，可以通过分子筛吸附氧化的方法除去。

通过有机载体进行氢气储运是一种新兴的氢气运输手段，载体主要是某些具有特殊性质的烯烃或芳香烃等有机液体。这些有机液体可以在特定催化剂的作用下发生加氢反应，生成稳定的加氢产物，通过运输这些加氢产物可以实现氢气运输，到达目的地后再对加氢产物进行脱氢反应，释放储存在其中的氢气，该方法可以提高氢气运输的安全性。目前，基于有机载体的氢气储运面临很多问题。例如，不同载体所需要的催化剂不同，导致载体的通用性较差，且催化剂性能有待提升；加氢/脱氢的过程中，氢气的纯度难以保证等。因此，该方法目前还处于实验阶段，并未投入实际使用。目前，法国反应堆业务和德国储氢科技公司正在共同致力于液态有机载体储氢技术的实用化，研究的重点材料是二苯甲基甲苯，该物质在储存密度、成本和安全性方面都具有明显的优势，该项目已经在德国建立了示范装置。

4.4.3 固态氢气运输

用固体材料进行氢气的储存和运输相对简单，目前应用较多的主要是储氢合金。这种储运方法主要有以下优势：可以实现高体积密度的氢气储存；避免了高压容器和隔热材料的使用，节约运输成本；提高了运输过程中的安全性。合金储氢的弊端在于现阶段运输效率很低。例如，日本大阪氢工业研究所基于钛基储氢合金设计的固氢装置，储氢率仅为 1.78%；同样采用这种合金材料，德国戴姆勒-奔驰公司发明的固氢装置可储氢 2000 m³，但储氢率仅有 2%。此外，储氢合金价格高昂，氢气释放速度慢，而且氢气的释放过程往往需要加热升温，因此固态氢气运输的情况并不多见。

4.4.4 三种氢气运输方式的比较

表 4.8 是对三种氢气运输方式的总结，可以看出应用最为广泛的仍是气态氢气运输。其中，最方便快捷的气态氢气运输方式是使用长管拖车进行运输，这主要是由于氢气压缩相比于液化等方式成本更低，且长管拖车造价也比其他运输载体低很多，因此在为距离适中且用氢量不大的用户输送氢气时，长管拖车最为方便。液氢管道结构较为复杂，只有少量用户选择这种运输方式。有机材料储氢目前还处于研究阶段，远没有达到实际应用的程度。固态氢气运输的方式主要依靠固体储氢合金进行运输，储氢合金本身的储氢量小和氢气释放速度慢是制约这种运输方式的主要问题，目前也没有特别广泛的应用。

表 4.8　三种氢气运输方式比较

运输方式	使用工具	特点
气态氢气运输	气瓶运输	运输量小，主要适用于距离短、用量少的用户
	长管拖车运输	适用于距离适中的用户，应用广泛
	管道运输	适用于长距离大量运输，目前国内较少
液态氢气运输	槽车运输	适用于中远距离运输，国内使用较少
	管道运输	适用情况特殊，应用较少
	有机材料储氢运输	目前大部分处于实验阶段
固态氢气运输	合金储氢运输	处于实验阶段，主要用于燃料电池研究

4.4.5 主要氢气运输方式的成本分析

氢气运输过程的成本主要包括以下几个方面：储存设备建设；氢气压缩、液化和加注设备投资；运输交通工具(如长管拖车的购买与运输成本等)；所需交通工具的燃料和保养；雇佣相关工作人员及运输线的管理和维护费用等。总的来说，对于气态氢气运输，采用长管拖车方式前期投资低，成本和运输距离有很大的关系。气态氢气管道运输则适用于大规模长距离的点对点运输，其前期的管道铺设等工作成本较高，这主要是因为常规材料用于氢气运输管道会发生"氢脆"现象，管道易损坏。为避免这种现象的发生，氢气的运输管道需要使用特殊的材料，这在很大程度上增加了氢气管道的搭建费用。因此，管道运输的成本主要来自前期管道建设投资，而运行过程中产生的成本较小。在考虑硬件造价成本的同时，还需要考虑管道输送氢气过程中产生的可变成本。例如，由于氢气的密度很小，压缩费用在总运输成本中将占据很大比例。

液态氢气运输在运输前将氢气进行液化，提升了运输车单次运输的总量。与运输气态氢气的长管运输车相比，液氢运输车的载量可以提高 10 倍以上，这在很大程度上降低了运输成本。但是液氢储罐的造价远高于气态氢气储罐，液化相同热值氢气的耗能比压缩氢气高很多，这些都是液氢储运的成本，根据估算，液化过程成本占总运氢成本的 70%以上。采用液氢运输方式时，运输成本与液氢运输的规模成反比、与运输的距离成正比，但相比于运输距离增大带来的成本增加，运输规模增大带来的成本降低使收益更加明显。由此可见，氢气运输成本受运输方式、规模和距离等多种因素的影响，如何根据工厂地理位置等因素选择合适的方式进行氢气运输也是氢能工业需要考虑的重要问题。

4.4.6 氢气运输的安全问题

氢气本身是无色无味的气体，密度很小，难溶于水，液化温度低，属于易燃易爆气体，氢气-氧气混合物、氢气-空气混合物点燃都会发生爆炸。氢燃烧热值高，等质量的氢气和汽油充分燃烧，氢气燃烧所放出的热量比汽油高 3 倍。氢气极易燃，碰撞、摩擦、放电、明火、热气流和电磁辐射等多种因素都有可能造成氢气起火，因此氢气的运输具有一定危险性，氢气运输过程中需要格外注意安全。

除了本身的可燃性外，氢气在运输过程中也存在其他安全隐患。以气态运输为例，氢气压缩管承受氢气渗透的能力有限，存在因内部材料破损而发生氢气泄漏的隐患。这是由于储氢容器在不断使用的过程中，罐体材料逐渐老化，即氢气罐疲劳。发生疲劳的氢气罐因为强度不够而有可能发生爆炸，这就要求储氢设备需要安装包括减压阀在内的安全装置。在氢气的管道运输过程中，除了压力过大引起的物理性破坏外，泄漏的氢气也会破坏管道外层材料，从而造成安全隐患。为了保证氢气运输的安全性，需要注意以下几个方面：氢气在注入容器或管道之前应该对纯度进行检测；尽量避免储氢容器磕碰和振动，进入制氢站时防止静电；管道阀门尽量使用不锈钢材质，以防铁锈和氢气摩擦产生火花；相关操作人员要接受严格培训，提高安全意识；相关运输设备应配置冷却和避震等装置；通过管道进行运输时，需要时刻检测管道内的压力，定期对管道进行泄压。

氢能作为一种新兴的绿色能源，有望解决环境污染和能源危机两大问题。目前，人们的关注点从传统的化石能源更多地转移到氢能上，城市地区的公共交通运输将是我国氢能应用的重要领域。我国的汽车主要有传统燃油汽车、混合燃料汽车和电动汽车等，氢能汽车能否得到良好的发展，取决于资源市场和经济发展。氢能汽车的普及首先应该由政府推动，在人口相对集中的大城市公交系统中进行试点投放使用。此外，还应该因地制宜，建设制氢厂及安全便捷的加氢站等基础设施，逐步将氢能普及。制氢、储氢和运输等基础设施的建设应理性规划、协同发展，形成有机的网络，全面普及氢能应用的同时兼顾氢能产业链上各组成部门。

思　考　题

1. 简述氢气的基本物理和化学性质。

2. 简述目前工业制氢的主要方式及其优缺点。

3. 了解氢气的安全性和氢气泄漏事故发生时应采取哪些紧急措施。

4. 根据氢不同状态的存储方式，可以将储氢技术分为哪几类？

5. 低温液态储氢的优势和急需解决的科学问题是什么？

6. 金属氢化物的储氢机理是什么？

7. 氢气的运输方式有哪些？它们分别适用于什么条件？

8. 用气态钢瓶运输氢气时，有哪些安全注意事项？

9. 加氢站的建设需要具备哪些条件？

燃料电池具有安全、清洁、高效、噪声低、燃料来源广泛、可模块化组合等优点，在固定电源、便携式电源、交通运输、军事和航空航天等众多领域具有非常广泛的应用前景和巨大的市场潜力(图 5.1)。另外，燃料电池的寿命是有限的，燃料电池的大规模应用必然产生大量的废旧电池，如何回收利用这些废旧电池也是需要关注的重点。本章将详细介绍燃料电池在固定电源、便携式电源、交通运输领域、军事领域和航空航天领域等方面的应用，并以质子交换膜燃料电池为例介绍燃料电池的回收。

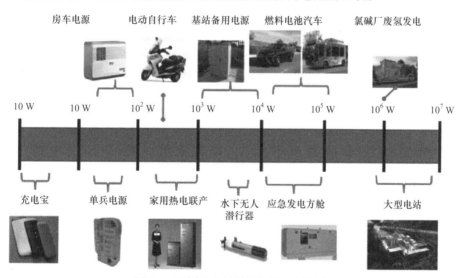

图 5.1　不同功率的燃料电池应用领域

5.1　固定电源

燃料电池可由多个电池按照串并联模块化组合的方式向外供电，电压与容量可调，布置灵活，且安装简单，维修方便。因此，燃料电池既适用于集中发电，建造大中型电站和区域性分散电站，也可用作各种规格的分散电源。本节分别从燃料电池电站、紧急备用电源、与建筑物集成的燃料电池冷热电联供系统和偏僻区独立电站等方面介绍燃料电池在固定电源领域的应用。

5.1.1　燃料电池电站

除了传统的火力发电、水力发电和原子能发电技术外，燃料电池发电被誉为第四种发电技术，它可以将化学能直接转化为电能，并且不受卡诺循环效应的限制，能量转换效率远高于其他发电方式。燃料电池发电可减少环境污染，同时能解决电力供应不均与不足的问题。因此，燃料电池在未来分布式发电站应用中拥有巨大的发展潜力。

近年来，美国、日本和韩国等一些发达国家对燃料电池电站进行了大量商业化推广和应用。2012 年，美国联邦政府向美国能源部拨款 63 亿美元，用于燃料电池等清洁能源的研究、开发和部署等活动。2014 年，日本氢能/燃料电池战略协会发布了日本的《氢能/燃料电池战略发展路线图》，计划到 2030 年年底，全面引入氢能燃料电池发电和建立大规模氢能供应系统。2017 年，日本三菱日立电力系统有限公司开始在日本建设世界首座人工智能运营的氢燃料电池发电厂。2010 年，韩国公布了一项斥资 380 亿美元的"绿色新政"项目，该项目中的许多计划都涉及燃料电池的研发与应用。2017 年，韩国斗山集团耗资约 3600 万美元建设了韩国最大的氢能燃料电池发电站，大大促进了韩国燃料电池行业的发展。由此可见，国外的燃料电池发电技术发展迅猛，已经逐渐进入大规模应用的阶段。

我国也十分重视燃料电池发电技术的研发工作，国家设立科学技术部"九五"攻关、973 计划、863 计划等重大专项经费用于支持燃料电池的研究工作。2010 年，华南理工大学设计建造的全球最大的质子交换膜燃料电池示范电站正式宣布建设完成，该燃料电池电站可以实现 24 h 不间断运行发电。这标志着我国在燃料电池这一重要的新能源技术研究和应用方面走在了世界前列。2014 年，中国华能集团清洁能源技术研究院研制出 2 kW 熔融碳酸盐燃料电池发电系统并成功运行(图 5.2)，该发电系统输出功率峰值达到 3.16 kW，成为国内输出功率最大的熔融碳酸盐燃料电池发电系统。

图 5.2　中国华能集团熔融碳酸盐燃料电池发电系统

当前，已经应用于商业化发电站的燃料电池技术包括熔融碳酸盐燃料电池、固体氧化物燃料电池和磷酸燃料电池。例如，美国燃料电池能源公司曾在北美和日韩等地建立了以熔融碳酸盐燃料电池系统为驱动力的发电站。美国清洁能源公司设计了 100 kW 的固体氧化物燃料电池发电站。美国联合技术公司设计了 400 kW 磷酸燃料电池发电系统(PureCell-400 型燃料电池)，并将其应用在美国世界贸易组织大厦上，截至 2011 年 2 月该

系统已运行超过 10^5 h，在燃料电池发展史上取得了里程碑式的成就。

表 5.1 是三类燃料电池的主要技术特性比较。其中，固体氧化物燃料电池和熔融碳酸盐燃料电池都能直接以天然气为燃料，经过重整后直接进行发电，并且这两种类型的燃料电池具有较高的工作温度，能与燃气轮机组成大容量的联合循环中心发电站。与固体氧化物燃料电池相比，熔融碳酸盐燃料电池的工作温度较低，组装和密封难度小，双极板、隔膜和电极的制备简单，容易进行规模化生产。因此，熔融碳酸盐燃料电池系统具有相对较低的成本。不足之处在于，在熔融碳酸盐燃料电池系统中，CO_2 分别在阴极和阳极作为反应物和产物，因此必须在系统内配置气体循环系统，这增加了电池系统结构的复杂性。而且熔融碳酸盐电解质腐蚀性强，易发生泄漏等问题，限制了电池使用寿命(最高仅能达 40 000 h，低于固体氧化物燃料电池的 70 000 h)。

表 5.1　三类燃料电池技术特性比较

技术特性	磷酸燃料电池	固体氧化物燃料电池	熔融碳酸盐燃料电池
电解质	H_3PO_4	陶瓷	熔融碳酸盐
催化剂	需要 Pt	不需要 Pt	不需要 Pt
燃料	H_2/重整	H_2/CO/CH_4/重整	H_2/CO/重整
燃料重整	外部	外部/内部	外部/内部
氧	O_2/空气	O_2/空气	CO_2/O_2/空气
工作温度/℃	200～220	650～1000	约 650
发电效率/%	36～45	50～60	45～55

5.1.2　紧急备用电源

1. 紧急备用电源简介

备用电源又称为不间断电源(uninterruptible power source，UPS)，是指能够提供瞬时、不间断电源的装置。当今社会对电力的依赖程度越来越高，当发生停电故障时，若不能及时恢复电力供应，将对社会生产生活造成极大的影响和不可估量的损失。因此，当电力中断时，需要立即提供一种仍然能维持设备正常运转的备用电源。目前使用较多的备用电源是由大量蓄电池组组成的直流电源。蓄电池作为备用电源具有很强的稳压供电能力和重复利用的优点。但是，使用大量的蓄电池组也存在一些不足之处：第一，蓄电池使用寿命短，且会在生产和使用过程中造成严重的环境污染，使用大量的蓄电池也会造成资源的浪费；第二，蓄电池需要较长的充电时间，充电后只能使用一次，再次使用需要再次充电；第三，一般的蓄电池电量消耗较快，无法提供长时间的电力供应，对于比较庞大的电力需求系统，蓄电池无法满足长时间电力供应的需求。因此，安全、高效、环保和可持续供电的燃料电池备用电源是一个理想的选择。燃料电池备用电源系统组成如图 5.3 所示。燃料电池备用电源的应用领域包括财政金融机构、医院、学校、工矿商业企业应急备用电源，通信基站备用电源，火车站备用电源，汽车备用电源，家用备用电源和电梯备用电源等。

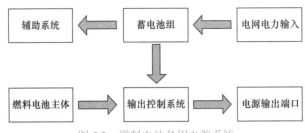

图 5.3　燃料电池备用电源系统

2. 燃料电池备用电源在通信基站的应用

21 世纪是信息化时代，信息化技术高速发展，无线通信网络和互联网技术方便了人们的日常生产和生活，也促进了社会的发展和进步。人们对通信技术的要求越来越高，依赖程度也越来越高。其中，通信基站是通信系统的骨架，为整个通信网络提供设备支撑。我国工业和信息化部数据显示，截至 2021 年 11 月，我国累计建成开通 5G 基站超过 139 万个。通常大部分通信基站可采用市电供电，但市电供电稳定性较差，且不能满足偏远山区供电。为了拓宽通信基站的使用范围和保障其更加稳定地运行，需要配备备用电源系统。一般使用的备用电源系统为铅酸电池搭配柴油发电机。但柴油发电机具有污染严重、噪声大、一次能源消耗量大等缺点，因此在很多工作场所、重要服务场所和小区通信站点等人员密集区的使用遭遇了巨大阻力。铅酸电池成本低且安全，但其质量大、体积大、能量密度低、对环境污染严重。另外，铅酸电池需要在非常严苛的环境下使用，温度太高会降低其使用寿命，温度太低又会降低其容量，因此通常需要给机房配置空调系统使其温度保持在一个合适的范围内。但是，空调系统具有较高的能耗，无疑会增加系统的总能耗，并降低系统效率。因此，需要开发出一种新的能源系统作为通信基站的备用电源。燃料电池是目前被认为最有应用前景的新能源之一。根据工业和信息化部的相关规定，作为通信系统的备用电源只能布置在室外，而燃料电池能满足此要求。燃料电池系统需配置一个启动电池，该电池通过专用充电器由市电进行充电，其输出线和整流器的直流母线相连。燃料电池系统具有三种启动方式，即远程启动、自动启动和手动启动。在市电供电正常的情况下，燃料电池不工作，保持待机状态。而当市电系统供电不稳或发生断电时，燃料电池系统能自动检测故障并应急供电。

在北美地区，燃料电池技术研究发展较快，而且燃料电池的应用获得了政府的大力支持和补贴，因此燃料电池备用电源在北美地区应用最广。另外，燃料电池还应用于严寒及酷热地区，上海攀业氢能源科技有限公司于 2012 年将其移动式燃料电池备用电源系统(PBP-3000)应用在中国移动公司，该电源系统运行至今，经历了沙尘、降雪等恶劣天气，依旧保持稳定运行，充分展示出极强的环境适应能力。

5.1.3　与建筑物集成的燃料电池冷热电联供系统

美国、英国、加拿大和澳大利亚等国频繁发生的大规模停电事故给世界敲响了警钟，人们逐渐认识到传统的供电技术存在严重的技术缺陷。而以燃料电池为基础的冷热电联供系统具有安全可靠、效率高、分散度高和灵活性强等特点，得到了大规模的研究和开发。随着燃料电池技术、微型燃机技术、吸收和吸附式制冷的发展，基于燃料电池与建筑物集成的冷热电联供系统逐渐得到推广和应用。

建筑物的能耗主要来源于建筑物的冷热系统。传统建筑物的冷热系统主要依靠电力驱动，而传统的发电方式主要利用化石燃料的燃烧。然而，化石燃料的燃烧会产生大量的污染气体。另外，传统的火力发电在长距离的电能输送中会产生巨大的能量耗损，从而导致低的能量转换效率及严重的浪费。而燃料电池的冷热电联供系统能摆脱传统能源的利用方式，提升能量使用效率，从而实现节能减排、可持续发展的目标。

1. 建筑物燃料电池冷热电联供系统简介

燃料电池冷热电联供系统又称为集成式能源系统，是一种基于燃料电池能量梯级利用的分布式能源系统。该能源系统将氢气或富氢燃料的化学能高效地转化为电能进行发电，从而满足建筑物用电需求，同时在发电过程中产生的余热则通过回收设备(如换热器、吸附式制冷机、吸收式制冷机、余热锅炉等)进行回收，并用于建筑物供暖、提供生活热水和空调调节等。燃料电池冷热电联供系统如图 5.4 所示，包括燃料处理系统、燃料电池系统、电力电子系统和余热回收系统。天然气、水等原料通过燃料处理系统重整为富氢气体，并通过燃料电池系统将化学能转化为电能(直流电)。这部分直流电可经过外部电子设备转化为商业用交流电供建筑物使用，此过程中产生的余热经过系统回收、储存并转化，可进行居民区供暖，或者通过吸收、吸附式制冷机制冷用于空调调节。

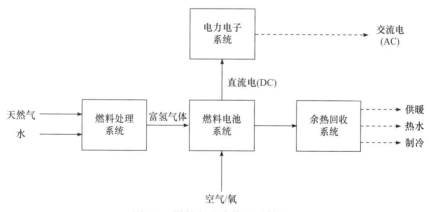

图 5.4　燃料电池冷热电联供系统

2. 建筑物燃料电池冷热电联供系统研究现状

燃料电池冷热电联供系统具有供电可靠、噪声低、废气排放量低、高效节能和清洁环保等优点，得到了世界各国政府的高度重视。美国的建筑物冷热电联供技术发展较早，早在 2001 年，为了解决快速增长的能源需求和电力负荷不足问题，美国颁布了国家能源政策，将建筑物冷热电联供系统作为美国的基本能源政策，并制定了详细的实施规划：

到 2010 年，美国 5% 的已有建筑将改造成为冷热电联供系统，20% 的新建商用建筑将使用冷热电联供系统；到 2020 年，这两项数据分别提升至 15% 和 50%。美国分布式发电联合会预计，在未来 20 年里发电量将增加 20%，达到 35 GW。俄罗斯和日本在发展建筑物燃料电池冷热电联供系统上也投入了大量的物力和财力。此外，欧盟各国也在普遍使用建筑物冷热电联供系统，该系统占欧盟各国能源系统的 7%。我国也非常重视建筑物冷热电联供系统的发展，国家 863 计划设立重大专项用于建筑物冷热电联供系统的研究。国家也规划和实施了一系列示范性工程，如中国科技促进大楼、北京天然气控制中心大楼、上海浦东国际机场和广东番禺南沙科技园等都已经采用冷热电联供系统。从目前的技术来看，建筑物冷热电联供技术还处在发展阶段。其中，固体氧化物燃料电池和熔融碳酸盐燃料电池还处在实验研发阶段，而磷酸燃料电池及热回收技术目前发展较成熟。

燃料电池冷热电联供系统具有重要的研究意义，其实际应用方面的研究主要包括热力性能研究、系统集成研究、系统优化和系统评价等四个方面。

1) 热力性能研究

热力性能是燃料电池冷热电联供系统研究中最重要的部分，也是研究最多的领域。该系统的能量利用效率和各项热力学指标都是通过热力性能研究而得。当前对热力性能的研究主要集中在㶲效率、能量效率和输出功率等指标的分析和讨论上。

2010 年，Yu 等将固体氧化物燃料电池与吸收式制冷机组装成一种冷电联供系统。通过改变不同参数对系统的性能进行详细分析，得出该体系中燃料利用率、输出电压和电流密度对总体系统效率的影响。Kuo 等在前人研究的基础上，通过实验和建模仿真，对质子交换膜燃料电池热电联供系统进行了热电效率等参数的分析研究。选用系统包括质子交换膜燃料电池系统、回收余热系统及其他附属设备等。该系统的热、电效率分别为 39%、53%，系统总效率为 93% 以上，实验数据和仿真模拟数据吻合性高达 95% 以上。Palomba 等研究了基于固体氧化物燃料电池的冷热电联供系统的热力性能。如图 5.5 所示，通过固体氧化物燃料电池与商用热驱动吸附式制冷机耦合，Palomba 等对系统的主要部分进行了实验表征，并利用所建立的模型研究了各部件的尺寸及两种不同的商用热驱动制冷机对整体效率的影响。结果表明，系统总效率高达 63%，每年能节约一次能源 110 MW·h，并且每年可减少 43 t 的二氧化碳排放量。

Chahartaghi 等对以质子交换膜燃料电池为原动力的冷热电联供系统进行了热力性能分析。如图 5.6 所示，该系统由质子交换膜燃料电池、吸收式制冷机、泵、压缩机和蓄热罐等几部分组成。他们从能量、放射本能和燃料节能率等方面对该系统进行了研究。结果表明，该系统的能量效率和放射本能效率分别为 81.55% 和 54.5%，节能率为 45%。

2) 系统集成研究

近年来，为了提升燃料电池冷热电联供系统的可持续性、经济性和效率，逐渐兴起了对其系统集成的研究。对燃料电池冷热电联供的系统集成研究主要包括燃料电池与太阳能利用设备耦合驱动系统、燃气轮机耦合驱动系统和风力发电设备耦合驱动系统等方面。

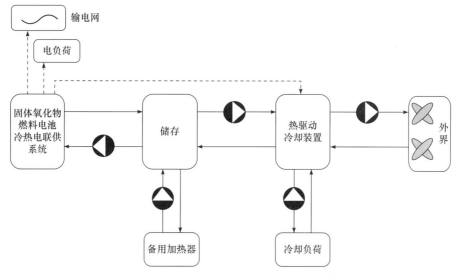

图 5.5　基于固体氧化物燃料电池的冷热电联供系统

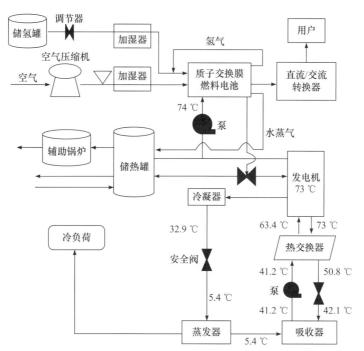

图 5.6　基于质子交换膜燃料电池的冷热电联供系统

Velumani 等提出并分析了一种适用于 230 kW 需求建筑的冷热电联供系统。该系统包括一台输出功率为 30 kW 的微型涡轮机、输出功率为 200 kW 的固体氧化物燃料电池堆和一套单效吸收式制冷系统。该系统使用天然气作为主要燃料。气体在 900 ℃的温度下从阳极排出，直接注入微型燃气轮机机组，从而产生额外的动力。涡轮排气产生的余热提供给一台单效吸收式冷水机组，用于建筑空调的冷却。该系统具有高达 230 kW·h 的额定输出功率，同时热效率高达 70%～75%。Bang-Møller 等研究了基于生物质气化制氢、固体氧化物燃料电池和燃气轮机的热电联供系统，并比较了固体氧化物燃料电池-燃气轮机、燃气轮机和固体氧化物燃料电池三种系统的发电效率。其中，固体氧化物燃料电池-燃气轮机系统的效率最高，达到 50.3%。Zafar 等将供热系统和一种新型的光伏发电系统集成在一起，该系统由燃料电池和光伏电池组成，能同时提供暖气、氢气、饮用水和电力等。Akikur 等研究了一种结合了固体氧化物燃料电池和太阳能的热电联供系统。该系统有三种供能模式适用于不同环境变化。根据供电方式的不同，这些模式可分为：固体氧化物燃料电池供能模式、太阳能发电制氢模式和太阳能-固体氧化物燃料电池协同供能模式。太阳能光伏电池可在日照辐射光强时发电，并将多余的电量用于电解水制氢并储存；当日照辐射不稳时，两种电池协同发电供热；当没有日照或辐射过低并不能启动太阳能光伏发电时，可由固体氧化物燃料电池独立进行发电供热。

3) 系统优化

为了有效提升燃料电池冷热电联供系统的性能，需要对其进行系统优化。近年来，对燃料电池冷热电联供系统的优化研究取得了很大的进步。该系统的优化主要包括：环境影响(降低污染)、经济成本(回收周期、能量成本、投资成本)和热力性能(电效率、㶲效率、能量效率)等。Shirazi 等对固体氧化物燃料电池-燃气轮机混合系统进行了优化研究，分别将系统总成本和㶲效率作为优化目标，并运用 TOPSIS(technique for order preference by similarity to an ideal solution，基于与理想解相似性的排序技术)决策方法得到帕累托最优(Pareto optimality)参数集。经过优化后的混合系统能最大化提升性能，年均总成本为328 万美元，㶲效率为 65.6%。

Mamaghani 等对以质子交换膜燃料电池为驱动力的微型热电联供电站进行了长周期经济性分析和优化，他们运用遗传算法，以总支出成本和发电效率为优化目标，经过优化后，系统的发电效率比优化前提高了 1%，达到 27.07%。Guo 等提出了一种基于教与学的优化和差分进化算法相结合的新的混合算法，并对基于质子交换膜燃料电池的系统进行了优化。该方法能够有效地对复杂的非线性质子交换膜燃料电池进行建模，将所得结果与其他已知方法的结果进行比较，表明了该方法的有效性。采用该方法建立的模型系统能够对实际的质子交换膜燃料电池电压信号进行高精度的跟踪，其拟合结果与实验数据具有良好的一致性。

4) 系统评价

燃料电池冷热电联供系统研究、应用和发展的情况需要进行系统评价，因此系统评价是系统研究的目的、意义和价值所在。近年来，对燃料电池冷热电联供系统评价的研究也取得了重大进展。燃料电池冷热电联供系统的评价主要包括环境评价和经济评价两个方面。环境评价主要对比燃料电池冷热电联供系统与传统化石能源系统在环境保护方面的优势，主要包括二氧化碳减排量和温室气体减排量等。经济评价是燃料电池冷热电联供系统能否得到大规模应用的直接指标，主要包括回收周期、净现值、运行成本、投资成本等经济评价，以及㶲环境评价、热经济评价、㶲经济评价等。

Chitsaz 等分析了以固体氧化物燃料电池为驱动力的冷热电联供系统的㶲经济，并探究了系统㶲经济的主要影响因素。结果表明，升高进气温度会降低系统的㶲成本，而增加电流密度会增加系统的㶲成本。

Facci 等评价了一个为小型住宅集群提供动力冷热电联供系统的技术和经济性能。该系统将以天然气为燃料的固体氧化物燃料电池作为驱动力，包括锅炉、冰箱和蓄热系统等。他们比较了不同的发电厂配置，不同尺寸的燃料电池和制冷技术，以满足制冷需求(吸收式或机械式制冷机)。鉴于满足电力需求的能力在这类应用中是至关重要的，根据不同的能源需求曲线和电价，以及每个能源转换器的额定功率和部分负载效率的函数，采用最优控制策略对系统性能进行评估，并通过基于图论的方法对能源系统运行策略进行优化。另外，研究中还考虑到燃料电池不同的资本成本，给出了电池的电热效率、运行策略、经济节约、一次能源消耗降低、回收期等方面的结果。

Giarola 等研究了以固体氧化物燃料电池为基础的热电联产污水处理装置的最佳能源经济性，同时提出了一个优化框架，用于在成本、能源和排放性能与传统的替代品进行比较。结果表明，目前固体氧化物燃料电池技术的资本成本并不足以与传统的替代技术相抗衡。但是，该技术如果能在经过热优化的污水处理厂系统中应用，将变得非常有实用价值，同时也将增加固体氧化物燃料电池的制造量，并推动资本和固定运营成本的降低。

Chahartaghi 等对以氢、氦为工作气体的斯特林发动机驱动的冷热电联供发电系统进行了能源、经济和环境评价，该系统可应用于住宅。他们采用非理想绝热模型对发动机进行了分析，并在热电联产系统中使用了两台测试型斯特林发动机，利用发动机余热对吸收式制冷机进行了能量分析。结果表明，影响斯特林发动机的重要参数包括：加热温度、蓄热器的长度、发动机转速和工作气体的类型、燃气热电冷联产效率、系统效率、运营成本和系统二氧化碳减排量等。

3. 建筑物燃料电池冷热电联供系统在我国的应用前景

我国的燃料电池建筑物冷热电联供系统发展相对滞后，但近年来随着我国对能源的需求量越来越大，国家倡导能源结构调整和可持续发展，燃料电池建筑物冷热电联供系统得到了重视。其重要性主要在于以下几点：

(1) 发展该系统有利于我国环境的改善。工业的发展已经造成了严重的大气污染，我国 63.5%的城市处于中度或严重污染状态。2004 年，我国二氧化硫排放总量为 2254.9 万 t，居世界第一，并且由此导致酸雨问题严重，约有 30%以上的国土面积遭受酸雨的侵袭。这些环境问题迫使人们必须优化目前的能源结构和使用方式，而基于燃料电池的建筑物冷热电联供系统具有清洁、高效的优点，并能有效降低环境污染，因此燃料电池建筑物冷热电联供系统日益受到国家的重视。

(2) 发展该系统有利于改善我国的电力结构，提高电力供应的稳定性。集中式供电系统可满足我国大部分电力供应需求，其供电系统主要为以中心电站和大电网为核心的分布形式。这种供电系统主要缺点在于稳定性差，系统网络导致的供电故障较多，经常会造成大面积停电。因此，将集中式发电和分布式发电相结合能有效保障我国电力供应的稳定性。

(3) 发展该系统能有效解决我国目前电力供应不足的问题。随着我国经济的快速发展，电力需求也越来越高。但是，电力能源的增加跟不上经济发展对电力的需求，在用电高峰期经常会出现电力供应不足的情况。燃料电池建筑物冷热电联供系统建设周期短、造价低、能源利用率高,能够缓解我国经济发展对电力需求的压力。

5.1.4 偏僻区独立电站

1. 海岛地区独立电站

我国海域面积约 300 万 km^2,其中拥有超过 6000 个面积在 500 m^2 以上的岛屿,有人居住的岛屿约 450 个。海岛地区环境恶劣、天气变化多端,常规电力难以输送,普遍存在无电、缺电或供电可靠性差等情况,严重阻碍了当地的社会经济发展。燃料电池作为一种环保、节能的发电设备,以富氢气体为燃料发电供能。富氢气体来源广泛,可以从矿物质、生物质中制取,也可利用可再生能源(如风能、太阳能等)制取。因此,可以在海岛地区建立燃料电池独立电站,保障电力的安全、稳定输送。

2. 山地地区独立电站

我国地形复杂多样,其中山地面积广大,约占陆地总面积的 33%。山地地形较为复杂,从发电站向山地输送电力需要花费大量的人力、物力和财力。山地地区的供电线大多采用架空式的裸导线,线路容易受到天气和外力的破坏,从而造成经常停电的现象。为保障山地地区用电的安全和稳定,可在山地地区建立独立的燃料电池电站,不仅可以节约电力输送的成本,还可以保障电力的安全稳定。

3. 边远地区独立电站

除了海岛、山地外,我国还存在许多人口稀少且经济发展相对滞后的边远地区,这些地区居民对电力的需求相对较小,集中式发电系统的电力往往很难送到。考虑到这些地区往往燃气资源丰富,在这里建立燃料电池独立电站是一种非常合理的选择,独立电站的建立将为边远地区提供安全稳定的电力。

5.2 便携式电源

随着移动电话、个人数字设备、数码摄像机、笔记本电脑等便携式电子设备的不断发展,与之相匹配的便携式电源应具备体积小、质量轻、容量高、寿命长等特点。目前小型电子设备的高电能消耗成为一大难题,尽管电池技术的进步使电池容量得到了很大的提升,但是仍不能解决电子设备耗电与电池容量之间的矛盾。与传统二次电池的电化学充电方式不同,燃料电池是通过注入"燃料"的方式对电池进行"充电",可重复加入燃料实现再次充电,大大延长了电子设备的工作时间,是传统锂离子电池的数倍,并且燃料电池的能量密度通常是可充电电池的 5~10 倍。因此,燃料电池作为便携式电源将开辟一条商业化发展的道路。

5.2.1　便携式电子设备对电源的要求

质子交换膜燃料电池和直接甲醇燃料电池被认为是很多便携式电子设备的理想电源，如手机充电器、手机、个人无线设备、笔记本电脑、医用便携设备和救生系统设备等。这些设备在功率、质量和体积等方面有很大的差别，如图 5.7 和表 5.2 所示。

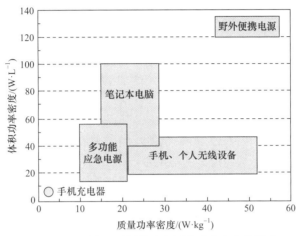

图 5.7　不同应用对便携式电源的功率密度的要求

表 5.2　典型便携式电子设备对电源功率、体积和质量的要求

应用	功率/W	体积/L	质量/kg
手机充电器	0.1	0.05	0.1
手机、个人无线设备	2～5	<0.1	0.1～0.2
笔记本电脑	15～25	<0.4	<1
多功能应急电源	50～100	2～3	<5
野外便携电源	200～400	1.5	<5

5.2.2　手机、数码摄像机、个人数字设备电源

美国 MTI Micro Fuel Cells(MTI Micro)公司致力于燃料电池多功能充电器和外置电源组的设计与开发，在燃料电池的微型化和移动应用方面取得了一系列进展。MTI Micro 公司设计开发的 Mobion 便携式燃料电池技术使用 100%的甲醇和被动水管理系统，设备更加小巧与高效，可通过重复注入燃料甲醇实现对小型电子设备的即时充电，避免了交流插座和大体积充电器的使用，它的大容量可大幅延长电池的工作寿命[1]。

MTI Micro 公司于 2006 年设计出一款 95 W·h 的燃料电池样品，如图 5.8 所示。在不到一年的时间里，该公司陆续开发出不同尺寸的样品，其最新样品总尺寸缩小 60%，且自带一个燃料盒，可为一部手机供电使用约一个月。

---

[1] 美国燃料电池制造商 MTI 公司推出便携设备用燃料电池原型. 电源技术, 2008, 32(5): 281-284.

图 5.8 MTI Micro 公司的不同尺寸燃料电池

MTI Micro 公司为单镜头反光数码相机研发出了手带式燃料电池样品,如图5.9所示。该燃料电池所提供的电量是相同尺寸的单反数码相机所用锂电池提供电量的 2 倍。此外,在移动状态下,可通过重新注入燃料甲醇为相机即时供电,这大大地延长了相机的使用时间,从而避免了烦琐的充电过程。

图 5.9 手带式燃料电池数码相机

MTI Micro 公司根据智能手机的需求推出了小体积的 Mobion 燃料电池原型,其尺寸和手机中的锂电池相同,但厚度增加了一倍,它可通过 USB 接口为手机充电,充电时间仅是手机锂电池的 1/8。此外,该公司还设计了一种可内嵌于智能手机中的 Mobion 技术概念模型,如图 5.10 所示。MTI Micro 公司利用 Mobion 技术试制了驱动三星智能手机的燃料电池,该燃料电池可获得约 1.6 V 的电压,其中包含 4 个电池单元。

美国摩托罗拉公司与加拿大 Angstrom Power 公司于 2008 年开发出一款效率更高的燃料电池手机,该燃料电池采用氢气为燃料,安装在 MOTOSLVR L7 手机中,在不改变手机尺寸和形状的前提下,该燃料电池的能量是相同尺寸锂离子电池的 2 倍,充电时间仅需 10 min[①]。

图 5.10　内嵌 Mobion 燃料电池的智能手机

日本东芝株式会社于 2009 年上市了一款给移动数码产品充电的直接甲醇燃料电池 Dynario，如图 5.11 所示[②]。Dynario 的尺寸为 150 mm×21 mm×74.5 mm，重 280 g，内置 14 mL 燃料容器，20 s 即可充满燃料。此外，该电池配置了专用的燃料瓶，只要向燃料瓶中注入甲醇溶液，Dynario 就能通过 USB 接口为移动数码产品充电。Dynario 只需少量高纯度甲醇溶液就能工作，因此产品的尺寸大幅度减小，燃料瓶的质量也有所降低，内部的微型处理器可准确控制电能的输出，通过锂离子电池存储燃料电池释放的电能，从而优化电池的性能。

图 5.11　日本东芝株式会社 Dynario 燃料电池

日本日立公司于 2004 年发布了采用燃料电池驱动的个人数字设备，这款设备使用的燃料电池由氢和甲醇的混合物提供能量源。采用该燃料电池，可保证设备持续工作 5 h 以上。

5.2.3　笔记本电脑电源

使用燃料电池作为笔记本电脑的电源，可延长笔记本电脑的工作时间。2006 年，日本东芝株式会社在日本高新技术博览会上展示了以燃料电池为电源的笔记本电脑样品，

① 摩托罗拉与加拿大公司开发出燃料电池手机. 电源世界, 2008, (2): 67.

② 日本东芝移动产品用燃料电池"Dynario". 电源技术, 2010, 34(2): 97-98.

其中燃料电池位于笔记本电脑底部。这款基于燃料电池的电源自身带有散热装置,供电时间长,而且具备环保的特性。

日本电气股份有限公司(NEC Corporation,NEC)于 2004 年展出了新款燃料电池笔记本电脑,其中的燃料电池平均功率输出密度为 70 mW·cm^{-2},这使得单独使用燃料电池驱动笔记本电脑成为可能,新的小型化电池单元使其更接近传统电池的体积,超薄型燃料电池可装在笔记本电脑底部,其 250 mL 的燃料箱足以维持笔记本电脑工作 10 h 以上而不需要补充燃料。

5.2.4 便携式燃料电池发展前景

燃料电池具有无污染、高效率、无噪声和可连续工作等特点。与目前广泛使用的锂离子电池相比,燃料电池具有更高的能量密度。但是,目前燃料电池整体的成本较高,当燃料电池应用于手机、个人数字设备和笔记本电脑等便捷式设备时,反应后生成的水和热量难以排出,带来排水和散热等问题。而且,由于燃料电池不需要充电,若要持续提供电力,则需不断补充燃料,因此燃料的获取、携带和储存仍然是亟待解决的问题。

5.3 在交通运输领域的应用

燃料电池具有发电效率高、环境污染小等优点,在交通运输等领域具有广阔的应用前景。但是燃料电池体系结构复杂,涉及学科领域众多,包括化学(热力学、电化学和电催化等)、材料学、自动化等众多学科相关理论,在各类装置系统中应用时还需采用不同的组成单元和部件。

5.3.1 燃料电池汽车

汽车是现代出行最便捷的交通工具之一。随着社会经济的发展,人们对汽车的使用需求也日益增长,而大规模使用传统汽车燃料会造成石油资源的短缺,并且石油燃烧也会引起环境污染等严重问题。为了满足社会的需求,实现汽车产业的可持续发展,世界各国和能源产业界纷纷将新能源汽车的技术研发和应用推广列入未来发展计划。

新能源汽车主要包括纯电动汽车、增程式电动汽车、插电式混动汽车、传统混动汽车及燃料电池汽车等,它们各自的优缺点见表 5.3。与混合动力汽车相比,燃料电池汽车主要以氢气为燃料,可以做到零污染排放;与纯电动汽车相比,燃料电池汽车加气过程非常短,只需要 3~5 min 就能充满长途行程所需的气量,而目前热度最高的纯电动汽车特斯拉 Tesla Model 3 需要快充 1 h 以上才能充满电,且其续航里程只能达到 400 km 左右(不到氢燃料电池汽车的一半)。此外,燃料电池体系由于具有能源使用效率高、行驶稳定性好、噪声低及能源生产过程清洁等优势,被认为是最具前景的新能源之一。因此,燃料电池汽车的开发对环境保护、便捷生活和经济发展都有重要的意义。

表 5.3　不同类型新能源汽车的优缺点对比

汽车类型	优点	缺点
纯电动汽车	零排放，高能效	充电时间长，续航里程短，电池寿命有限、成本高，废弃电池存在污染
增程式电动汽车	较长的续航里程，起步加速快，实用性高	控制系统相对复杂，总体成本高，售价高
插电式混动汽车	低碳环保，动力充沛，具有一定经济性	同时负载沉重的电池及发电机，电池需要频繁充电
传统混动汽车	技术较成熟，燃油利用率高，不需外接电源供电，可以在任何状态下保持省油状态	存在碳排放，污染环境，并不在我国新能源车型的目录上，购车需要摇号
燃料电池汽车	零排放，无污染，续航里程长，加氢时间短	燃料电池动力系统成本昂贵，加氢站少

　　燃料电池汽车的续航里程取决于其所携带的燃料(如氢气)量，而燃料电池汽车的行驶性能则主要取决于燃料电池动力系统的功率。因此，车用燃料电池的开发受到了世界各国的高度重视。近年来，我国地方政府针对当地的经济发展情况和社会现状制定了关于燃料电池发展的规划(图 5.12)，力求在更大范围内推广使用燃料电池汽车。与此同时，其他各国也在大力发展车用燃料电池，并出台相关法律政策以支持其科学研究和商业化进程。目前，美国在车用燃料电池方面的研究最为成熟。在美国能源部、交通部和环保局等各政府部门的支持下，车用燃料电池技术发展迅猛。1990 年以前，美国通用汽车公司便开始在燃料电池汽车领域开展研究，2007 年秋季旗下雪佛兰品牌率先启动车行道计划(project driveway)，将 100 辆雪佛兰 Equinox FCV 燃料电池汽车投放市场，并在之后的两年时间内获得消费者的广泛认可，总行驶里程超过 160 万 km。此后，美国通用汽车公司又开发了新一代氢燃料电池车用系统，将氢燃料电池体积缩小了一半，降低了贵金属铂催化剂的使用量，从而减轻了电池组的总质量，大幅度降低了燃料电池的成本。自 2003 年以来，美国政府持续推动氢能源为基础的能源体系转变，并开发下一代燃料电池动力系统和储氢技术用于燃料电池汽车，预计2050 年美国燃料电池需求量可占总能源的14%。

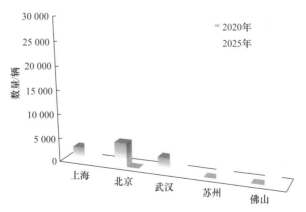

图 5.12　2020 年和 2025 年我国地方政府推广燃料电池汽车数量

　　值得注意的是，在美国加利福尼亚州举办的燃料电池汽车应用市场大会上，有来自世界各国的整车企业，除了美国通用汽车公司和福特汽车公司外，还有日本丰田汽车公司、日本日产汽车公司、德国戴姆勒-奔驰汽车公司和韩国现代汽车公司等进行了技术示范运行。可见，除美国外，日本、德国和韩国等在燃料电池技术的发展也走在世界前列。

1. 关键技术

燃料电池在理论上比内燃机转化效率更高，其中使用氢燃料的燃料电池汽车效率比内燃机汽车效率高 2 倍以上。但是，目前商业化燃料电池并未达到人们的预期，这主要是因为在实际能量转换过程中存在大量的能量损失。因此，燃料电池的性能、可靠性、耐久性、安全性、燃料可获得性和整车售价等因素都影响燃料电池汽车的商业化进程。

要设计满足商业应用的燃料电池汽车，首先需要考虑燃料电池系统的内部结构和安全性问题，并寻找和解决其中的关键技术和难点。通常燃料电池汽车采用燃料电池发电机代替动力电池组，电池产生能量带动电动机运行，进一步带动机械传动系统工作，从而驱动汽车前行。以氢燃料电池汽车为例，燃料电池发电机是其内部结构的核心部件，汽车系统附加的供氢系统、动力系统和安全系统也非常重要，其确保了燃料电池汽车在行驶过程中的稳定性。

1) 燃料电池发电机

燃料电池发电机由燃料电池反应堆供能，还包括供气系统和水处理系统。发动机内参与反应的主要成分为高度压缩的燃料气体(如氢气)和依次经过减压装置、喷射泵和增湿系统进入燃料电池空气压缩机的空气(内含氧气)，这些气体在发电机中发生化学反应并将生成的化学能转化为电能输出。此过程产生的尾气可直接排放到大气中，不会造成环境污染，而燃料气体尾气则经气液分离、热交换器处理后再次回收使用，燃料气体的反复利用大大提高了燃料的利用率。尽管在燃料电池中化学能转化为电能的效率很高，但是大功率的燃料电池反应堆在工作发电时产生的能量大幅度增加，这势必造成部分电化学能转变为热能。此时，需要引入冷却水系统给燃料电池堆降温并使其温度控制在合适的范围内。但是燃料电池运行过程中，可能有部分电解质溶解在冷却水中，因此还需要将冷却水通过离子交换树脂进行充分处理，阻止电解出过多离子造成燃料电池堆短路。此外，由于车用燃料电池发动机所需功率较大，通常需要几个电池堆串联提高电压或并联提升电流才能满足车用发动机的输出功率。截至目前，燃料电池发电机仍然是燃料电池汽车的核心部分，其工艺技术尚有进步空间，因此科学家仍致力于设计和改进燃料电池发电机的结构。

2) 供氢系统

目前，根据氢气的存储和制备方法，燃料电池汽车的供氢系统可简单分为车载重整制氢和车载纯氢两大类。

a. 车载重整制氢

车载重整制氢技术是将富含碳氢的燃料经过处理器(或称为重整器)进行转化处理，如车载内部重整催化或发生部分氧化反应，从而获得合成气(一氧化碳或氢气)。目前可用于车载重整制氢技术的燃料与传统制氢燃料类似，主要分为两类，即醇类(甲醇、乙醇等)和烃类(柴油、汽油、甲烷、天然气等)。从热力学角度来说，醇类燃料制氢所需能量较低，制氢工艺更简单，如甲醇就是最常使用的车载制氢燃料之一。烃类制氢的难度比醇类大，主要是因为烃类物质在重整过程中所需温度较高，而且重整过程需要脱除产生的硫化物等有害产物。但是由于可以利用现有的汽油站加注烃类燃料(如汽油、煤油等)，烃类燃料是目前最具前景的重整原料。烃类燃料的重整制氢工艺存在一系列困难，因此该策略只是在加氢站等基础设施还未普及建设时的权宜之计。

车辆在行驶过程中所需要的发电机的输出功率并非恒定不变，往往随着驾驶状态的改变而变化。例如，汽车在刚刚起步、加速行驶或连续上坡时，需要发动机输出较大的功率，此时需要的氢气供应量也会增大；而匀速前进或停车怠速时，所需的氢气供应量会相应减小。这些不同的使用场景要求供氢装置能够精准地调控氢气用量。从化学反应动力学角度来说，人们难以用温度、气体分压器等常规手段精确地调控燃料电池中如此复杂的反应体系。因此，这在很大程度上阻碍了重整制氢系统用于实际燃料电池汽车的进程。

除对可控性要求较高外，氢源的纯度也制约燃料电池的实际应用。目前推广的燃料电池汽车大多数采用质子交换膜燃料电池体系，其对氢燃料的要求极为苛刻。例如，一氧化碳含量大于 50 ppm 或二氧化硫的含量大于 0.2 ppm 时，燃料电池的性能将急剧下降。苛刻的纯度要求也加大了重整器的制备难度。德国奔驰汽车公司曾推出以液氢为燃料源的 Necar 4 系列汽车，遗憾的是这款汽车并没有在后期的发展中得到广泛使用。

除醇类、烃类外，液氨也可以作为制氢原料。但是液氨的成本高、腐蚀性强、分解温度高，并不适用于车载制氢燃料。在特殊场合使用的金属或金属氢化物水解制氢，技术上依旧面临诸多问题，且能耗高、成本高、排放量高等缺点也限制了其在汽车行业中的大规模使用。总之，目前车载重整制氢的供氢系统还存在很多问题和难点有待解决。

b. 车载纯氢

氢气的存储可以分为气态氢存储、液态氢存储和固体氢存储，针对每种状态存储所面临的问题，还需要施加压力、降低存储温度和引入其他载体等。目前，氢能源存储可通过高压气态储氢、低温液态储氢、有机液态储氢和金属氢化物储氢四类方式实现。其中，金属氢化物储氢技术虽然具有安全、无污染、可重复使用等优势，但其发展尚不成熟且储氢设备质量过大，因此该技术仅在军事领域及对设备质量要求不敏感的特殊场合中使用。目前，车载储氢主要采用高压气态储氢和低温/有机液态储氢(表 5.4)。储氢罐取代传统汽车中的内燃机，放置在相应的位置上，如底盘中部或后排座椅下方，这样在保障安全的同时也节省了空间。

表 5.4　不同储氢方式的对比

储氢方式	储氢质量密度/%	储氢体积密度/(g·L^{-1})	应用领域
高压气态储氢	4.0~5.7	约 39	大部分氢能源应用领域，如化工、交通运输等
低温液态储氢	>5.7	约 70	航天、电子、交通运输等
有机液态储氢	>5.7	约 60	交通运输等
金属氢化物储氢	2~4.5	约 50	军用(潜艇、船舶等)；其他特殊用途

高压气态储氢是最简单和最常用的车载纯氢储存方法之一,其优点是高压加氢方便且快速、动态响应好、通过减压阀可调节气流大小并实现气体的瞬间开关。目前,已有的燃料电池汽车大部分都使用了高压气体储氢。只需保证高压容器具有良好的密封性,氢气即可在系统内保存很长时间。但此种储氢方式的缺点在于储氢需要使用安全系数很高的压力罐,并且氢气压缩过程中会消耗较高的能量。

理论上,低温液态储氢能达到最高的存储密度和能量转换效率,是最具前景的车载纯氢技术发展方向。在氢能源燃料电池汽车发展相对成熟的国家(如美国、日本和部分欧洲国家)已专门设置加氢站,为实现低温液态储氢工艺的车载运输提供氢能量供给。目前我国的低温液态储氢技术只在航天和少数电子行业中有所应用,其中中国航天科技集团101所在液氢的制备、储运和应用等方面的相关技术较为成熟。

低温液态储氢技术的主要难点在于需将氢气冷却至沸点(−252.76 ℃)以下,从而压缩为液态氢以便于存储、运输和车载使用。液态氢的存储采用绝热真空的低温容器,且需要额外考虑长时间使用过程中低温容器的热损耗,使得液态氢的生成、储存、运输和加注等环节中的能耗损失非常大。因此,液氢在汽车中大规模携带和使用的方案目前尚不可行。

3) 动力系统

燃料电池发电原理类似于原电池,但需要更复杂的系统。典型的燃料电池汽车发电系统的示意图和主要组成部分分别见图 5.13 和图 5.14。燃料电池堆为动力供给系统,是燃料电池汽车动力系统中最关键的部分。其内部可分为多个单体电池系统,通过层层堆叠的方式串联组合构成,再将双极板和膜电极组件交叠后嵌入密封件,通过螺杆紧固后拴牢,即构成燃料电池堆。研发低成本、高性能且可批量生产的燃料电池堆是燃料电池

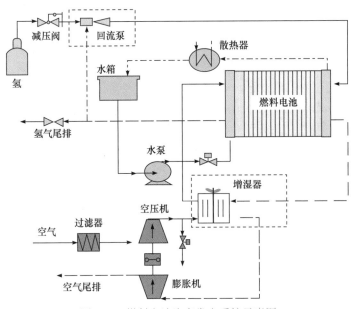

图 5.13　燃料电池汽车发电系统示意图

汽车研究领域中的重点内容之一。除燃料电池堆外，燃料电池汽车发电系统还包括空压机、增湿器、氢循环泵和高压氢瓶等部分。动力系统内部的高度复杂性也给燃料电池汽车运行的安全性和可靠性带来了极大的挑战。

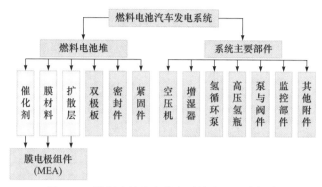

图 5.14　燃料电池汽车发电系统主要组成部分

4) 安全系统

氢气和其他气体燃料都具有一定的安全隐患，如易泄漏和易爆炸等。目前大部分燃料电池汽车采用高压下储存的气态氢作为燃料源，因此只有先解决车载供氢的安全性问题才能更有利于燃料电池汽车的推广使用。目前世界各国政府和企业都在不断采取各种措施以提高燃料电池汽车的安全性，按目前的发展水平来看，燃料电池汽车的安全性已经基本达到与传统内燃机汽车相媲美的程度。

2. 质子交换膜燃料电池汽车

PEMFC 可将电极中的氢燃料和氧气通过化学反应产生化学能，进而转化成电能对燃料电池汽车进行能量供给。PEMFC 具有较高的能量转换效率(60%～70%)、较好的耐低温性、快速运行的启动模式、良好的使用稳定性和环境友好性等优点，被业界公认为未来燃料电池汽车的最佳能量来源。目前，世界各国政府和各大汽车企业逐渐开始重视和发展 PEMFC 汽车，部分汽车企业已经完成 PEMFC 汽车的研发工作并尝试将其投入市场。从投入市场的 PEMFC 汽车的性能来看，其运行可靠性、环境适用性和续航里程等方面均已达到与传统内燃机汽车相媲美的水平。然而，燃料电池汽车商业化进程依旧受到限制，其主要原因在于：燃料电池寿命有限、燃料电池系统成本高昂和燃料电池汽车配套的基础设施(加氢站等)不发达等。与此相关的关键技术研究和未来发展方向主要集中在以下三个方面。

1) 延长燃料电池的寿命

电极材料、电堆结构、电池系统、动力系统和整车组装均直接影响燃料电池的使用寿命。延长燃料电池寿命的措施主要包括以下几方面：①电极材料：提高膜电极材料各组分性能，如采用高活性的催化剂和具有良好传导能力的质子交换膜；②电堆结构设计：尽可能减少结构中能量损耗，包括降低电堆结构内阻、改善电池组结构中的散热体系、增大燃料气体的扩散面积和提高能量转换效率；③电池系统：提高燃料组分和氧气循环利用率、增强系统在不同环境下(尤其是不同工况下，或在启动、停机时的能量需求突变情况时)的稳定性等；④动力系统：根据整车在行驶过程中可能遇到的问题，不断优化和完善动力系统，确保动力系统与性能指标相匹配。

2) 降低燃料电池系统的成本

燃料电池系统主要包括催化剂、质子交换膜、双极板、膜电极和电堆系统等组成部分。降低燃料电池的成本是其通向商业化的关键。以 PEMFC 为例，2012 年其催化剂的成本比例高达 47%，至 2016 年已降至 36%(图 5.15)。但是，催化剂成本仍居高不下，因此进一步降低催化剂成本对于燃料电池汽车的发展极其重要。作为燃料电池发展的核心技术，目前国内外 PEMFC 催化剂还在使用价格昂贵的金属铂或铂合金，这在很大程度上限制了燃料电池的发展。近年来，人们研制出系列核壳结构纳米催化剂、非贵金属催化剂、纳米单晶催化剂和金属有机骨架材料催化剂等，这些有望取代传统贵金属铂催化剂，从而大大降低燃料电池的催化剂成本。另外，降低质子交换膜、膜电极和双极板的生产成本也是降低燃料电池系统成本的重要方式。

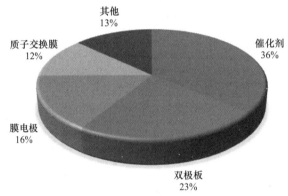

图 5.15　燃料电池系统零部件成本比例

除了对燃料电池原材料进行成本控制外，简化和集成燃料电池汽车系统的主要部件也可达到降低成本的目的。例如，将堆叠式结构改为一体化结构，实现空压机及动力控制系统或其他器件的简化，并尽可能去除不必要的零部件，减少膜结构中增湿器面积和温度、湿度、压力等一系列传感器的数量。在确保整车系统稳定性不变的前提下，这些措施在很大程度上降低了燃料电池系统的成本。

3) 大规模建设加氢基础设施

加氢站等基础设施是燃料电池产业发展的基石。目前燃料电池汽车的技术已趋于成熟，但与其相关配套的基础设施还不够完善。与国际上加氢站的规模相比，我国的加氢站数目较少且建设速度滞后。从 2016 年年初到 2018 年年底，全国投入使用的加氢站从 3 座增加至 19 座，与此同时，在建加氢站 23 座，规划建设加氢站 44 座，但也远不能满足燃料电池汽车的基础设施保障。为了进一步发展氢能源应用，我国对加氢站等大型加氢基础设施的重视程度逐步提高，规划建设加氢站的数量也日渐提升，但对于燃料电池产业广泛发展的未来目标而言，这些还远远不够。目前，我国各地陆续响应推动氢能源应用，出台了加氢站等氢能源基础设施规划布局，各地能源企业也积极参与加氢站建设。从 2019 年开始，预计 5 年内，国内将迎来燃料电池汽车产业的快速发展阶段，10 年内燃料电池汽车年销量有望突破百万，配套建设基础设施网络分布遍布全国，预计 2030 年前加氢站数量将指数增长至 4500 座以上。

3. 固体氧化物燃料电池汽车

SOFC 是一种在高温(500～1000 ℃)条件下工作，可以高效地将燃料和氧化剂转化为电能的全固态化学发电装置。与 PEMFC 相比，SOFC 可选燃料气体种类很多，醇类和烃类等均可作为燃料。该燃料电池无需使用昂贵的铂类催化剂，全固态的结构也避免了液体燃料渗透和腐蚀等问题，因此 SOFC 被认为是一种有希望得到推广应用的燃料电池。但是目前 SOFC 存在诸多缺点，如工作温度高、启动时间长、高温对材料性能要求高、电池部件成本较高、需要额外注意系统密封和热管理等问题。

目前 SOFC 在燃料电池汽车中的应用主要包括以下三个方面：

(1) 车用电器辅助电源，SOFC 可以作为辅助电源为汽车内部设备(如控温系统、电子显示屏、收音机等)提供动力源。由于是独立的供能系统，汽车无论是高速运行还是熄火状态，SOFC 燃料电池辅助电源均可正常使用，这样不但可有效减少蓄电池和发电机的负荷，还可降低汽车尾气对空气的污染。

(2) SOFC 和蓄电池结合可组成汽车的混合动力源系统。适当地降低 SOFC 的工作温度(500 ℃以下)可拓宽其使用范围，若再将其与其他蓄电池或超级电容器集成，则可组成为汽车供能的混合动力源。SOFC 汽车有望摆脱车载燃料电池系统对铂催化剂和纯氢的依赖，从而为新一代燃料电池汽车的未来开拓一条新道路。

(3) 单一车用电源，2016 年日产汽车推出世界首款 SOFC 量产汽车，车上主要动力来源为乙醇燃料电池组和 24 kW·h 电池组，其中 SOFC 输出功率达到 5 kW，车辆续航里程超过 600 km。

可以预见，随着 SOFC 生产成本和工作温度的持续降低，SOFC 在今后的新能源汽车领域中具有广阔的发展前景。

4. 甲醇重整燃料电池汽车

甲醇重整燃料电池发电机需先将甲醇气体重整至较低热值燃料气再燃烧供能，其工作原理与氢能源燃料电池汽车类似，区别在于储氢罐需换成甲醇重整器。甲醇和水的混合液在甲醇重整器内部混合后，利用重整器将其转化为富氢重整气，再将其输入膜电极电堆中参与发电，从而给整个汽车系统供能。1997 年以来，德国奔驰公司陆续推出了 Necar3、Necar5 系列甲醇重整车，力求用甲醇重整燃料取代液氢或纯氢燃料。甲醇燃料电池汽车采用甲醇重整气替代储氢罐，汽车的商业成本与甲醇混合液成本及供应源密切相关。目前纯氢燃料电池汽车的制氢成本约为 2 元·(kW·h)$^{-1}$，而甲醇混合液成本最低为 0.9 元·(kW·h)$^{-1}$。在燃料成本方面，甲醇重整燃料电池汽车占有较大优势。另外，甲醇加注站的建设成本更低，基于国内甲醇生产量和甲醇加注站远多于加氢站的现状，甲醇重整燃料电池汽车在未来具有更加广阔的发展前景。

5. 国内外发展现状和面临的挑战

目前投入使用的燃料电池汽车(fuel cell vehicle, FCV)整体结构(图 5.16)与传统内燃机汽车相似,但是其供能系统为燃料电池系统,并需要配置燃料存储(储氢)装置。当前国际氢能燃料电池汽车的发展已经过技术开发阶段,进入市场导入阶段,其未来发展目标应是不断提升燃料电池发动机能量转化率、提升续航里程和使用寿命、提高各种环境下的适用性并降低各组分的成本等。

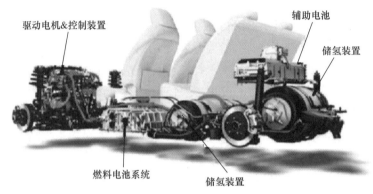

驱动电机&控制装置　　辅助电池　　储氢装置　　燃料电池系统　　储氢装置

图 5.16　氢燃料电池汽车整体结构

国外燃料电池汽车发展较快,日本丰田、日本本田和韩国现代等汽车制造商正在着手燃料电池汽车的量产化。其中,日本车用燃料电池企业(尤其是日本丰田和日本本田)走在此领域世界发展的前列,而另一些国际汽车制造商,如德国宝马、德国奔驰、德国奥迪、德国戴姆勒等,也针对量产燃料电池汽车纷纷推出了相应的举措。

日本丰田汽车公司早在 1992 年便开始燃料电池的研究,并于 1996 年首次发布燃料电池电动汽车(fuel cell electric vehicle, FCEV),通过不断改良,随后十年陆续推出各类燃料电池混合动力汽车(fuel cell hybrid vehicle, FCHV)车型,但受限于昂贵的制造成本和薄弱的基础设施,这些燃料电池汽车并未实现真正的量产和商业化。此外,日本丰田汽车公司在研发燃料电池汽车生产工艺的同时,申请并公开了大量燃料电池专利,涉及氢气的制备与存储、氢能源汽车的整合组装、市场化的设计和应用等诸多方面。日本丰田汽车公司不断摸索与开拓,于 2014 年首次在市场上大量推出氢燃料电池车“未来”(FCV Mirai),该车为全球第一款面向普通消费者的燃料电池汽车。得益于日本政府的补贴和大力支持,该车实际售价仅为 520 万日元(定价为 723.6 万日元),并在上市首月收到 1200 辆订单。这款燃料电池汽车在行驶过程中无需加油、充电和排放尾气,是一款真正节能、环保的新能源汽车。2020 年年底,新一代 Mirai 燃料电池汽车投入日本、北美及欧洲等地市场,与第一代 Mirai 相比,其不但增加了 30%续航里程(达到 651 km),而且外观内饰的设计也有所创新。此款 Mirai 燃料电池汽车在多元化的新能源车领域走在了世界的前列,从内部构造来分析这款 Mirai 燃料电池汽车(图 5.17):①采用固体聚合物电解质燃料电池供能,最大输出功率为 114 kW,内置升压变频器可以有效提高输出电压至 650 V 以满足电动机高速运转的需求,结合电池本身的功率密度(3.1 kW · L^{-1} 或 2.0 kW · kg^{-1}),甚至可以作为发电机给其他设备供电，这足以证明该项燃料电池供能技术处于世界领先水平；②为了提高燃料电池的工作效率，Mirai 后备厢中装配的镍氢储能电池可以有效回收车辆行驶过程中多余的能量供给，回收的电能可供汽车加速、车载供能或应急使用；③Mirai 燃料电池汽车共配备了两个高压储氢罐(最大承受 70 MPa)，外壳采用抗机械形变的碳纤维和凯夫拉材质，有效保证了追尾或意外发生时储氢罐的安全性；④Mirai 燃料电池汽车最大可储存 5 kg 氢气，加氢口设置安全牢固，可承受 87.5 MPa 的加注压力，因此加氢效率高、速度快，3～5 min 可注满氢气；⑤成本的降低是燃料电池汽车推广和量产最重要的举措。Mirai 燃料电池汽车动力装置由逆变器、升压转换器和 DC/DC 转化器组成，可以精确控制燃料电池反应堆的能量输出和供给，有效降低燃料电池体系的成本，与丰田汽车公司 2008 年推出的 FCHV 燃料电池相比，其成本降低 95%。此外，Mirai 燃料电池汽车与家庭轿车相比，整车性能相差无几(其最高输出功率为 114 kW，最高时速为 175 km · h^{-1})。但是，该款 Mirai 燃料电池汽车行驶过程中稳定度更高，车内更加安静，具有行驶质感和舒适度方面的优势。所以，这款 Mirai "未来之车"行驶过程中的体验感很高，具有加速平稳、加速踏板反应灵敏、转弯时车身稳定、无顿挫感等特点，是一款舒适耐用型氢燃料电池汽车。目前，得益于丰田汽车公司近 30 年的潜心研发和 7 年以上的燃料电池汽车市场推广，Mirai "未来之车"领先于全球量产化的燃料电池汽车领域。在不断对整车系统进行研发、升级和测试后，这一系列 Mirai "未来之车"多年间均保持运转良好的特性，证明丰田汽车公司的燃料电池汽车制备工艺逐渐成熟并取得了实质性的进展。除了上述首款量产氢燃料电池车 Mirai 外，丰田汽车公司还在 2016 年推出了 FCV Plus 概念车，该车内饰简单，外观设计超前，具有很强的科技感，并有望在日后实现量产。

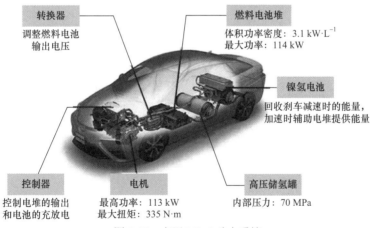

图 5.17 丰田 Mirai 动力系统

日本本田汽车公司从 20 世纪 80 年代后期也开始着手燃料电池汽车的研发工作，在氢燃料电池汽车的研发和产业化方面有超过 30 年的研究经验和成果积累。2015 年，本田汽车公司研发出首款氢燃料电池汽车，将其命名为 Clarity。该款汽车于 2016 年春正式投入市场，实测续航里程可达 750 km，并拥有良好的客户试驾体验。此外，Clarity 汽车在全球首次将燃料电池动力系统置于汽车前舱，而且对燃料电池电堆集成工艺进行结构改善。改善后的模块化和平台化生产模式使得 Clarity 与其他纯电动汽车、插电式混合动力汽车都属于同一个新能源汽车平台。韩国现代汽车公司从 1998 年开始涉足燃料电池汽车领域，并在 2013 年搭建起第一条生产线，成功生产出现代 ix 35 FCEV，该车采用输出功率为 100 kW 的燃料电池动力系统和两个内部压力为 70 MPa 的储氢罐(储氢量高达5.63 kg)，因此整车续航里程高达 594 km，电动机最大输出功率 134 kW。与普通燃油车相比，该车可以在 –20 ℃ 的环境下正常点火行驶，这表明燃料电池汽车在高寒地区具有较为广阔的应用前景。

与国际先进水平相比，我国燃料电池汽车的研发工作起步较晚。2001 年，我国在燃料电池应用领域才正式起步，首次实施"十五"国家 863 电动汽车重大专项，并于 2006年 2 月通过验收。此后，燃料电池的应用还获得"十一五"期间国家 863 等相关项目的支持，使得我国燃料电池汽车的研发得到了重视和迅速发展。如图 5.18 所示，虽然我国燃料电池汽车发展较慢，还局限于小规模区域示范使用阶段，但随着整车性能不断优化改进和加氢设备的建设使用，国内氢燃料电池汽车总量逐年增加，目前投入市场总量已超 1 万辆，累计运行里程突破 1 亿 km。

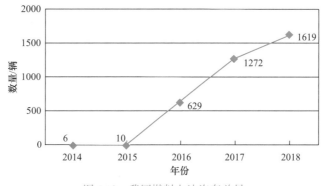

图 5.18　我国燃料电池汽车总量

我国在燃料电池汽车的发展进程上一直紧随国际领先水平，其中在动力性、续航里程等车辆基本性能指标方面与国际领先水平基本保持一致。目前，最高车速已超过 170 km·h^{-1}，10~15 s 即能完成百公里加速。但是我国自主开发的燃料电池汽车在电池关键技术(如催化剂、质子交换膜和膜电极等)、燃料电池动力系统功率转化、稳定性和耐用性等方面还达不到国际领先水平，需进一步优化改进。

(1) 关键材料的研发存在较大缺陷，导致大部分材料部件(如电催化剂、质子交换膜、碳纸等)都需要依赖进口。这些技术大多数被国外市场垄断，价格极高，国内市场受限太大。尽管目前国产的电池材料(如电催化剂、质子交换膜和碳纸等)取得了可喜的成就，但产品的质量稳定性较差，导致其距实际量产尚有一段距离。另外，国内通常大量使用贵金属催化剂，这无疑增加了燃料电池系统的成本。因此，采用其他催化剂取代贵金属铂催化剂是节约生产成本的一个新方向。

(2) 部件生产技术落后。目前，国内燃料电池发电机的输出功率仅达到 55 kW 左右，而国际上此指标远胜国内，普遍能达到 80～100 kW。此外，燃料电池的质量功率密度和体积功率密度等指标，国际水平明显优于国内。国产的燃料电池发电机功率相对较小，技术发展相对较慢，这主要是由于电池关键部件生产技术和设备相对落后。因此，国内相关研究人员应充分认识自身不足并刻苦钻研生产技术，力争早日研制出能满足商业化所需的高质量生产设备。

(3) 系统的耐久性与可靠性有待提高。耐久性与可靠性是评判燃料电池汽车能否商业化的关键指标，然而目前国内对电堆性能的研究基础相对薄弱，并且尚未获得与电堆匹配的辅助系统和控制策略，从而导致研发的燃料电池电堆耐久性和可靠性通常不佳，不能用于整车构建。

除了需要解决以上问题外，燃料电池汽车的健康发展还需要建设和完善与之配套的基础设施，为氢燃料电池汽车及时补充氢燃料。但是目前国内的加氢站数量远远不能满足日常所需，因此加氢站是亟待大面积推广和建设的一项基础设施。

5.3.2　燃料电池公共汽车

目前在发展的新能源公共汽车中，纯电动公共汽车存在充电时间过长、续航里程不足和车载电池能量密度较低等问题。而燃料电池公共汽车通常使用高压氢气或液态纯氢作为燃料，能量补充过程从数小时缩短至 15 min 左右，并且此类氢燃料电池组动力系统能量密度高，整车续航里程长(可达 1000 km)。通常公共汽车行驶路线固定，加氢站等基础设施可以定点建设，平均每日加氢一次即能满足一辆公共汽车的行驶要求。此外，氢燃料电池公共汽车的关键技术问题已经解决，目前世界各国投入使用的燃料电池公共汽车数量也在不断增加。从长远来看，燃料电池公共汽车是一种环保安全的新能源交通工具。

与燃料电池家用汽车相比，燃料电池公共汽车需要更大的输出功率，通常为 150 kW 左右，需要车载更大量的氢燃料(通常 20 kg 以上)。通常情况下，可以选择将氢气罐置于公共汽车顶部，因此燃料电池公共汽车车载空间更大。顶部空间充足的燃料电池公共汽车无需使用 700 bar 的高压储氢罐来减少空间，一般采用 350 bar 的高压储氢罐即可，该压力下的储氢罐的成本和价格更低。此外，由于氢气比空气的密度小，一旦发生爆炸，气流向上走，因此在公共汽车顶部位置安装储氢罐相对较安全。自 2008 年起，世界各大汽车厂商相继研发和推出氢燃料电池公共汽车，并在日本、英国、美国、韩国和中国等国家展示和使用。与传统的柴油公共汽车相比，燃料电池公共汽车最大的优点是零排放，这对于污染严重和人口密集的城市尤为重要。

5.3.3　燃料电池多功能车

除了家用汽车和公共汽车外，还有相当一部分多功能车(如物料搬运车、机场地勤牵引车、机场摆渡车、高尔夫球车、草坪维护车和叉车等)也开始采用燃料电池技术。通常情况下，这类多功能车使用的是铅酸电池。尽管铅酸电池成本低廉、技术成熟，但其存在充电时间长、维修困难等缺陷。在使用燃料电池供能后，多功能车运营成本降低、维修需求减少、运营时间增长。

在多种多功能车中，燃料电池技术在物料搬运设备(如叉车)中具有较为广阔的应用前景。燃料电池可以降低操作和维护叉车设备的成本，不需要定期长时间充电、加水和更换维修部件等日常维护，通常仅需短时间充燃料气体即可，大幅度提高了仓库操作的工作效率(30%～50%)。从环保的角度来看，氢燃料电池排放量为零，也是其一大优势。目前世界各国应用燃料电池技术的叉车已用于仓库、配送中心和制造工厂(图 5.19)。

图 5.19　各种燃料电池叉车

美国有 26 个州燃料电池叉车已经得到大规模的推广应用，氢燃料电池叉车数量从 2008 年的 500 辆左右迅速增至 2016 年的 1.1 万辆以上。这些燃料电池叉车的主要客户来源是消费品公司和超市，如沃尔玛百货有限公司仅在 2014 年就投资了 535 辆氢燃料电池叉车，并配置了 1738 套氢燃料电池。另一种物料搬运设备——燃料电池升降车，能够在平均 2～3 min 完成加气，并在一次填充气体燃料后连续工作 8 h 以上。与在工作过程中更可能产生功率损耗的蓄电池相比，燃料电池系统更高效、环保且性能更加稳定。因此，燃料电池多功能车发展前景巨大，氢燃料电池在各领域的广泛应用指日可待。

5.3.4　燃料电池摩托车和自行车

摩托车和自行车因成本低廉、占地空间小、使用方便等优点在我国等发展中国家占据了较大的市场份额。日本本田汽车公司已经在燃料电池摩托车领域申请了诸多专利，设计中将原有的油箱、引擎部分换为燃料电池及其控制器等，座椅下方安装氢燃料罐并配置相关系统。燃料电池摩托车具有续航里程长、轻便、安全无污染等优势。类似的配置系统也能运用到自行车中，从而设计出燃料电池自行车。虽然燃料电池摩托车和自行车有很多优点，但目前燃料电池成本较高，车载储氢量不够，加氢站等基础设施尚未普及，这些问题亟待企业和科研单位进一步研究和解决。

5.3.5　燃料电池列车

2017 年 10 月，我国中车唐山机车车辆有限公司首次将氢燃料电池成功应用于商用型有轨电车并投入市场使用。该有轨电车使用氢燃料电池技术，一次加氢时间只需 15 min，即可持续行驶 40 km，最高时速可达 70 km·h^{-1}。该列车曾在唐胥铁路上运营，具有能量密度高、噪声低、无污染等特点，但遗憾的是，2018 年年底该线路已停运。

法国铁路制造商阿尔斯通在 2018 年生产了第一辆氢燃料电池动力列车，并在德国下萨克森州投入商业运营(图 5.20)。该列车最高时速达 140 km·h^{-1}，最高行驶里程达 1000 km。

该列车加氢仅需 15 min 且功率转化率高，运行使用过程便捷无污染。沿途流动式加氢站为列车提供充足的燃料，可确保列车长时间不间断运行。这使得燃料电池动力列车成为最实用和最环保的交通运输方式之一。2021 年年底，该铁路将有超过 14 辆氢燃料动力列车运行。

图 5.20　氢燃料电池动力列车

5.3.6　燃料电池船舶

为了消除海洋污染和有效地减少碳排放，开发无污染的燃料电池船舶是非常有必要的。燃料电池船舶最大的优势在于不产生温室气体(如二氧化碳)，电池系统也无需专门维护且使用寿命长。此外，与传统电池供电相比，氢燃料电池系统能量密度更高、加氢时间更短，在氢燃料存储量充沛时续航里程较长。

2018 年 6 月，美国金门零排放海洋公司宣布开始打造世界上第一艘氢燃料电池客轮(Water-Go-Round)，以此为全球海上污染问题提供新的解决方法。该船由双 300 kW 电动机提供船舶运行动力，360 kW 的 Hydrogenics 质子交换膜燃料电池和锂离子电池组共同产生电力，采用挪威海克斯康公司(Hexagon Composites)的储氢罐并配有意大利萨莱里公司(OMB-Saleri)的阀门和硬件，可以提供足够整船运行两天的氢燃料。这艘船舶已于2020 年成功下水，该项目的成功向世界展示了氢燃料电池在商业海运中的优势和前景。

5.4　在军事领域的应用

随着高科技在军事领域的广泛应用，以数字化、信息化武器为主的现代高科技战争对高效、高能量密度和可快速填充燃料的军用能源的需求更为迫切。常用的军用电源一般为化学电池，可分为以下四类：一次性干电池、蓄电池、储备电池和燃料电池。一次性干电池是目前多种通信和武器系统的主要电源，包括普通锌锰电池、碱性锌锰电池、镁锰电池及一次性锂电池等，这些电池使用方便且价格低廉，但通常存在电池容量低且不能反复充电使用等问题。目前使用的蓄电池可反复充放电、结构简单、累计容量大，但仍然存在质量和体积普遍较大、机动性差、持续工作时间短、电池成本高和安全性能差等问题。热电池属于热激活型储备电池，一般适用于导弹、火箭的飞行控制设备。以上三类电池已广泛应用于军事装备中，随着军事技术的不断发展和设备的更新，为提升军事作战能力，电源装备需具备更高的标准：

(1) 军用电源系统要具备较弱的特征信号和较强的隐身能力,可有效地避开敌方的监视与侦察系统。

(2) 军用电源系统要具有较好的机动性，电源设备应具有较小的体积、较轻的质量,且便于携带。

(3) 军用电源系统要具有高安全可靠性、长工作寿命，以及便于操作和维护。

近年来，随着燃料电池技术的不断发展，燃料电池在一定程度上符合现代战争对通信电源设备的要求，已作为一种新型的电源装置广泛应用在军事领域。

5.4.1 军用燃料电池的特点

燃料电池作为一种新型军用电源，它的工作原理及结构决定了其具有许多不同于传统电源系统的特性，具体如下：

(1) 隐身性能好，具有较低的目标特征信号。

军用燃料电池唯一的排放物为水，工作时无机械运动部件，仅有气体和水的流动，运行噪声低，因而具有很低的声波、红外、电磁等目标特征信号，隐蔽性好。

(2) 操作简单，运行可靠性强，系统反应快。

军用燃料电池的发电装置是由单个电池堆层叠形成的"积木化"结构，内部构造简单，组装和维修过程便捷。运行过程中无转动部件，不存在机械磨损和机械故障，运行可靠性较强。燃料电池系统反应速率非常快，其启动功率由额定功率的10%升至90%时，响应时间一般小于1 s，可满足作战高速启动的需求。

(3) 效率高，寿命长，容量大。

燃料电池输出能量仅取决于所携带的燃料量，只要有足够的燃料供应，电池就能长时间不间断地工作。

5.4.2 燃料电池在军事装备中的应用

1. 单兵电源

单兵作战系统是构成数字化特种部队的重要基础，它是指单兵在战术环境中穿戴、使用和消耗，并包括单兵防护、单兵战斗武器和单兵通信器材等装备的总称。单兵装备是在严苛环境下可靠使用的战斗装备，可提高战场的感知、通信和杀伤能力。这些先进的装备包括通信联系设备、用于全球定位导航装置、夜视装置、计算机和智能搜索设备等，它们都需要轻便的高能电池。便携式燃料电池降低了单兵装备的质量，从而提高了其机动性和战斗力。

美国波尔宇航公司为美国陆军提供了功率为 50 W 的轻便电源 PEMFC PPS-50。该电池大小为 10.9 cm×19.6 cm×20.3 cm，质量不到 3 kg。PPS-50 电池体积小、质量轻，可在各种天气条件下使用，该系统主要作为军用电池、通信基站电源及无人监控设备的电源使用。

美国 Ultracell 公司为美国陆军研制了一种 25 W 甲醇重整燃料电池，其大小与一本书相当，质量仅为 1.14 kg。它以甲醇和水为燃料，配备 0.345 kg 的燃料筒时，电池可持续运行 9 h，若使用 16.8 kg 的燃料筒，则可持续 28 天不间断供电。它还配备了 LED 屏，可显示剩余燃料量及工作时间。在上述电池的基础上，该公司又研制出额定功率为 55 W 的甲醇重整燃料电池，其工作时无噪声，无污染物排放，可驱动无线电和卫星通信，成为军用便携式电源的理想选择。

与其他燃料电池相比，DMFC 大多使用液态甲醇为阳极燃料，成本低，储存安全，更适合作为便携式电源。由德国 Smart Fuel Cell AG(SFC)公司和美国杜邦公司共同研发的 M-25 DMFC 如图 5.21 所示，其输出电压为 25 V，配有 300 mL 甲醇燃料罐，能够提供 72 h 的连续供电，该电池仅重 1.3 kg，可集成到单兵系统中。德国 SFC 公司专门针对军事领域应用而设计研发的 JENNY600S 是一种新型便携式 DMFC，它具有 25 W 的输出功率，配备 5 个 250 mL 甲醇燃料筒，能够持续供电 72 h 以上，效率高，工作噪声小，士兵可随身携带。

图 5.21　M-25 DMFC

美国 Adaptive Materials Inc(AMI)公司设计出了 300 W 的便携式丙烷固态氧化物燃料电池，重 14.6 kg，抗冲击能力强，防沙尘，可靠性强，可在−20～50 ℃的环境下正常工作。固体氧化物燃料电池采用丙烷等多种碳氢化合物为燃料，丙烷的能量密度高，且易转变为液态，便于存储和运输，使用时无需特殊的气化装置，故便携式丙烷固体氧化物燃料电池受到越来越多的关注。

尽管便携式燃料电池在军事上得到越来越广泛的开发与应用，但其仍存在一些问题和挑战。一是氢气的制备和储运技术还不成熟，制氢储氢技术需提高；二是仍需提高燃料的适用性，可通过燃料重整器实现；三是燃料电池的成本仍然很高，需改进关键部件的制备工艺，同时寻找满足要求的廉价替代品以降低成本。

2. 地面军用动力驱动电源

若军用汽车安装了大量锂离子电池，当敌人使用电磁武器攻击时，强大的能量束使锂离子电池更易爆炸。另外，柴油动力驱动的军车在物资运输方面的负担和费用很大。因此，美国军方研制出以柴油动力和燃料电池动力并联运行的混合动力军车。车辆行驶时，发动机的部分功率用于将水电解为氧气和氢气，生成的氢气被储存，当发动机关闭后，氢气和空气中的氧气发生反应生成水，从而输出电能。生成的水被存储起来以供再次分解使用。这种混合动力系统减少了污染，降低了排放，且具有较高的燃烧效率，发电系统噪声低，热量排放低，极大地提高了军用车辆在战争中的隐蔽性。

美国通用汽车公司为运输车提供混合动力中的 5 kW 质子交换膜燃料电池辅助系统，该装甲车在作战时具有较强的可移动性和良好的隐蔽性。在静候状态时，车上大量的通信设备运行所需的能量由质子交换膜燃料电池发电系统提供，该车辆运行噪声较低，且在低温环境中可正常运行。该公司也与美国陆军装备司令部坦克机动车辆研发与工程中心联合研发了雪佛兰科罗拉多 ZH2 燃料电池汽车，这辆车运行时几乎没有噪声，车辆的声学特征和热学特征被极大地削弱，并且行驶过程中燃料消耗低，越野性能优异。

3. 潜艇动力源

常规动力潜艇为柴-电潜艇，具有水面航行、通气管航行和水下巡航三种状态。水面航行、通气管航行状态的动力来源于柴油机或发电机，而水下巡航需隐蔽进行，其动力则由艇上的蓄电池组提供。受限于艇载蓄电池组的数量和容量，潜艇在水下巡航一段时间后必须浮出水面，通过柴油机为蓄电池充电，大大增加了常规潜艇的暴露率。为了减少常规潜艇的暴露率，增加其隐蔽性，潜艇设计者一直在探索和研发 PEMFC 作为电源，不依赖空气的推进装置(air independent propulsion，AIP)，以延长潜艇水下续航力，提高潜艇的隐蔽性。

潜艇 AIP 系统是潜艇在水下运行时，利用自带的氧化剂和燃料，通过发动机或电化学反应发电提供电力推进。第二次世界大战期间，德国及苏联已开始 AIP 动力系统的研究。20 世纪后半叶以来，热气机、燃料电池、闭式循环柴油机和闭式循环汽轮机等 AIP 系统相继进入实用性阶段，其中燃料电池/AIP(FC/AIP)系统发展最具潜力，该系统具有非常多的技术优势。

1) 能量转换效率高

燃料电池直接将化学能转化为电能，能量转换不受卡诺循环限制，实际转换效率达到 60%～70%，远高于其他内燃机的效率(热气机发电机组效率为 32%左右，闭式循环柴油发电机组效率为 33%左右，闭式循环汽轮发电机组效率为 25%左右)。

2) 生成物清洁，无尾流特征

燃料电池 AIP 系统的反应产物只有水，不需要考虑废气排放，方便储存，排放简单，不受潜艇工作深度的限制，无尾流特征。

3) 振动小，噪声低，热辐射小

燃料电池系统本身不存在任何转动部件，不产生振动和噪声，质子交换膜燃料电池的红外辐射低，故其隐蔽性好。

4) 模块化设计，方便管理使用

燃料电池 AIP 系统中的燃料电池可以进行模块化设计，体积小，安装维护方便，系统可靠性高。

燃料电池作为潜艇的水下动力源具有较大的优势，因此备受各国海军的青睐。目前，德国、俄罗斯等国家已成功地将燃料电池应用于潜艇 AIP 系统，其中德国的潜艇技术居于世界领先地位，其研发的 212A 型和 214 型潜艇代表 FC/AIP 系统的最高水平。

212 型潜艇是德国 21 世纪初海上作战的主力，它是世界上首个装备燃料电池的 AIP 潜艇。2005 年装有燃料电池 AIP 的 212A 级潜艇正式交付德国海军服役，这是第一艘正式服役的燃料电池 AIP 潜艇。212A 型潜艇装备了 9 个 34 kW 的燃料电池模块，氢源采用金属储氢方案，总输出功率可达 306 kW，水下连续潜航时间可达 2～3 周。单纯依靠燃料电池 AIP 系统航行时，212A 型潜艇以 8 节航速潜航，可在水下连续潜航 7 天。当潜艇以 4.5 节航速潜航时，燃料电池 AIP 系统的续航力可达 2315 km，潜航时间长达 278 h，堪称常规 AIP 潜艇的代表作。德国针对常规潜艇出口市场，在 212A 型潜艇的基础上研制了 214 型燃料电池动力系统的潜艇，如图 5.22 所示。该潜艇装备了 2 组 120 kW 质子交换膜燃料电池单元，氢源也采用了金属储氢方案，总输出功率可达 240 kW，其水下潜航时间达到 21 天。在 214 型潜艇之后，德国开始设计大吨位潜艇，以满足世界更多国家海军的需求，提出了 216 型潜艇的设计理念，采用锂离子电池和甲醇重整制氢燃料电池 AIP 系统混合推进，其系统输出功率达 500 kW，水下潜航时间延长至 80 天以上。

图 5.22　214 型 AIP 潜艇

近年来，许多国家开始自主设计、研制燃料电池 AIP 型潜艇。俄罗斯推出碱性燃料电池 AIP 动力系统潜艇，即"阿穆尔"级潜艇，该系统功率为 300 kW，续航里程可达 1680 n mile(海里，1 n mile=1.852 km)。2015 年以后日本开始自主设计研发次世代潜艇，该潜艇装备日本自行研制的燃料电池。此外，西班牙、意大利、加拿大等国也均有相应研究计划。燃料电池 AIP 系统将大幅度提高潜艇在水下的工作效率和续航能力，并且降低潜艇的辐射信号，大大增强其作战隐蔽性，能较好地满足未来常规潜艇超静音、大潜深、长续航力的需求。

4. 无人飞行器动力源

燃料电池无人机具有绿色环保、低工作温度、低噪声、维护方便等特点，非常适合用于环境监测、战场侦察等领域。美国国家航空航天局设计并制造出燃料电池驱动的无人驾驶飞机"太阳神"(Helios)，该无人机同时配备了太阳能电池作为辅助动力系统，如图 5.23 所示。这架飞机在 2001 年飞行至 32160 m 高空，创造了世界飞行高度的纪录。2003 年，美国 Aero Vironmen 公司设计出微型飞行器"大黄蜂"(Hornet)，如图 5.24 所示，该飞行器由机翼上表面 18 节串联的燃料电池作为动力源，电池内储存低压氢，并与外界空气中的氧气反应产生电能。

图 5.23　无人驾驶飞机"太阳神"

图 5.24　微型飞行器"大黄蜂"

5. 通信指挥系统电源及军事备用电源

以电子信息系统为主的通信指挥系统直接关系到野战部队的作战与生存能力。研究隐蔽性强、机动性好、安全性高、易于操作和维护、工作寿命长和续航长的动力源是军队的迫切需求。质子交换膜燃料电池具有目标特征信号低、易于操作和维护、容量大、效率高、使用寿命长等特点，符合军用通信电源的特殊需求。质子交换膜燃料电池在通信中的应用可提高车载通信电源的综合供电能力，减弱特征信号辐射，增加其安全性和可靠性。

军事基地建设若使用电力网供电，其安全性将受到威胁。而且，军事基地位置一般比较偏僻，常规电力网难以覆盖，而燃料电池供电系统布置较为灵活，可满足其供电需求。直接甲醇燃料电池的使用寿命长，易于操作和维护，能保证连续工作，防止网络服务中断的现象发生，在现代军事控制系统中具有重大的应用前景。

5.4.3　未来军事装备与燃料电池

现代战争对军用电池的可靠性、环境适应性及经济性要求日益增高。燃料电池技术的不断成熟与进步，使得其在军事领域具有广阔的应用前景。

(1) 研发微型、轻型、长续航的单兵便携式电源，减轻士兵的负重，提高其战斗力。

(2) 用作军用车辆的动力驱动源，降低噪声水平，减少热能排放，提高战场生存能力。

(3) 用作潜艇和舰艇的舰载电源，降低潜艇信号特征，增加潜艇储存能量，使潜航时间更长，航速更快。

(4) 为小型无人飞行器提供动力驱动源，增强其侦察和反侦察能力。

5.5　在航空航天领域的应用

目前，燃料电池也广泛应用于航空航天领域，如人们设计出系列以燃料电池为动力的平流层飞艇、无人机等设备。

2009 年 7 月，世界第一架有人驾驶的燃料电池动力飞机在德国首飞成功，如图 5.25 所示。这架"安塔里斯"(Antares)DLR-H2 型机动滑翔机可连续飞行 5 h，航程达 750 km。该飞机使用的燃料电池动力系统通过氢气和空气中的氧气发生化学反应产生电能，反应产物只有水，没有温室气体产生，燃料电池生产氢燃料的过程也能够使用可再生能源，使得这种飞机实现真正的零排放。

2009 年 8 月，世界第一架商用的氢燃料电池驱动的无人驾驶飞行器"Boomerang"在华盛顿展出。该无人机采用 Horizon Fuel Cell Technologies 公司开发的 AEROPAK 高性能氢动力系统，飞行时间长达 9 个多小时。AEROPAK 是一款世界上最轻的新一代燃料电池电源系统，它的能量密度远远高于传统电池，使用时间是锂电池的 4 倍。AEROPAK 质量轻、体积小，能最大限度地降低声特征，并且添加燃料容易，再次投入工作的时间短，携带能量多，工作成本低。

2009 年 11 月，上海交通大学和中国科学院大连化学物理研究所合作设计研发的燃料电池飞艇"致远一号"成功首飞，如图 5.26 所示。这是我国首次采用质子交换膜燃料电池作为飞艇主动力，这项能源技术具有能量密度高、启动速度快、环境友好等特点，在空间飞行器方面具有广阔的应用前景。

图 5.25　"安塔里斯" DLR-H2 型机动滑翔机

图 5.26　"致远一号"飞艇

2012 年 12 月，同济大学和上海奥科赛飞机有限公司合作设计制造的"飞跃一号"无人机在上海成功首飞。这是我国第一架纯燃料电池无人机，它可升至 2 km 以内的高空，续航时间 2 h，具有绿色环保、工作温度低、噪声小、易于维护等优点。

2017 年年初，中国科学院大连化学物理研究所设计制造的燃料电池试验机在东北成功首飞，成为我国首架有人驾驶且以燃料电池系统为动力电源的试验机，如图 5.27 所示[1]。这是我国燃料电池技术在航空领域应用的重大进展，也使我国成为除美国和德国外第三个掌握该项技术的国家。

尽管燃料电池具有清洁、高效、低噪声等优势，但也存在寿命短、成本高、安全性要求高等缺点。由于燃料电池采用氢燃料，其安全性是一个重要的问题，而且燃料电池的功率密度和能量密度还有待提升。但不可否认的是，燃料电池仍是一类充满前景的动

---

① 国内第一架有人驾驶燃料电池飞机成功首飞. 中国机电工业, 2017, (2): 15.

力装置，随着技术的不断改进与完善，燃料电池在航空航天领域将得到更为广泛的应用。

图 5.27 以燃料电池系统为动力电源的有人驾驶燃料电池试验机

5.6 燃料电池的回收

随着科学技术的高速发展，燃料电池在固定电源、交通运输、军事和航空航天领域得到广泛应用，需求量日益增加。然而，燃料电池的寿命是有限的，其大规模的应用势必产生大量达到使用年限的报废电池。如何对这些废旧燃料电池进行妥善处理及如何实现可持续发展受到了全世界的关注。PEMFC 被认为是未来电动汽车和混合动力汽车、发电站等需电组件的首选电源之一。PEMFC 中膜电极组件的关键材料主要是 Pt 类催化剂和全氟磺酸离子交换膜。Pt/C 是 PEMFC 首选的高效催化剂，该催化剂在长时间工作后因"中毒"等原因而逐渐失效。由于贵金属 Pt 年产量较低，价格昂贵，为降低生产成本和节约资源，Pt/C 催化剂在失效后需回收并被再次利用。另外，全氟磺酸离子交换膜价格昂贵且使用寿命短，并且膜中有含氟有害成分，使用传统焚烧或掩埋的方法处理废膜会造成严重的资源浪费和环境污染，因此回收利用离子交换膜具有十分重要的实际意义。

5.6.1 Pt 的回收

1. 灼烧法

首先使用有机溶剂分离 Pt/C 催化剂与质子交换膜，然后通过高温氧化将 Pt/C 催化剂中的碳全部氧化去除后得到 Pt 渣，再将 Pt 渣溶解于热王水中，得到 H_2PtCl_6 溶液，最后采用沉淀和煅烧等方法得到 Pt。该方法的不足之处在于催化剂层中残留的全氟磺酸离子交换膜在燃烧过程中会产生 HF 等有害气体，因此需要配备昂贵的 HF 吸收装置。

2. 浸渍分离法

将气体扩散电极-膜电极浸泡在醇(甲醇、乙醇、异丙醇和丁醇)水溶液中，醇水溶液使质子交换膜发生溶胀、变形，再经过一段时间的超声或搅拌，破坏质子交换膜与 Pt/C 催化剂层之间的作用力，使催化剂层脱落，从而完整地分离质子交换膜与 Pt/C 催化剂层，得到催化剂颗粒。该方法虽然操作简单，减少了对环境的污染，但只是得到 Pt/C 颗粒，还需进一步处理才可得到 Pt，并且处理后的质子交换膜中通常有残余的 Pt 颗粒，无法再进行回收。

3. 氧化法

用不同比例的氧化剂与酸混合或电解等方法处理膜电极组件，Pt 被氧化进入酸溶液或电解液中，再将溶有 Pt 的溶液过滤浓缩，最后通过沉淀-煅烧、沉积等方法回收 Pt。该方法可在不拆卸电堆的情况下回收膜电极组件中的 Pt，但是该方法可能会溶解电堆内的其他金属组件，增加分离难度。

4. 冷冻研磨法

利用液氮处理膜电极组件，使全氟磺酸离子交换膜脆化，再将其研磨成粉，用酸溶解后得到含 Pt 溶液。该方法可得到渗入膜中的 Pt，回收率较高，但是液氮的使用成本较高，不适合大规模回收。

5. 超临界流体法

水在温度高于 374 ℃、压力大于 22 MPa 时即为超临界水，此时可溶解有机物。将膜电极组件放入去离子水中，在压力大于 22 MPa、温度高于 374 ℃的反应釜中反应后，可得到带沉淀的溶液，沉淀物中只含有 Pt 和碳渣。该方法在处理膜电极组件时不需要使用有机物和氧化物等物质，也不会产生 HF 等有害气体，还可将膜与 Pt 完全分离。但该方法对操作条件要求较高，并且后续还需进一步分离 Pt 与碳渣。

5.6.2 全氟磺酸离子交换膜的回收

1. 醇溶液分离法

将膜电极组件浸泡在醇溶液中使膜溶胀并减小与电极之间的作用力，从而实现膜与电极的分离。可使用甲醇处理膜电极组件分离膜与电极，再用去离子水冲洗以除去甲醇，最后用过氧化氢溶液清洗离子交换膜。另外，也可采用浸泡、喷雾、喷射或蒸汽等方法，用一定比例的醇水溶液处理膜电极组件，最终得到分离后的离子交换膜。该方法可得到完整的膜，但是对于长期使用的质子交换膜，膜内的 Pt 可能无法完全除去或回收。

2. 氧化催化法

使用氧化剂，如无机酸(HCl、HCl 和 HNO$_3$ 的混合溶液)，处理膜电极组件，金属元素可溶于酸中，从质子交换膜上脱离，分离后得到的膜用浓酸浸泡一段时间后，洗净即可再利用。

3. 常压溶解法

利用有机溶剂(如二甲亚砜)在常压下通过加热回流溶解质子交换膜，氢化后可得到 H$^+$全氟磺酸树脂溶液。由于溶解过程中部分磺酸基团被破坏，通过该方法重铸的膜性能有一定程度的下降。

4. 高压溶解法

利用超临界流体法将膜电极组件放入醇水溶液中,在高压反应釜中高温加热反应后,得到可直接用于重铸质子交换膜的全氟磺酸树脂溶液,但是该方法的反应条件较为严苛。PEMFC 膜电极组件中关键材料的回收主要是将催化剂层与质子交换膜分离,并有效回收两者内含有的 Pt,得到可再生的全氟磺酸离子交换膜或可直接用于重铸质子交换膜的全氟磺酸树脂溶液。浸渍分离法和超临界流体法等物理方法可将催化剂层与膜分离,但是膜中的 Pt 并不能完全被回收,而灼烧法和氧化法等化学方法中产生的有害气体及强氧化剂的使用会造成环境污染。因此,高效回收 PEMFC 中的关键材料,应将物理和化学方法结合使用,并且不断探索简单、高效且环境友好的回收方法。

思　考　题

1. 燃料电池的应用领域有哪些?
2. 当前已经应用于商业化发电站的燃料电池技术有哪些?
3. 燃料电池冷热电联供系统主要由哪几部分组成?
4. 燃料电池冷热电联供系统的研究主要包括哪些方面?
5. 燃料电池汽车主要由哪几部分组成?
6. 燃料电池汽车能实现“少排放、零排放”吗?
7. 燃料电池汽车与其他新能源汽车的区别是什么?
8. 与传统电源系统相比,燃料电池作为一种新型军用电源有哪些优点?
9. 燃料电池中 Pt 的回收方法有哪些?

参考文献

曹化强，江义，卢自桂，等. 1999. 中温固体氧化物燃料电池的阳极基膜及其制备. 中国专利，CN1226090A.

陈恒志，郭正奎. 2012. 天然气制氢反应器的研究进展. 化工进展，31(1): 10-18.

陈启宏，全书海. 2014. 燃料电池混合电源检测与控制. 北京：科学出版社.

陈曦，肖翀，荣军，等. 2017. 基于燃料电池的建筑冷热电联供系统研究现状和趋势. 湖南理工学院学报(自然科学版)，30(2): 81-85.

陈曦. 2017. 基于燃料电池的微型冷热电联供系统集成分析和多目标优化研究. 长沙：湖南大学.

陈向国. 2013. 氢能源大规模推广应用或将成为现实. 节能与环保，5: 52-53.

池滨，侯三英，刘广智，等. 2018. 高性能高功率密度质子交换膜燃料电池膜电极. 化学进展，30(2/3): 243-251.

代安娜. 2016. 固体氧化物燃料电池 Ni/YSZ 阳极材料的制备与性能研究. 广州：华南理工大学.

邓会宁，王宇新. 2005. 燃料电池过程的效率. 电源技术，29(1): 15-18.

丁福臣，易玉峰. 2016. 制氢储氢技术. 北京：化学工业出版社.

丁刚强，彭元亭. 2007. 质子交换膜燃料电池在军事上的应用. 船电技术，27(3): 189-192.

杜彬. 2011. 甲醇制氢研究进展. 辽宁化工，40(12): 1252-1254.

方百增，刘新宇，王新东，等. 1997. 熔融碳酸盐燃料电池阳极材料表面改性. 电化学，3(2): 143-147.

方晓旻，宋义超. 2015. 国外常规潜艇 AIP 系统技术现状及发展趋势. 船电技术，35(1): 40-44.

弗朗诺 · 巴尔伯. 2016. PEM 燃料电池：理论与实践. 2 版. 李东红，连晓峰，等译. 北京：机械工业出版社.

傅建龙. 2018. 新型氢能储备技术研究进展现状. 技术应用与研究，(10): 121-124.

高金良，袁泽明，尚宏伟，等. 2016. 氢储存技术及其储能应用研究进展. 金属功能材料，23(1): 1-11.

高文日. 2019. 氢燃料电池在轻型乘用车上的应用. 时代汽车，13: 69-70.

高祥. 2015. 平板式固体氧化物燃料电池连接体的设计与优化. 镇江：江苏科技大学.

高远. 2011. 天空中的环保新宠：燃料电池飞机. 交通与运输，27(6): 45.

龚金明，刘道平，谢应明. 2010. 储氢材料的研究概况与发展方向. 天然气化工，35(5): 71-78.

顾继先. 2013. 燃料电池发电的电站应用. 电网与清洁能源，29(4): 96-99.

郭烈锦，陈敬炜. 2013. 太阳能聚焦供热的生物质超临界水热化学气化制氢研究进展. 电力系统自动化，37(1): 38-46.

郭子杨，石勇，郭昊天，等. 2019. 浅谈储氢合金. 山西科技，34(1): 129-132.

韩敏芳，彭苏萍. 2004. 固体氧化物燃料电池材料及制备. 北京：科学出版社.

韩树民. 2019. 新型稀土储氢合金研究进展//稀土元素镧铈钇应用研究研讨会暨广东省稀土产业技术联盟成立大会摘要集. 广州：稀土元素镧铈钇应用研究研讨会暨广东省稀土产业技术联盟成立大会.

郝小红，郭烈锦. 2002. 超临界水中湿生物质催化气化制氢研究评述. 化工学报，53(3): 221-228.

郝小礼，张国强. 2005. 建筑冷热电联产系统综述. 煤气与热力，25(5): 70-76.

贺雷，黄延强，张涛. 2013. Ni-Ir 双金属催化剂及其在肼分解制氢反应中的应用//第十四届全国青年催化学术会议会议论文集. 长春：第十四届全国青年催化学术会议.

侯建业. 2019. TiFe 基储氢材料的制备、微观结构和储氢性能研究. 包头：内蒙古科技大学.

侯利杰. 2018. 燃料电池非贵金属氧还原电催化剂的制备及其性能研究. 北京：北京化工大学.

侯明, 衣宝廉. 2016. 燃料电池的关键技术. 科技导报, 34(6): 52-61.

胡鸿宾, 倪庆尧. 2004. 钢制无缝压力容器的制造与应用. 压力容器, 21(3): 41-44.

胡家顺, 孙丰瑞, 陈林根. 2000. $T > T_0$ 燃料电池的最小熵产率优化. 电站系统工程, 16(4): 208-210.

胡奎. 2017. 非贵金属氧还原催化剂的设计制备及其电化学性能的研究. 长沙: 湖南大学.

黄波, 朱新坚, 余晴春, 等. 2011. 千瓦级熔融碳酸盐燃料电池堆. 中国科学: 化学, 41(12): 1884-1888.

黄成德, 韩佐青, 李晓婷, 等. 2000. 聚合物膜燃料电池用电催化剂研究进展. 化学通报, 63(12): 1-5.

黄维军. 2013. Li-M-B-H(F)(M=Sr, Y 或 Ce)复合体系的储氢性能研究. 马鞍山: 安徽工业大学.

黄贤良, 赵海雷, 吴卫江, 等. 2005. 固体氧化物燃料电池阳极材料的研究进展. 硅酸盐学报, 33(11): 1407-1413.

黄显吞. 2011. Re-Mg-Ni 系合金储氢及电化学性能研究. 南宁: 广西大学.

黄镇江, 刘凤君. 2005. 燃料电池及其应用. 北京: 电子工业出版社.

吉桂明. 2016. 第一艘液氢运输船. 热能动力工程, 31(5): 98.

贾超, 原鲜霞, 马紫峰. 2009. 金属有机骨架化合物(MOFs)作为储氢材料的研究进展. 化学进展, 21(9): 1954-1962.

蒋东方, 武珍, 毕金生, 等. 2011. 氢能系统的综合效益分析. 电网与清洁能源, 27(8): 69-73.

蒋庆梅, 王琴, 谢萍, 等. 2019. 国内外氢气长输管道发展现状及分析. 油气田地面工程, 38(12): 6-8, 64.

蒋文春, 张玉财, 巩建鸣, 等. 2012. 固体氧化物燃料电池钎焊自适应密封研究进展. 机械工程学报, 48(2): 93-101.

黎伟. 2015. 镁基储氢材料的改性及其性能研究. 重庆: 重庆大学.

李创. 2019. 镍基纳米材料的制备及其在碱性电解质中氢气电催化氧化的研究. 淄博: 山东理工大学.

李建玲, 毛宗强. 2001. 直接甲醇燃料电池研究现状及主要问题. 电池, 31: 36-39.

李龙, 敬登伟. 2010. 金属氢化物储氢研究进展: 储氢系统设计、能效分析及其热质传递强化技术. 现代化工, 30(10): 31-35.

李璐伶, 樊栓狮, 陈秋雄, 等. 2018. 储氢技术研究现状及展望. 储能科学与技术, 7(4): 586-594.

李瑛, 王林山. 2002. 燃料电池. 北京: 冶金工业出版社.

李勇, 邵刚勤, 段兴龙, 等. 2006. 固体氧化物燃料电池电解质材料的研究进展. 硅酸盐通报, 25(1): 42-45.

李玉荣. 2017. 德国海军潜艇发展思路分析. 现代军事, 9: 56-62.

林化新, 周利, 衣宝廉, 等. 2003. 千瓦级熔融碳酸盐燃料电池组启动与性能. 电池, 33(3): 142-145.

林克英, 马保军, 苏暐光, 等. 2013. 光催化制氢和制氧体系中的助催化剂研究进展. 科技导报, 31(28-29): 103-106.

林丽利, 周武, 葛玉振, 等. 2018. 氢气的低温制备和存储. 前沿科学, 12(1): 41-44.

林仁波. 2008. 新型金属氨基络合物基储氢材料的性能研究. 杭州: 浙江大学.

林维明. 1996. 燃料电池系统. 北京: 化学工业出版社.

刘常福, 石伟玉, 臧振明, 等. 2013. 燃料电池备用电源在通信基站的应用. 电池工业, 18(Z2): 110-114.

刘驰, 沈卫东, 阮喻, 等. 2004. 质子交换膜燃料电池作为军事通信电源的应用前景分析. 能源技术, 25(3): 105-107.

刘海利. 2019. 燃料电池汽车用氢的制取及储存技术的现状与发展趋势. 石油库与加油站, 28(5): 24-27, 4.

刘建国, 衣宝廉, 魏昭彬. 2001. 直接甲醇燃料电池的原理、进展和主要技术问题. 电源技术, 25(5): 85-88.

刘凯. 2008. 基于车载氢源系统的环己烷脱氢技术研究. 杭州: 浙江大学.

刘坤, 张铨荣, 肖金生. 2008. 燃料电池在军事上的应用研究. 武汉理工大学学报(信息与管理工程版), 30(5): 749-752.

刘少名, 邓占锋, 徐桂芝, 等. 2020. 欧洲固体氧化物燃料电池(SOFC)产业化现状. 工程科学学报, 42(3):

278-288.

刘绍军, 马建新, 周伟, 等. 2006. 小型加氢站网络的成本分析. 天然气化工, 31(5): 44-48.

刘叶志. 2018. 绿色可持续发展的能源战略选择. 能源与环境, (4): 25-26.

刘自亮, 熊思江, 郑津洋, 等. 2020. 氢气管道与天然气管道的对比分析. 压力容器, 37(2): 56-63.

龙会国. 2006. 燃料电池发电技术. 湖南电力, 26(4): 58-62.

陆天虹, 孙公权. 1998. 我国燃料电池发展概况. 电源技术, 22(4): 182-184.

罗克研. 2019. 从 1 G 到 5 G 中国通信在变革中腾飞. 中国质量万里行, 10: 18-21.

罗连伟, 朱艳. 2018. 储氢材料的研究分析. 当代化工, 47(1): 124-127, 131.

吕翠, 王金阵, 朱伟平, 等. 2019. 氢液化技术研究进展及能耗分析. 低温与超导, 47(7): 11-18.

马冬梅, 蔡艳华, 彭汝芳, 等. 2008. 富勒烯储氢技术研究进展. 现代化工, 28(12): 33-37.

马欢, 谢建. 2004. 燃料电池及其应用前景. 可再生能源, 115: 67-69.

马通祥, 高雷章, 胡蒙均, 等. 2018. 固体储氢材料研究进展. 功能材料, 49(4): 4001-4006.

马永林, 韩玉龙. 1998. 磷酸燃料电池及其应用. 辽宁化工, 4: 212-214.

马永林. 1996. 制备磷酸燃料电池气体扩散电极的新方法. 甘肃科学学报, 1: 76-78.

毛宗强, 毛志明. 2015. 氢气生产及热化学利用. 北京: 化学工业出版社.

毛宗强. 2005. 燃料电池. 北京: 化学工业出版社.

毛宗强. 2006. 氢能: 21 世纪的绿色能源. 北京: 化学工业出版社.

毛宗强. 2007. 氢能知识系列讲座(4): 将氢气输送给用户. 太阳能, 4: 18-20.

孟令民. 2019. 液体有机储氢系统温度控制研究. 北京: 华北电力大学.

明海, 邱景义, 祝夏雨, 等. 2017. 军用便携式燃料电池技术发展. 电池, 47(6): 362-365.

南综. 2009. 我国以燃料电池为动力的飞艇试飞成功. 军民两用技术与产品, 12: 7.

倪萌, 梁国熙. 2004. 碱性燃料电池研究进展. 电池, 34(5): 364-365.

倪平, 储伟, 王立楠, 等. 2006. 氨催化分解制备无 CO_x 的氢气催化剂研究进展. 化工进展, 25(7): 739-743.

潘基松. 2016. 未来常规潜艇对新型动力系统的需求. 船电技术, 36(10): 55-57.

潘守芹, 等. 1992. 新型玻璃. 上海: 同济大学出版社.

庞晓华. 2005. 燃料电池未来市场巨大 各大化学公司纷纷抢占商机. 中国石油和化工, (1): 75-76.

朴金花, 孙克宁, 廖世军. 2009. 钙钛矿型 SOFC 阴极材料的研究进展. 电源技术, 33(8): 725-729.

秦天像, 杨天虎, 甘生萍. 2016. 储氢材料现状和发展前景的研究. 甘肃科技, 32(21): 56-57.

邱志川. 1993. 燃料电池及其开发应用简介. 上海电力, 3: 50-53.

单彤文, 宋鹏飞, 李又武, 等. 2020. 制氢、储运和加注全产业链氢气成本分析. 天然气化工, 45(1): 85-90, 96.

邵志刚, 衣宝廉. 2019. 氢能与燃料电池发展现状及展望. 中国科学院院刊, 34(4): 469-477.

沈维楞. 2002. 采用二氧化碳冷凝真空多层绝热低温液体输送管的设计制造. 深冷技术, 3: 10-24.

沈钟, 王果庭. 1997. 胶体与表面化学. 2 版. 北京: 化学工业出版社.

史云伟, 刘瑾. 2019. 天然气制氢工艺技术研究进展. 化工时刊, 23(3): 59-61.

斯温 M V. 1998. 陶瓷的结构与性能. 郭景坤, 等译. 北京: 科学出版社.

苏靖棋. 2019. 使用氢燃料电池的动车组 Coradia iLint. 现代城市轨道交通, 4: 84-86.

隋升, 顾军, 李光强, 等. 2000. 磷酸燃料电池(PAFC)进展. 电源技术, 24(1): 49-52.

隋升, 朱新坚, 范征宇, 等. 2002. 1 kW 熔融碳酸盐燃料电池组研制. 电化学, 8(4): 463-466.

泰松齐, 植田雅已. 1997. 抗氧化金属材料. 中国专利, CN1149892A.

陶占良, 彭博, 梁静, 等. 2009. 高密度储氢材料研究进展. 中国材料进展, 28(Z1): 26-40, 66.

汪杰. 2011. 大面积平板式 SOFC 单电池测试及性能研究. 武汉: 华中科技大学.

王海燕, 刘志祥, 毛宗强, 等. 2009. SPE 电解池催化剂载体研究. 化工新型材料, 37(1): 32-33.

王激扬. 2011. 国外徒步士兵用燃料电池技术进展. 电源技术, 35(6): 746-747.

王晋桦, 朴文学. 1990. 国外航天用液氢的生产、贮存和运输. 国外导弹与航天运载器, 5: 48-65.

王菁. 2019. 开沃氢燃料电池公交车现身盐城. 人民公交, 12: 88-89.

王楠, 潘晶. 2011. 生物质制氢研究进展. 科技资讯, 9(30): 149.

王晓晔, 孙天航, 黄乃宝. 2017. 阴离子膜燃料电池阴极非贵金属催化剂研究进展. 电源技术, 41(7): 1089-1091, 1099.

王学磊, 马国民. 2018. 氢气储存方法及发展. 科技经济导刊, 26(20): 137.

王志成, 钱斌, 张惠国, 等. 2016. 燃料电池与燃料电池汽车. 北京: 科学出版社.

闻全, 梁杰, 钱路新, 等. 2005. 新河煤层地下气化模型试验研究. 煤炭转化, 28(004): 11-16.

翁一武, 苏明, 翁史烈. 2003. 先进微型燃气轮机的特点与应用前景. 热能动力工程, 18(2): 111-116.

翁一武, 翁史烈, 苏明. 2003. 以微型燃气轮机为核心的分布式供能系统. 中国电力, 36(3): 1-4.

吴冰, 汤松臻. 2013. 质子交换膜燃料电池概述. 科技与企业, 20: 315.

吴飞, 周蕾, 皮湛恩. 2014. 绽放异彩的燃料电池 AIP 系统: 国外常规潜艇燃料电池 AIP 系统的应用现状. 船电技术, 34(8): 1-4.

吴峰, 叶芳, 郭航, 等. 2007. 燃料电池在航天中的应用. 电池, 37(3): 238-240.

吴韬, 齐亮, 郭建伟, 等. 2007. 直接甲醇燃料电池在军事领域上的应用. 兵工自动化, 26(1): 79-80, 88.

吴玉厚, 陈士忠. 2011. 质子交换膜燃料电池的水管理研究. 北京: 科学出版社.

伍赛特. 2018. 燃料电池应用于航空推进领域的前景展望. 能源研究与管理, 4: 89-91, 105.

夏罗生, 朱树红. 2014. 高容量储氢材料 $LiBH_4$ 研究进展. 稀有金属, 38(3): 509-515.

肖云汉. 2001. 煤制氢零排放系统. 工程物理学报, 22(1): 13-15.

谢继东, 李文华, 陈亚飞. 2017. 煤制氢发展现状. 洁净煤技术, 13(2): 77-81.

谢应明, 龚金明, 刘道平, 等. 2010. 一种新型储氢方法: 水合物储氢的研究概况与发展方向. 化工进展, 29(5): 796-800, 806.

徐峰, 木士春, 潘牧. 2008. PEMFC 膜电极组件关键材料的回收. 电池, 38(5): 329-331.

徐洪峰, 田颖, 燕喜强. 2000. 质子交换膜燃料电池电极制备及评价. 大连铁道学院学报, 21(1): 85-88.

徐洪峰, 燕希强, 李璇. 2001. 全氟磺酸质子交换膜的溶解及再铸膜性能分析. 电化学, 7(3): 367-371.

徐麟, 徐洪峰, 李海燕. 2003. 废旧全氟磺酸质子交换膜的回收和利用. 辽宁化工, 32(8): 351-353.

徐麟. 2003. 废旧全氟磺酸离子交换膜的回收和利用. 大连: 大连交通大学.

徐燕, 田建华, 罗文辉. 2006. 质子交换膜燃料电池 Pt/C 催化剂的回收再利用. 电源技术, 30(5): 349-351.

许胜军, 盖小厂, 王宁. 2015. 集装管束运输车在氢气运输中的应用. 山东化工, 44(2): 88-89.

许炜, 陶占良, 陈军. 2006. 储氢研究进展. 化学进展, 18(Z1): 200-210.

杨立峰, 陆行, 肖方敏, 等. 2018. Mg 基储氢合金的合金化与储氢性能. 特种制造及有色合金, 38(10): 1151-1154.

杨敏, 裴向前, 郑建龙. 2013. 便携式燃料电池在军事上的应用. 电源技术, 4: 696-699.

杨敏, 裴向前, 郑建龙. 2013. 燃料电池叉车的研究与应用进展. 物流技术, 32(20): 41-46.

杨敏, 裴向前, 郑建龙. 2016. 单兵电源新技术. 电源技术, 40(2): 477-480.

杨庆敏. 2019. 日本氢燃料电池车"未来"行驶时的舒适性. 科技资讯, 17(7): 74-75.

杨仁凯, 张立武, 夏龙. 2013. 光催化裂解水制氢的研究进展. 化工新型材料, 41(1): 143-145.

杨艳, 卢滇楠, 李春, 等. 2002. 面向 21 世纪的生物能源. 化工进展, 21(5): 299-302, 322.

姚飞, 贾媛. 2009. 生命周期成本分析在氢能评价中的应用. 电源技术, 33(4): 336-339.

衣宝廉. 1998. 燃料电池现状与未来. 电源技术, 22(5): 216-221.

衣宝廉. 2003. 燃料电池: 原理·技术·应用. 北京: 化学工业出版社.

余培锴, 李月婵. 2018. 燃料电池中催化剂的电化学性能研究进展. 沈阳师范大学学报(自然科学版), 36(4): 369-376.

元勇伟, 许思传, 万玉. 2017. 燃料电池汽车动力总成方案分析. 电源技术, 41(1): 165-168.

翟上. 2020. SO_2 气体对熔融碳酸盐燃料电池阴极材料稳定性的影响. 职大学报, 2: 82-86.

詹姆斯·拉米尼, 安德鲁·迪克斯. 2006. 燃料电池系统: 原理·设计·应用. 2 版. 朱红, 译. 北京: 科学出版社.

张华民, 明平文, 邢丹敏. 2001. 质子交换膜燃料电池的发展现状. 当代化工, 30(1): 7-11.

张俊喜, 徐娜, 魏增福. 2006. 磷酸燃料电池催化剂在运行中的形态变化. 上海电力学院学报, 22(1): 75-78.

张刘挺. 2016. 功能化石墨(烯)对轻金属储氢材料的复合改性及其作用机理研究. 杭州: 浙江大学.

张娜, 陈红, 马骁, 等. 2019. 高密度固态储氢材料技术研究进展. 载人航天, 25(1): 116-121.

张四奇. 2017. 固体储氢材料的研究综述. 材料研究与应用, 11(4): 211-216.

张文强, 于波, 陈靖, 等. 2008. 高温固体氧化物电解水制氢技术. 化学进展, 20(5): 778-787.

张小琴, 易良廷. 2004. 燃料电池在军事装备中的应用分析. 移动电源与车辆, 3: 33-38.

赵世怀, 张翠翠, 杨紫博. 2018. 碱性燃料电池阳极催化剂的研究进展. 精细化工, 35(8): 1261-1266.

赵小军. 2012. 试论燃料电池在军事上的应用. 科技创新与应用, 25: 29.

郑津洋, 开方明, 刘仲强, 等. 2006. 高压氢气储运设备及其风险评价. 太阳能学报, 27(11): 1168-1174.

郑津洋, 刘自亮, 花争立, 等. 2020. 氢安全研究现状及面临的挑战. 安全与环境学报, 20(1): 106-115.

郑重德, 王丰, 胡涛, 等. 1998. 质子交换膜燃料电池研究进展. 电源技术, 22(3): 43-45.

钟家轮. 质子交换膜燃料电池的发展及展望. 电池工业, 1999, 4(1): 23-25.

周鹏, 刘启斌, 隋军, 等. 2014. 化学储氢研究进展. 化工进展, 33(8): 2004-2011.

朱成章. 2000. 从热电联产走向冷热电联产. 国际电力, 8(2): 10-16.

朱泰山. 2016. 碱性燃料电池非贵金属催化剂膜电极结构和制备优化研究. 上海: 东华大学.

Akikur R K, Saidur R, Ping H W, et al. 2014. Performance analysis of a co-generation system using solar energy and SOFC technology. Energy Conversion and Management, 79: 415-430.

Antolini E. 2003. Formation of carbon-supported PtM alloys for low temperature fuel cells: A review. Materials Chemistry and Physics, 78(3): 563-573.

Bang-Møller C, Rokni M. 2010. Thermodynamic performance study of biomass gasification, solid oxide fuel cell and micro gas turbine hybrid systems. Energy Conversion and Management, 51(11): 2330-2339.

Baumgartner C E, Arendt R H, Iacovangelo C D, et al. 1984. Molten carbonate fuel cell cathode materials study. Journal of the Electrochemical Society, 131(10): 2217-2221.

Baumgartner C E. 1984. Metal oxide solubility in eutectic Li/K carbonate melts. Journal of the American Ceramic Society, 67: 460-462.

Bergaglio E, Sabattini A, Capobianco P. 2005. Research and development on porous components for MCFC applications. Journal of Power Sources, 149(26): 63-65.

Biedenkopf P, Bischoff M M, Wochner T. 2000. Corrosion phenomena of alloys and electrode materials in molten carbonate fuel cells. Materials and Corrosion, 51(5): 287-302.

Bischoff M, Huppmann G. 2002. Operating experience with a 250kW molten carbonate fuel cell(MCFC) power plant. Journal of Power Sources, 105(2): 211-216.

Bosio B, Costamagna P, Parodi F. 1998. Industrial experience on the development of the molten carbonate fuel cell technology. Journal of Power Sources, 74(2): 175-183.

Brushett F R, Naughton M S, Ng J W D, et al. 2012. Analysis of Pt/C electrode performance in a flowing-electrolyte alkaline fuel cell. International Journal of Hydrogen Energy, 37(3): 2559-2570.

Chahartaghi M, Kharkeshi B A. 2018. Performance analysis of a combined cooling, heating and power system with PEM fuel cell as a prime mover. Applied Thermal Engineering, 128: 805-817.

Chahartaghi M, Sheykhi M. 2019. Energy, environmental and economic evaluations of a CCHP system driven by stirling engine with helium and hydrogen as working gases. Energy, 174: 1251-1266.

Chen D, Ran R, Shao Z. 2010. Assessment of $PrBaCo_2O_{5+\delta}$ + $Sm_{0.2}Ce_{0.8}O_{1.9}$ composites prepared by physical mixing as electrodes of solid oxide fuel cells. Journal of Power Sources, 195(21): 7187-7195.

Chen S G, Wei Z D, Qi X Q, et al. 2012. Nanostructured polyaniline-decorated Pt/C@PANI core-shell catalyst with enhanced durability and activity. Journal of the American Chemical Society, 134(32): 13252-13255.

Cheon J Y, Kim T, Choi Y, et al. 2013. Ordered mesoporous porphyrinic carbons with very high electrocatalytic activity for the oxygen reduction reaction. Scientific Reports, 3: 2715.

Chitsaz A, Mehr A S, Mahmoudi S M S. 2015. Exergoeconomic analysis of a trigeneration system driven by a solid oxide fuel cell. Energy Conversion and Management, 106: 921-931.

Cho Y H, Park H S, Cho Y H, et al. 2007. Effect of platinum amount in carbon supported platinum catalyst on performance of polymer electrolyte membrane fuel cell. Journal of Power Sources, 172(1): 89-93.

Chou Y S, Stevenson J W, Chick L A. 2002. Ultra-low leak rate of hybrid compressive mica seals for solid oxide fuel cells. Journal of Power Sources, 112(1): 130-136.

Chou Y S, Stevenson J W. 2002. Thermal cycling and degradation mechanisms of compressive mica-based seals for solid oxide fuel cells. Journal of Power Sources, 112(2): 376-383.

Chou Y S, Stevenson J W. 2003. Phlogopite mica-based compressive seals for solid oxide fuel cells: effect of mica thickness. Journal of Power Sources, 124(2): 473-478.

Chung H T, Won J H, Zelenay P. 2013. Active and stable carbon nanotube/nanoparticle composite electrocatalyst for oxygen reduction. Nature Communications, 4: 1922.

Cong H P, Wang P, Gong M, et al. 2014. Facile synthesis of mesoporous nitrogen-doped graphene: An efficient methanol-tolerant cathodic catalyst for oxygen reduction reaction. Nano Energy, 3: 55-63.

Craciun R, Park S, Gorte R J. 1999. A novel method for preparing anode cermets for solid oxide fuel cells. Journal of the Electrochemical Society, 146(11): 4019-4022.

Cui Z M, Burns R G, DiSalvo F J. 2013. Mesoporous $Ti_{0.5}Nb_{0.5}N$ ternary nitride as a novel noncarbon support for oxygen reduction reaction in acid and alkaline electrolytes. Chemistry of Materials, 25(19): 3782-3784.

Curtin D E, Lousenberg R D, Henry T J, et al. 2004. Advanced materials for improved PEMFC performance and life. Journal of Power Sources, 131(1-2): 41-48.

Debe M, Jr Hamilton C. 2006. Platinum recovery from nanostructured fuel cell catalyst. WO: 2006/073840, 2006-07-13.

Doyon J D, Gilbert T, Davies G, et al. 1987. NiO solubility in mixed alkali/alkaline earth carbonate. Journal of the Electrochemical Society, 134: 3035-3038.

Emho L. 2002. District energy efficiency improvement with absorption cooling: the hungarian experience/ discussion. Ashrae Transactions, 108(2): 589-594.

Facci A L, Cigolotti V, Jannelli E, et al. 2017. Technical and economic assessment of a SOFC-based energy system for combined cooling, heating and power. Applied Energy, 192: 563-574.

Fergus J W. 2005. Sealants for solid oxide fuel cells. Journal of Power Sources, 147(1-2): 46-57.

Finn P A. 1980. The effects of different environments on the thermal stability of powdered samples of $LiAlO_2$. Journal of the Electrochemical Society, 127(1): 236-238.

Gao F, Zhao H L, Li X, et al. 2008. Preparation and electrical properties of yttrium-doped strontium titanate with B-site deficiency. Journal of Power Sources, 185(1): 26-31.

Giarola S, Forte O, Lanzini A, et al. 2018. Techno-economic assessment of biogas-fed solid oxide fuel cell combined heat and power system at industrial scale. Applied Energy, 211: 689-704.

Glassman M, Omosebi A, Besser R S. 2014. Repetitive hot-press approach for performance enhancement of hydrogen fuel cells. Journal of Power Sources, 247: 384-390.

Glenn A. 1992. Method for the recovery of metals from the membrane of electrochemical cells. US: 5133843, 1992-07-28.

Grot S, Grot W. 2007. Recycling of used perfluorosulfonic acid membranes.US:7255798, 2007-08-14.

Guo C J, Lu J C, Tian Z, et al. 2019. Optimization of critical parameters of PEM fuel cell using TLBO-DE based on elman neural network. Energy Conversion and Management, 183: 149-158.

Gurak N R, Peter L J, Ronald J T. 1987. Properties and uses of synthetic emulsion polymers as binders in advanced ceramics processing. American Ceramic Society Bulletin, 66: 1495-1502.

Hahn R, Wagner S, Schmitz A, et al. 2004. Development of a planar micro fuel cell with thin film and micro patterning technologies. Journal of Power Sources, 131(1): 73-78.

Hansen H A, Viswanathan V, Nørskov J K. 2014. Unifying kinetic and thermodynamic analysis of $2e^-$ and $4e^-$ reduction of oxygen on metal surfaces. The Journal of Physical Chemistry C, 118(13): 6706-6718.

Hatoh K, Niikura J, Yasumoto E, et al. 1994. The exchange current density of oxide cathodes in molten carbonates. Journal of the Electrochemical Society, 141(7): 1725-1730.

He D, Zeng C, Xu C, et al. 2011. Polyaniline-functionalized carbon nanotube supported platinum catalysts. Langmuir, 27(9): 5582-5588.

Hishinuma Y, Kunikata M. 1997. Molten carbonate fuel cell power generation systems. Energy Conversion and Management, 38: 1237-1247.

Holton O T, Stevenson J W. 2013. The role of platinum in proton exchange membrane fuel cells. Platinum Metals Review, 57(4): 259-271.

Hong S J, Hou M, Zeng Y C, et al. 2017. High-performance low-platinum electrode for proton exchange membrane fuel cells: pulse electrodeposition of Pt on Pd/C nanofiber mat. ChemElectroChem, 4(5): 1007-1010.

Hou Y, Huang T Z, Wen Z H, et al. 2014. Metal-organic framework-derived nitrogen-doped core-shell-structured porous $Fe/Fe_3C@C$ nanoboxes supported on graphene sheets for efficient oxygen reduction reactions. Advanced Energy Materials, 4(11): 1400337.

Huang K, Goodenough J B. 2009. Solid Oxide Fuel Cell Technology: Principles, Performance and Operations. Cambridge: Woodhead Publishing Limited.

Ito Y, Tsuru K, Oishi A, et al. 1988. Dissolution behavior of copper and nickel oxides in molten $Li_2CO_3/Na_2CO_3/K_2CO_3$. Journal of Power Sources, 23: 357-364.

Iwase M, Kawatsu S. 2001. Method of recovering electrolyte membrane from fuel cell and apparatus for the same. EP: 20000121475, 2001-03-01.

Iwasita T. 2002. Electrocatalysis of methanol oxidation. Electrochimica Acta, 47(22-23): 3663-3674.

Jasinski R. 1964. A new fuel cell cathode catalyst. Nature, 201(4925): 1212-1213.

Jiang S P. 2002. Development and optimization of electrode materials in solid oxide fuel cells. Battery Bimonthly, 32(3):133-137.

Kaewsai D, Hunsom M. 2018. Comparative study of the ORR activity and stability of Pt and PtM (M=Ni, Co, Cr, Pd) supported on polyaniline/carbon nanotubes in a PEM fuel cell. Nanomaterials, 8(5): 299.

Kawada T, Sakai N, Yokokawa H, et al. 1992. Electrical properties of transition-metal-doped YSZ. Solid State Ionics, 53-56: 418-425.

Kim J E, Patil K Y, Han J. 2009. Using aluminum and Li_2CO_3 particles to reinforce the α-$LiAlO_2$ matrix for molten carbonate fuel cells. International Journal of Hydrogen Energy, 34(22): 9227- 9232.

Kim J, Momma T, Osaka T. 2009. Cell performance of Pd-Sn catalyst in passive direct methanol alkaline fuel cell using anion exchange membrane. Journal of Power Sources, 189(2): 999-1002.

Kinoshita K, Sim J W, Ackerman J P. 1978. Preparation and characterization of lithium aluminate. Materials

Research Bulletin, 13(5): 445-455.

Koehler J, Zuber R, Binder M, et al. 2006. Process for recycling fuel cell components containing precious metals. WO: 2006/024507, 2006-09-03.

Kong A G, Dong B, Zhu X F, et al. 2013. Ordered mesoporous Fe-porphyrin-like architectures as excellent cathode materials for the oxygen reduction reaction in both alkaline and acidic media. Chemistry: A European Journal, 19(48): 16170-16175.

Kruusenberg I, Matisen L, Shah Q, et al. 2012. Non-platinum cathode catalysts for alkaline membrane fuel cells. International Journal of Hydrogen Energy, 37(5): 4406-4412.

Kuo J K, Hwang J J, Lin C H. 2012. Performance analysis of a stationary fuel cell thermoelectric cogeneration system. Fuel Cells, 12(6): 1104-1114.

Kusoglu A, Weber A Z. 2017. New insights into perfluorinated sulfonic-acid ionomers. Chemical Reviews, 117(3): 987-1104.

Lai L F, Potts J R, Zhan D, et al. 2012. Exploration of the active center structure of nitrogen-doped graphene-based catalysts for oxygen reduction reaction. Energy & Environmental Science, 5(7): 7936-7942.

Landham R R, Ahass P N. 1987. Potential use of polymerizable solvents and dispersants for tape casting of ceramics. American Ceramic Society Bulletin, 66(10): 1513-1521.

Lara C M, Pascual M J, Durán A. 2004. Glass-forming ability, sinterability and thermal properties in the systems $RO\text{-}BaO\text{-}SiO_2$ (R=Mg, Zn). Journal of Non-Crystalline Solids, 348: 149-155.

Larminie J, Dicks A. 2003. Fuel Cell Systems Explained. 2nd ed. New York: John Wiley & Sons Inc.

Larsen P H, James P F. 1998. Chemical stability of $MgO/CaO/Cr_2O_3\text{-}Al_2O_3\text{-}B_2O_3$-phosphate glasses in solid oxide fuel cell environment. Journal of Materials Science, 33(10): 2499-2507.

Ley K L, Krumpelt M, Kumar R, et al. 1996. Glass-ceramic sealants for solid oxide fuel cells: Part I. Physical properties. Journal of Materials Research, 11: 1489-1493.

Li T, Shen J B, Chen G Y, et al. 2020. Performance comparison of proton exchange membrane fuel cells with nafion and aquivion perfluorosulfonic acids with different equivalent weights as the electrode binders. ACS Omega, 28(5): 17628-17636.

Li Z, He G W, Zhang B, et al. 2014. Enhanced proton conductivity of nafion hybrid membrane under different humidities by incorporating metal-organic frameworks with high phytic acid loading. ACS Applied Materials & Interfaces, 6(12): 9799-9807.

Lim P. 2009. DMFC 燃料电池便携式应用前景. 电子产品世界, 16(1): 70-73.

Liu H, Song C J, Zhang L, et al. 2006. A review of anode catalysis in the direct methanol fuel cell. Journal of Power Sources, 155(2): 95-110.

Ma J, Ni H J, Su D Y, et al. 2012. The research status of nafion ternary composite membrane. International Journal of Hydrogen Energy, 37(17): 13185-13190.

Maffei N, Kuriakose A K. 1998. Performance of planar single cell lanthanum gallate based solid oxide fuel cells. Journal of Power Sources, 75(1): 162-166.

Mamaghani A H, Najafi B, Casalegno A, et al. 2016. Long-term economic analysis and optimization of an HT-PEM fuel cell based micro combined heat and power plant. Applied Thermal Engineering, 99: 1201-1211.

Minh N Q, Takahashi T. 1995. Science and Technology of Ceramic Fuel Cells. Amsterdam: Elsevier Science.

Minh N Q. 2004. Solid oxide fuel cell technology-features and applications. Solid State Ionics, 174: 271-277.

Minh N Q. 2010. Ceramic fuel cells. Journal of the American Ceramic Society, 76(3): 563-588.

Mishima Y, Mitsuyasu H, Ohtaki M. 1998. Solid oxide fuel cell with composite electrolyte consisting of samaria-doped ceria and yttria-stabilized zirconia. Journal of the Electrochemical Society, 145(3):

1004-1007.

Moreno R. 1992. The role of slip additives in tape casting technology: Part I -solvents and dispersants. American Ceramic Society Bulletin, 71: 1521-1533.

Mu Y, Liang H, Hu J, et al. 2005. Controllable Pt nanoparticle deposition on carbon nanotubes as an anode catalyst for direct methanol fuel cells. The Journal of Physical Chemistry B, 109(47): 22212-22216.

Muthukrishnan A, Nabae Y, Okajima T, et al. 2015. Kinetic approach to investigate the mechanistic pathways of oxygen reduction reaction on Fe-containing N-doped carbon catalysts. ACS Catalysis, 5(9): 5194-5202.

Najafabadi A T, Leeuwner M J, Wilkinson D P, et al. 2016. Electrochemically produced graphene for microporous layers in fuel cells. ChemSusChem, 9(13): 1689-1697.

O'Hayre R, 车硕源, Colella W, 等. 2007. 燃料电池基础. 王晓红, 黄宏, 等译. 北京: 电子工业出版社.

Oh H, Park J, Min K, et al. 2015. Effects of pore size gradient in the substrate of a gas diffusion layer on the performance of a proton exchange membrane fuel cell. Applied Energy, 149: 186-193.

Ohma A, Mashio T, Sato K, et al. 2011. Analysis of proton exchange membrane fuel cell catalyst layers for reduction of platinum loading at nissan. Electrochimica Acta, 56(28): 10832-10841.

Otsuka K, Kobayashi S, Takenaka S. 2000. Decomposition and regeneration of methane in the absence and the presence of a hydrogen-absorbing alloy CaNi$_5$. Applied Catalysis A: General, 190(1): 261-268.

Palomba V, Ferraro M, Frazzica A, et al. 2018. Experimental and numerical analysis of a SOFC-CHP system with adsorption and hybrid chillers for telecommunication applications. Applied Energy, 216: 620-633.

Park J, Oh H, Ha T, et al. 2015. A review of the gas diffusion layer in proton exchange membrane fuel cells: durability and degradation. Applied Energy, 155: 866-880.

Park S, Craciun R, Vohs J M, et al. 1999. Direct oxidation of hydrocarbons in a solid oxide fuel cell. I. Methane oxidation. Journal of the Electrochemical Society, 146(10): 3603-3605.

Plucknett K P, Cáceres C H, Willinson D S. 1994. Tape casting of fine alumina/zirconia powders for composite fabrication. Journal of the American Ceramic Society, 77(8): 2137-2144.

Prokop M, Bystron T, Bouzek K. 2015. Electrochemistry of phosphorous and hypophosphorous acid on a Pt electrode. Electrochimica Acta, 160: 214-218.

Rikukawa M, Sanui K. 2000. Proton-conducting polymer electrolyte membranes based on hydrocarbon polymers. Progress in Polymer Science, 25(10): 1463-1502.

Rossmeisl J, Bessler W G. 2008. Trends in catalytic activity for SOFC anode materials. Solid State Ionics, 178: 1694-1700.

Sammes N, Bove R, Stahl K. 2004. Phosphoric acid fuel cells: Fundamentals and applications. Current Opinion in Solid State & Materials Science, 8(5): 372-378.

Schmidt T J, Paulus U A, Gasteiger H A, et al. 2001. The oxygen reduction reaction on a Pt/carbon fuel cell catalyst in the presence of chloride anions. Journal of Electroanalytical Chemistry, 508(1): 41-47.

Scott K, Kang M P, Winnick J. 1983. Porous perovskite electrode as molten carbonate cathode. Journal of the Electrochemical Society, 130(2): 527-534.

Shirazi A, Aminyavari M, Najafi B, et al. 2012. Thermal-economic-environmental analysis and multi-objective optimization of an internal-reforming solid oxide fuel cell-gas turbine hybrid system. International Journal of Hydrogen Energy, 37(24): 19111-19124.

Shore L, Robertson A, Shulman H, et al. 2006. Process for recycling components of a PEM fuel cell membrane electrode assembly. WO: 2006/115684, 2006-11-02.

Shore L. 2007. Platinum group metal recycling technology development; DOE Hydrogen Program, 2007-05-18.

Si D, Zhang S, Huang J, et al. 2018. Electrochemical characterization of pre-conditioning process of electrospun nanofiber electrodes in polymer electrolyte fuel cells. Fuel Cells, 18(5): 576-585.

Silva V S, Ruffmann B, Silva H, et al. 2005. Proton electrolyte membrane properties and direct methanol fuel cell performance: i. Characterization of hybrid sulfonated poly(ether ether ketone)/zirconium oxide membranes. Journal of Power Sources, 140(1): 34-40.

Silva V S, Schirmer J, Reissner R, et al. 2005. Proton electrolyte membrane properties and direct methanol fuel cell performance: ii. Fuel cell performance and membrane properties effects. Journal of Power Sources, 140(1): 41-49.

Singhal S C, Kendall K. 2007. 高温固体氧化物燃料电池: 原理、设计和应用. 韩敏芳, 蒋先锋, 译. 北京: 科学出版社.

Singhal S C. 2000. Advances in solid oxide fuel cell technology. Solid State Ionics, 135(1-4): 305-313.

Singhal S C. 2002. Solid oxide fuel cells for stationary, mobile, and military applications. Solid State Ionics, 152-153: 405-410.

Sishtla C, Koncar G, Platon R, et al. 1998. Performance and endurance of a PEMFC operated with synthetic reformate fuel feed. Journal of Power Sources, 71(1-2): 249-255.

Song R H, Kim C S, Shin D R. 2000. Effects of flow rate and starvation of reactant gases on the performance of phosphoric acid fuel cells. Journal of Power Sources, 86(1-2): 289-293.

Spiegel C S. 2008. 燃料电池设计与制造. 马欣, 王胜开, 陈国顺, 等译. 北京: 电子工业出版社.

Sun C W, Stimming U. 2007. Recent anode advances in solid oxide fuel cells. Journal of Power Sources, 171(2): 247-260.

Sun J K, Xu Q. 2014. Functional materials derived from open framework templates/precursors: synthesis and applications. Energy & Environmental Science, 7(7): 2071-2100.

Terada S, Higaki K, Nagashima I, et al. 1999. Stability and solubility of electrolyte matrix support material for molten carbonate fuel cells. Journal of Power Sources, 83: 227-230.

Terada S, Nagashima I, Higaki K, et al. 1998. Stability of LiAlO$_2$ as electrolyte matrix for molten carbonate fuel cells. Journal of Power Sources, 75(2): 223-229.

Tiwari J N, Tiwari R N, Singh G, et al. 2013. Recent progress in the development of anode and cathode catalysts for direct methanol fuel cells. Nano Energy, 2(5): 553-578.

Tomczyk P. 2006. MCFC versus other fuel cells-characteristics, technologies and prospects. Journal of Power Sources, 160(2): 858-862.

Tomimatsu N, Ohzu H, Akasaka Y, et al. 1997. Phase stability of LiAlO$_2$ in molten carbonate. Journal of the Electrochemical Society, 144(12): 4182-4186.

Tsipis E V, Kharton V V, Frade J R. 2005. Mixed conducting components of solid oxide fuel cell anodes. Journal of the European Ceramic Society, 25(12): 2623-2626.

Vasconcelos C P V, Labrincha J A, Ferreira J M F. 1998. Processing of diatomite from olloidal suspensions: tape casting. British Ceramic Transactions, 97: 214-225.

Veldhuis J B J, Eckes F C, Plomp L. 1992. The dissolution properties of LiCoO$_2$ in molten 62：38 mol% Li：K Carbonate. Journal of the Electrochemical Society, 139: L6-L8.

Velumani S, Guzmán C E, Peniche R. 2010. Proposal of a hybrid CHP system: SOFC/microturbine/absorption chiller. International Journal of Energy Research, 34(12): 1088-1095.

Wagner N, Schulze M, Gülzow E. 2004. Long term investigations of silver cathodes for alkaline fuel cells. Journal of Power Sources, 127(1): 264-272.

Webb A N, Mather W B, Suggitt R M. 1965. Studies of the molten carbonate electrolyte fuel cell. Journal of the Electrochemical Society, 112: 1059-1063.

Wee J H, Lee K Y. 2006. Overview of the development of Co-tolerant anode electrocatalysts for proton-exchange membrane fuel cells. Journal of Power Sources, 157(1): 128-135.

Wijayasinghe A, Bergman B, Lagergren C. 2003. LiFeO$_2$, LiCoO$_2$, NiO cathodes for molten carbonate fuel cells. Journal of the Electrochemical Society, 150(5): A558-A564.

Williams G J, Siddle A, Pointon K. 2001. Design optimisation of a hybrid solid oxide fuel cell and gas turbine power generation system. Harwell Laboratory, Energy Technology Support Unit, Fuel Cells Programme.

Wong C W, Zhao T S, Ye Q, et al. 2006. Experimental investigations of the anode flow field of a micro direct methanol fuel cell. Journal of Power Sources, 155(2): 291-296.

Xiao M B, Zhu J L, Feng L G, et al. 2015. Meso/macroporous nitrogen-doped carbon architectures with iron carbide encapsulated in graphitic layers as an efficient and robust catalyst for the oxygen reduction reaction in both acidic and alkaline solutions. Advanced Materials, 27(15): 2521-2527.

Xing Y C, Cai Y, Vukmirovic M B, et al. 2010. Enhancing oxygen reduction reaction activity via Pd-Au alloy sublayer mediation of Pt monolayer electrocatalysts. The Journal of Physical Chemistry Letters, 1(21): 3238-3242.

Yoshiba F, Abe T, Watanabe T. 2000. Numerical analysis of molten carbonate fuel cell stack performance: diagnosis of internal conditions using cell voltage profiles. Journal of Power Sources, 87: 21-27.

Yu Z T, Han J T, Cao X Q. 2010. Analysis of total energy system based on solid oxide fuel cell for combined cooling and power applications. International Journal of Hydrogen Energy, 35(7): 2703-2707.

Zafar S, Dincer I. 2014. Thermodynamic analysis of a combined PV/T-fuel cell system for power, heat, fresh water and hydrogen production. International Journal of Hydrogen Energy, 39(19): 9962-9972.

Zhang C Z, Mahmood N, Yin H, et al. 2013. Synthesis of phosphorus-doped graphene and its multifunctional applications for oxygen reduction reaction and lithium ion batteries. Advanced Materials, 25(35): 4932-4937.

Zhang G, Shao Z G, Lu W T, et al. 2012. One-pot synthesis of Ir@Pt nanodendrites as highly active bifunctional electrocatalysts for oxygen reduction and oxygen evolution in acidic medium. Electrochemistry Communications, 22: 145-148.

Zhang J L, Vukmirovic M B, Xu Y, et al. Controlling the catalytic activity of platinum-monolayer electrocatalysts for oxygen reduction with different substrates. Angewandte Chemie International Edition, 2005, 44(14): 2132-2135.

Zhang J, Lima F H B, Shao M H, et al. 2005. Platinum monolayer on nonnoble metal-noble metal core-shell nanoparticle electrocatalysts for O$_2$ reduction. The Journal of Physical Chemistry B, 109(48): 22701-22704.

Zhang J, Vukmirovic M B, Sasaki K, et al. 2005. Mixed-metal Pt monolayer electrocatalysts for enhanced oxygen reduction kinetics. Journal of the American Chemical Society, 127(36): 12480-12481.

Zhang L P, Niu J B, Li M T, et al. 2014. Catalytic mechanisms of sulfur-doped graphene as efficient oxygen reduction reaction catalysts for fuel cells. The Journal of Physical Chemistry C, 118(7): 3545-3553.

Zhang W J, Pintauro P N. 2011. High-performance nanofiber fuel cell electrodes. ChemSusChem, 4(12): 1753-1757.

Zhang Y, Jiang W J, Guo L, et al. 2015. Confining iron carbide nanocrystals inside CN$_x$@CNT toward an efficient electrocatalyst for oxygen reduction reaction. ACS Applied Materials & Interfaces, 7(21): 11508-11515.

Zhang Z Y, Xin L, Sun K, et al. 2011. Pd-Ni electrocatalysts for efficient ethanol oxidation reaction in alkaline electrolyte. International Journal of Hydrogen Energy, 36(20): 12686-12697.

Zhao J S, He X M, Tian J H, et al. 2007. Reclaim/recycle of Pt/C catalysts for PEMFC. Energy Conversion and Management, 48(2): 450-453.

Zhao X, Yin M, Ma L, et al. 2011. Recent advances in catalysts for direct methanol fuel cells. Energy &

Environmental Science, 4(8): 2736-2753.

Zhong H X, Wang J, Zhang Y W, et al. 2014. ZIF-8 derived graphene-based nitrogen-doped porous carbon sheets as highly efficient and durable oxygen reduction electrocatalysts. Angewandte Chemie International Edition, 53(51): 14235-14239.

Zhou L, Lin H X, Yi B L, et al. 2006. A study on the start-up and performance of a kW-class molten carbonate fuel cell (MCFC) stack. Electrochimica Acta, 51(26): 5698-5702.

附 录

附录 I　部分物质的热力学数据(298 K)

物质	$\Delta_f G_m^{\ominus}$ /(kJ · mol⁻¹)	$\Delta_f H_m^{\ominus}$ /(kJ · mol⁻¹)	$S_m^{\ominus}$ /(J · mol⁻¹ · K⁻¹)
H_2	0	0	130.68
O_2	0	0	205.14
$H_2O(l)$	−237.13	−285.83	69.91
$H_2O(g)$	−228.57	−241.82	188.83
CO	−137.17	−110.53	197.67
CO_2	−394.36	−393.51	213.74
N_2	0	0	191.61

附录 II　标准电极电势及其温度系数(298 K)

电极	$\varphi^{\ominus}$/V	$(\partial E/\partial T)_p \times 10^3$/(V · K⁻¹)
F^-|F_2, Pt	2.87	−1.830
H_2O_2, H_2O|Pt	1.774	
Au^+|Au	1.691	
MnO_4^-, Mn^{2+}|Pt	1.507	
Cl^-|Cl_2, Pt	1.3595	−1.260
Cr^{3+}, $Cr_2O_7^{2-}$, H^+|Pt	1.33	−1.263
Mn^{2+}, H^+|MnO_2, Pt	1.23	−0.661
H^+|O_2, Pt	1.23	−0.661
Pt^{2+}|Pt	1.20	
Br^-, Br_2|Pt	1.0652	−0.629
Hg^{2+}|Hg	0.854	
Ag^+|Ag	0.7991	1.000
Hg_2^{2+}|Hg	0.788	
Fe^{3+}, Fe^{2+}|Pt	0.771	1.188
O_2|H^+, H_2O_2|Pt	0.682	
I^-|I_2, Pt	0.5355	−0.148

续表

电极	$\varphi^{\ominus}/\text{V}$	$(\partial E/\partial T)_p \times 10^3/(\text{V}\cdot\text{K}^{-1})$
Cu^{2+}, Cu	0.337	0.008
$Cl^-\|Hg_2Cl_2\|Hg$	0.2680	
$Cl^-\|AgCl, Ag$	0.2224	
Cu^{2+}, Cu|Pt	0.153	0.073
Sn^{4+}, Sn^{2+}|Pt	0.15	
$H^+\|H_2$, Pt	0.00(定义)	
$Pb^{2+}\|Pb$	−0.126	−0.451
$Sn^{2+}\|Sn$	−0.136	−0.282
$Ni^{2+}\|Ni$	−0.250	0.06
$Co^{2+}\|Co$	−0.277	0.06
$Fe^{2+}\|Fe$	−0.4402	0.052
$Cr^{3+}\|Cr$	−0.744	0.468
$Zn^{2+}\|Zn$	−0.7628	0.091
$Al^{3+}\|Al$	−1.662	0.504
$Mg^{2+}\|Mg$	−2.363	0.103
$Na^+\|Na$	−2.7142	−0.772
$Ca^{2+}\|Ca$	−2.866	−0.175
$K^+\|K$	−2.925	−1.086
$Li^+\|Li$	−3.045	−0.534